寒区裂隙岩体变形-水分-热质-化学四场耦合理论构架研究

刘乃飞　李　宁　李国锋　宋战平　著

中国建筑工业出版社

图书在版编目（CIP）数据

寒区裂隙岩体变形-水分-热质-化学四场耦合理论构架研究 / 刘乃飞等著. -- 北京 ：中国建筑工业出版社，2024. 8. -- ISBN 978-7-112-30232-1

Ⅰ. TU43

中国国家版本馆 CIP 数据核字第 2024MT2636 号

岩体工程冻害是低温裂隙岩体温度场、水分场、应力场（部分区域还需考虑化学场）耦合作用的结果，但由于岩体工程的复杂性及冻融环境的多变性，目前真正考虑裂隙岩体各向异性的寒区岩体水热力耦合研究却较为少见。为此，本书以寒区岩体工程为背景，以可等效连续化的裂隙岩体为研究主体，紧抓低温裂隙岩体各向异性的水力、热学特性及水-热-力-化学耦合特性，基于经典热力学和裂隙岩体力学理论等，对低温裂隙岩体变形-水分-热质-化学耦合作用机制及相关理论进行了研究和讨论。

本书可供寒区裂隙岩体变形-水分-热质-化学四场耦合理论相关研究人员及相关高等院校师生学习参考。

责任编辑：王华月
责任校对：张惠雯

寒区裂隙岩体变形-水分-热质-化学
四场耦合理论构架研究
刘乃飞　李　宁　李国锋　宋战平　著

*

中国建筑工业出版社出版、发行（北京海淀三里河路 9 号）
各地新华书店、建筑书店经销
北京红光制版公司制版
建工社（河北）印刷有限公司印刷

*

开本：787 毫米×1092 毫米　1/16　印张：$9\frac{1}{2}$　字数：214 千字
2024 年 7 月第一版　　2024 年 7 月第一次印刷
定价：**59.00** 元
ISBN 978-7-112-30232-1
（43111）

前　　言

地球上各类冻土区（包括多年冻土、季节性冻土和瞬时冻土）的面积约占地球陆地面积的50%，主要分布在地球两极及附近地带和高海拔地区，如俄罗斯、加拿大、中国、美国和北欧等地，其中多年冻土约占陆地面积的25%。我国是世界上寒区面积分布最多的国家之一，仅排在俄罗斯和加拿大之后，多年冻土区面积约为$215\times10^4\ km^2$。

近年来，随着我国西部大开发战略的持续推进和“一带一路”倡议的实施，大量的交通运输工程、水利水电工程以及工业与民用建筑工程在广大寒区上马。随着寒区工程建设的不断推进及资源开发规模越来越大，不可避免地会遇到冻结裂隙岩体及工程冻害问题，严重威胁工程安全和正常运行。寒区隧道甚至有十洞九害的说法（新疆国道217线天山段的玉希莫勒盖隧道因冻害而报废、青藏铁路西宁-格尔木段的关角隧道道床冬季上鼓夏季翻浆冒泥、衬砌开裂），公路路面有路面翻浆、裂缝、鼓包、沉陷和抬升等病害，边坡有热融滑塌等。此外，各种地下低温储库、建筑物基础以及地下管道等均可能遇到岩体冻害问题。岩体工程冻害是低温裂隙岩体温度场、水分场、应力场（部分区域还需考虑化学场）耦合作用的结果，但由于岩体工程的复杂性及冻融环境的多变性，目前真正考虑裂隙岩体各向异性的寒区岩体水热力耦合研究却较为少见。为此，本书以寒区岩体工程为背景，以可等效连续化的裂隙岩体为研究主体，紧抓低温裂隙岩体各向异性的水力、热学特性及水-热-力-化学耦合特性，基于经典热力学和裂隙岩体力学理论等，对低温裂隙岩体变形-水分-热质-化学耦合作用机制及相关理论进行了研究和讨论。

本书共分为7章，主要内容如下。第1章主要介绍了低温裂隙岩体的研究现状及其发展动态。通过这一章的学习使读者对低温岩体（石）的基本物理力学特性、水热迁移机制以及水热力化多场耦合作用等问题的研究现状有一个全面的认识。第2章建立了低温下裂隙岩体的各向异性水分迁移模型。根据冻结裂隙岩体和冻土的本质区别，综合考虑温度、应力、化学损伤以及裂隙水的渗透特性等，建立了低温裂隙岩体水分迁移温度驱动势模型，构建了含多组优势节理的岩体各向异性水分迁移模型。第3章建立了低温下裂隙岩体的各向异性传热模型。首先推导了不同含水条件下单裂隙的热阻模型，以此为基础建立了不同含水和连通条件下含单组裂隙岩体的各向异性传热模型，并基于坐标转换和叠加原理构建了含多组优势裂隙岩体的各向异性传热模型。此外，还研究了裂隙开度、长度、接触率以及未冻水含量和流速等五个因素对低温裂隙岩体传热特性的影响。第4章建立了裂隙岩体受水、热影响的化学损伤模型。提出了低温下裂隙岩体的化学损伤机制和化学损伤对裂隙开度的影响两个方面的研究思路与方法。通过考虑冰/水相变作用、流体流速以及温度对化学反应的影响，构建了裂隙岩体代表性体元受水、热影响的化学损伤模型。反过来，从压力溶蚀和表面溶蚀等化学损伤机制，进一步研究了化学损伤对裂隙岩体变形、水分迁移、传热特性的影响。第5章构建了低温裂隙岩体的变形-水分-温度-化学四场耦合模型。基于经典热力学理论并结合已建立的低温裂隙岩体水分迁移模型、热质传输模型以及化学损伤模型，分别建立了含水/冰相变低温裂隙岩体的应力平衡方程、连续性方程、能量守恒方程以及溶质运移方程。以此为基础，推导了低温裂隙岩体的变形-水分-热质-化学四场耦合模型及控制微分方程组，构建了裂隙岩体的四场耦合理论构架。第6章推导了低温裂隙岩体四场耦合模型的有限元解析并开发了相应的分析程序。采用伽辽金加权余量法，将低温裂隙岩体四场耦合模型在空间域内离散，利用两点递进格式在时间域内离散，从而推导了低温裂隙岩体四场耦合模型的有限元解析，并开发了裂隙岩体介质四场耦合分析程序。最后将耦合模型和程序应用于两个典型的寒区岩体工程对其进行验证。第7章对本书的研究成果进行了全面总结并对后续研究工作进行了展望。

本书由西安建筑科技大学刘乃飞副教授执笔撰写，编写过程中得到了西安建筑科技大学和西安理工大学各位领导及同事的指导和帮助。特别感谢李宁教授、宋战平教授、徐拴海研究员、何敏教授、刘华副教授、王莉平副教授、张玉伟副教授、李国锋博士、郑方博士以及相关硕士研究生对本书出版做出的工作，在此一并表示衷心的感谢。

本书获国家自然科学基金面上项目（项目编号：52278370）、陕西省自然科学基金面上项目（项目编号：2022JM-190）、中国博士后科学基金面上项目（项目编号：2019M663648）陕西高校青年创新团队（2023—2026）、西安理工大学博士学位论文创新基金（项目编号：310-11202J306）、西安建筑科技大学人才科技基金项目（项目编号：RC1804）等项目大力支持，在此表示感谢！

由于低温裂隙岩体的冻融灾害及多场耦合机理研究涉及物理、热学、化学、岩石力学、弹塑性力学、损伤及断裂力学、流体力学、边坡工程、隧道工程等多个学科和实际工程应用领域，因此，还有许多理论和工程问题仍需要进一步探索和研究，加之作者水平及经验所限，书中的疏漏和不妥之处，恳请前辈及同仁不吝赐教！

刘乃飞
2024年2月

目　　录

1 绪论

1.1 研究背景及意义

随着全球气温变暖，北极冰层开始融化。世界强国展开了激烈的北极资源争夺战。北极不止有茫茫的冰山和憨厚的北极熊，还有储量丰富的矿产资源。美国地质调查局的勘探数据表明，北极圈的石油和天然气储量高达900亿桶和1669万亿ft^3，两者分别占全球预估尚未开发石油和天然气储量的13%和30%。除化石燃料外，北极地区还赋存着镍、铅、锌和稀有元素等矿产资源。这些资源都赋存于北极的冻结裂隙岩体中。正如北极一样，大量正在开采或尚未开采的矿产资源赋存在广大的寒冷地区。

据统计，地球上各类冻土区（包括多年冻土、季节性冻土和瞬时冻土）的面积约占地球陆地面积的50%，主要分布在地球两极及附近地带和高海拔地区，如俄罗斯、加拿大、中国、美国和北欧等地，其中多年冻土约占陆地面积的25%。我国是世界上寒区面积分布最多的国家之一，仅排在俄罗斯和加拿大之后，多年冻土区面积约为$215\times10^4km^2$。我国永久性冻土和季节性冻土区的面积约占全国陆地面积的75%，主要分布在西部和北部。寒冷的气候和冻结区域在创造了大量巧夺天工的美景的同时也给工程建设和资源开采带来了巨大的挑战。

此外，随着我国西部大开发战略的持续推进和振兴东北老工业基地战略的实施，大量的交通运输工程（公路工程、铁路工程和隧道工程）、水利水电工程以及工业与民用建筑工程相继上马。在广大寒区资源开采和工程建设过程不可避免地会遇到冻结裂隙岩体和各种工程冻害问题，严重威胁工程的安全和正常运行。寒区隧道甚至有十洞九害的说法（挪威寒区隧道均存在不同程度的冻害，新疆国道217线天山段的玉希莫勒盖隧道因冻害而报废，青藏铁路西宁-格尔木段的关角隧道道床冬季上鼓夏季翻浆冒泥、衬砌开裂），公路路面有路面翻浆、裂缝、鼓包、沉陷和抬升等病害，边坡有热融滑塌等（图1-1）。据统计，日本全国3800座铁路隧道中有1100座因为冻害原因在冬季运营期间危及行车安全；公路隧道中仅北海道地区的302座大型隧道中发生严重灾害的就达104座。有些隧道甚至在运营期间发生重大安全事故。此外，各种地下低温储库、建筑物基础以及地下管道等都会遇到岩体冻害问题。因此，开展冻结裂隙岩体方面的研究具有重要的战略意义。

然而，关于寒区裂隙岩体方面的研究却相对滞后，甚至在很多情况下将冻结裂隙岩体和冻结岩块或冻土混淆。广义的冻土（Frozen Earth）是冻结土体（Frozen Soil）

(a) 洞内冰塞

(b) 洞内挂冰

(c) 边坡滑塌

图 1-1　寒区工程冻害

和冻结岩体（Frozen Rock Masss）的总称，在过去相当长的时间内人们只考虑冻结土体而不考虑冻结岩体，甚至在实际工程中碰到冻结裂隙岩体时也想当然地将其当作冻结土体来对待。事实上，冻结岩体和冻结土体有着显著的区别。冻结土体（也就是狭义冻土）是岩石风化的产物，是多孔连续介质，通常可作为各向同性材料。而冻结岩体由于裂隙的存在其导热、渗流以及力学性质均具有明显的各向异性，显然不同于多孔连续介质（图 1-2）。同时，冻结裂隙岩体由于裂隙冰的存在使得其各种性质更加复杂。因此，为了满足日益增长的工程需要，必须将冻结裂隙岩体从广义的冻土中分离出来并开展专门的研究。

扫码看彩图

图 1-2　寒区冻结裂隙岩体

目前，寒区裂隙岩体方面的研究进展异常缓慢。Murton（2006）和杨更社等各自研究了完整岩块的水分迁移问题且指出冻结过程中均会出现类似冻土的冰分凝现象。因此，不少学者以此为依据，认为冻结岩体的水分迁移特性和冻土相同，直接用冻土的水分迁移理论研究冻结裂隙岩体。虽然杨更社团队、刘泉声团队及其他学者等开展了大量低温岩体方面的研究工作，推进了我国寒区岩体的研究，但均未过多针对低温裂隙岩体的各向异性特征。低温裂隙岩体冻害显然是温度场、水分场、应力场（部分区域还需考虑化学场）耦合作用的结果。因此，在前人研究的基础上开展寒区低温裂隙岩体各向异性多场耦合方面的研究已经迫在眉睫，构建含水/冰相变低温裂隙岩体各向异性多场耦合模型，无论对于寒区工程建设还是资源开采均具有重要的战略意义。

1.2 国内外研究现状

广义冻土是冻结土体和冻结岩体的总称，同样寒区岩土工程问题包括冻结土体和冻结岩体两部分。冻结裂隙岩体与冻结土体最大的区别就是裂隙引起的各向异性特性。关于冻土力学的研究始于20世纪30年代的苏联，至今已有80多年的研究历程，我国冻土研究起步较晚但也已经历了近60年的风雨历程。但冻结岩体的研究历史却相对短暂，致使很多学者在遇到冻结岩体问题时直接挪用冻土理论。好在近年来由于实际工程建设的需要冻结岩体方面的研究逐渐引起了学者的关注，并且取得了大量的研究成果。本节拟将冻结裂隙岩体的研究成果分为冻结岩石的热力学特性、低温裂隙岩体的研究现状、相变及水热迁移理论以及低温裂隙岩体多场耦合理论四个方面进行梳理和回顾。

1.2.1 冻结岩石的热力学性质

土力学先贤曾说过土力学是一门试验力学，其实岩体（石）力学亦如此。因此，冻结岩体力学方面的研究也始于冻结岩石试验。国内外许多科研工作者通过试验的方法研究冻结岩石的抗拉/压强度、弹性模量、剪切强度、传热特性等热力学性质。

1. 冻结岩石的抗拉/压强度

Winkler（1968）通过分析岩石内部水分相变膨胀规律指出冻结岩石的抗拉强度比抗压强度更应引起关注。Kostromitinov（1974）测试了各类岩样在不同冻结温度下的冻结强度并探讨了试样尺寸对岩石强度的影响。Inada和Yokota（1984）分别对花岗岩和安山岩圆柱样进行了极低温度（室温至−160℃）下的强度试验，试验表明试样的抗拉/压强度均随温度的降低呈增长趋势。Kenji Aoki等（1990）采用花岗闪长岩、流纹岩、片岩、砾岩和泥岩等五种岩石开展了不同含水条件下冻岩的强度特性试验，岩石强度整体表现出随温度降低而增加的趋势，且这种增长趋势湿样较干样更为明显。当温度降低到−160℃时，抗压强度的增幅为20%～70%，抗拉强度则提高了50%～100%。国内关于冻结岩石的研究起步较晚，但也已开展了大量关于冻岩强度方面的试验研究工作（多集中于单轴抗压强度，抗拉强度方面的成果较少），部分代表性成果见表1-1。

从表1-1中可以看出，2006—2015年的近十年里国内岩土科研人员针对不同岩性、不同含水条件和温度范围开展了大量的冻岩抗压强度试验。试验结果和Kenji Aoki（1990）、Inada（1984）等人所得的规律相同，各类岩石的抗压强度均随温度的降低而增大，且饱和条件的增幅要明显大于干燥条件。此外，从表1-1中还可以看出，硬岩（如花岗岩）的增幅小于软岩（如砂岩）。特别是刘莹的试验中细砂岩冻结后的强度提高了5倍有余（含水率为4.36%），而李云鹏的试验中花岗岩的增幅仅为20%左右。徐拴海等采用青海木里露天矿岩质边坡的完整岩样进行室内强度试验，结果同前人类似。

国内冻结抗拉/压强度试验部分代表性成果 **表 1-1**

作者	时间	岩性	温度范围（℃）	变化幅度（括号内数值为最低温时抗压强度值）
徐光苗	2006 年	红砂岩	−20～20	饱和：93.5%（52.2MPa）； 干燥：32.5%（55.0MPa）
		页岩	−20～20	饱和：59.6%（45.0MPa）； 干燥：30.6%（72.4MPa）
陈磊	2009 年	砂岩	−30～20	饱和：207.7%（80.0MPa）
		煤岩	−30～20	饱和：62.5%（30.0MPa）
唐明明	2010 年	微风化花岗岩	−50～−10	饱和：25.3%（78.5MPa）；干燥：17.6%（86.5MPa）。温度低于−40℃后趋于稳定
刘莹	2011 年	中砂岩	−15～20	含水率为 4.74%时：165.5%(17.84MPa)； 含水率为 9.26%时：164.3%(21.86MPa)
		细砂岩	−15～20	含水率为 4.36%时：565.0%(20.35MPa)； 含水率为 8.94%时：309.1%(21.11MPa)
李云鹏	2011 年	花岗岩	−50～−10	饱和：22.6%(85.1MPa)； 干燥：17.6%(79.4MPa)
杨更社	2012 年	砂岩	−30～20	饱和：203.0%(82.0MPa)
		煤岩	−30～20	饱和：75.0%(35.0MPa)
		砂质泥岩	−30～20	饱和：173.0%(21.3MPa)
田应国	2015 年	中粒砂岩	−25～30	饱和：56.8%(17.29MPa)
		粗粒砂岩	−25～30	饱和：71.9%(20.70MPa)

2. 冻结岩石的弹性参数

Kenji Aoki 等（1990）也开展了弹性模量随冻结温度变化的研究，表明弹性模量随温度降低变化并不明显，当温度降低至−160℃时，弹性模量仅提高了 20%。

Yamabe 和 Neaupane（2001）研究表明弹性模量随温度的降低（20～−20℃）逐渐增大，但当温度降至−10℃时趋于稳定。国内学者也开展了冻岩弹性参数方面的试验，部分代表性成果，见表 1-2。

国内弹性参数试验部分代表性成果 **表 1-2**

作者	时间	岩性	温度范围（℃）	参数类型	变化幅度（括号内数值为最低温时弹性参数值）
徐光苗	2006 年	红砂岩	−20～20	弹性模量	饱和：135.0%（18.5GPa）； 干燥：50.7%（15.7GPa）
		页岩	−20～20	弹性模量	饱和：69.4%（7.20GPa）； 干燥：55.5%（11.2GPa）
陈磊	2009 年	砂岩	−30～20	弹性模量	饱和：431.0%(17.0GPa)
			−30～20	泊松比	饱和：−52.0%(0.175)
		煤岩	−30～20	弹性模量	饱和：158.0%(6.75GPa)
			−30～20	泊松比	饱和：−40%(0.24)

续表

作者	时间	岩性	温度范围(℃)	参数类型	变化幅度(括号内数值为最低温时弹性参数值)
刘莹	2011 年	中砂岩	−15～20	弹性模量	含水率为 4.74%时：138.2%(907.22 MPa)；含水率为 9.26%时：203.8%(1016.38MPa)
		细砂岩	−15～20	弹性模量	含水率为 4.36%时：385.8%(941.28 MPa)；含水率为 8.94%时：673.0%(1266.64MPa)
李云鹏	2011 年	花岗岩	−50～−10	弹性模量	饱和：59.7% (17.54GPa)；干燥：52.4% (21.66GPa)
			−50～−10	泊松比	饱和：28.0% (0.177)；干燥：17.6% (0.189)
			−50～−10	剪切模量	饱和：54.6% (7.45GPa)；干燥：40.6% (9.10GPa)
杨更社	2012 年	砂岩	−30～20	弹性模量	饱和：203.1%(4.37GPa)
		煤岩	−30～20	弹性模量	饱和：182.7%(9.55GPa)
		砂质泥岩	−30～20	弹性模量	饱和：376.0%(21.11GPa)

从表 1-2 可以看出各岩样的弹性模量均随温度的降低而逐渐增大。弹性模量随温度的变形规律和抗拉/压强度相同，温度降低对硬岩（花岗岩）的影响明显小于软岩(砂岩)，且含水率越高，弹性参数的增幅越大。对于细砂岩弹性模量的增幅约为 7 倍。

3. 冻结岩石抗剪强度特性

抗剪强度主要指黏聚力 c 和内摩擦角 φ。徐光苗（2006）、李云鹏（2010）和唐明明（2010）等学者开展了系统的室内试验，研究了抗剪强度参数随温度的变化规律，详见表 1-3。

抗剪强度试验结果 **表 1-3**

作者	时间	岩性	温度范围（℃）	参数类型	变化幅度（括号内数值为最低温时弹性参数值）
徐光苗	2006 年	红砂岩	−10～20	黏聚力	饱和：30.2% (8.50MPa)
			−10～20	内摩擦角	饱和：12.2% (46°)
		页岩	−10～20	黏聚力	饱和：10.3% (7.48MPa)
			−10～20	内摩擦角	饱和：7.32% (44°)
李云鹏	2010 年	花岗岩	−50～−10	黏聚力	饱和：11.0% (13.23MPa)；干燥：18.2% (13.01MPa)
			−50～−10	内摩擦角	饱和:5.01% (57.59°)；干燥:1.52% (56.00°)
唐明明	2010 年	花岗岩	−50～−10	黏聚力	饱和：14.4% (12.84MPa)；干燥：17.1% (12.45MPa)
			−50～−10	内摩擦角	饱和：3.43% (58.44°)；干燥：1.06% (56.96°)

从表 1-3 可以看出，各岩样黏聚力和内摩擦角均随温度的降低而增大，但同抗

拉/压强度相比增幅略小，一般不超过20%。且内摩擦角的增幅较黏聚力更小，黏聚力增幅随含水率的增大而减小，内摩擦角增幅随含水率的增大而增大。

4. 冻结岩石的热学性质

Park等（2004）开展室内试验研究了花岗岩和砂岩的热学特性，试验温度范围为－160～40℃，详见表1-4。

Park热学参数试验成果 **表1-4**

温度（℃）	比热［J/(kg·℃)］	温度（℃）	热传导系数［W/(m·℃)］
花岗岩		花岗岩	
－159.8	0.2867	－40	2.69
－139.7	0.3654	－20	2.71
－119.7	0.4308	－10	2.71
－99.7	0.4925	－1	2.63
－79.7	0.5380	27	2.52
－59.7	0.5889	页岩	
－39.7	0.6220	－42	6.20
－19.6	0.6660	－24	5.71
0.3	0.7007	－10	5.62
20.3	0.7282	－3	5.70
40.3	0.7606	26	5.14

从表1-4可以看出，花岗岩的比热随温度的降低而减小，－160℃时花岗岩的比热仅为20℃时的40%。热传导系数随温度降低而增加，但变化幅度较小。温度由26℃降低至－42℃时，页岩的热传导系数增加了约20.6%；温度由27℃降低至－40℃时，花岗岩的热传导系数增加了约6.7%。花岗岩热传导系数的增幅明显小于页岩。此外，Park还指出岩样的热膨胀系数随温度的降低而线性减小，特别是当温度低于－50℃时，花岗岩和页岩的热膨胀系数转为了负值（即冷胀）。Kuriyagawa等（1980）也指出－40℃时岩石的热传导系数比20℃时提高了10%～20%。

国内学者刘莹（2011）的研究表明取样深度对试样热传导系数影响很小但含水条件影响相对较大。对于中砂岩，当含水率为4.74%时，－10℃时的热传导系数比10℃时提高了约13.9%，而含水率为9.26时则提高了23.6%；对于细砂岩，在两种含水率条件下（4.36%和8.94%）热传导系数的增幅分别为13.2%和13.9%。屈永龙也测试了白垩系砂岩的热传导系数（－30～30℃），试验表明其随温度的降低而增大，但－20℃后基本保持稳定。

5. 岩石的冻融损伤性质

Kenji Aoki等（1990）针对片岩和流纹岩进行了冻融循环试验，经历300次冻融循环后，片岩的孔隙率增加了20%，流纹岩约增加了10%，片岩和流纹岩试样的抗压强度和弹性模量均没有多大变化，但抗拉强度却降低了10% ～20%。Fatih Bayram（2012）指出各石灰岩试样经历25次冻融循环后抗压强度均表现出不同程度的降低，损伤率最大约为 22.37%，最小仅为 0.10%。Sondergeld（2007）也研究了冻融对岩石力学特性的影响。

国内很多学者也开展了完整岩石冻融循环试验，他们分别从质量损失、强度损失和弹性模量损失等几个方面进行了研究，研究表明冻融循环对完整岩石的质量、强度和弹性参数均有较大影响，且含水率越大这种劣化效应越明显。冻融循环对硬岩（花岗岩）影响相对较小，经历若干次冻融循环后其质量基本没有损失，抗压强度损伤一般不超过 20%，弹性模量损伤不超过 50%；而对于软岩（砂岩）质量损失率高达 25%，抗压强度和弹性模量几乎全部损失，即经历数十次的冻融循环后砂岩有可能完全丧失强度。

此外，张淑娟（2004）、刘成禹（2005）、周科平（2012）以及刘昕（2013）等人还通过微观研究手段（主要有 CT 扫描、扫描电镜、核磁共振以及电子显微镜）研究冻融循环对岩石的影响。

1.2.2　低温裂隙岩体相关研究

众所周知，试验室内采用完整岩样得到的岩石的物理力学及热学特性同现场实际裂隙岩体差异较大，绝大多数无法真正地应用于实际寒区岩体工程。原因如下：①完整岩样是孔隙介质而实际岩体工程是典型的裂隙介质；②室内试验难以模拟实际的温度气候环境；③研究的尺度不同；④破坏模式不同，完整岩石主要是冰分凝作用所致而裂隙岩体则是冰楔入结构面致裂所致。鉴于此已有学者开展了冻结裂隙岩体方面的研究工作（室内人工裂隙岩体试验和野外实地监测）。

1. 裂隙岩体室内试验研究

1985 年 Davidson 和 Nye 开展了岩体裂缝中冰压力的光弹试验。他们用三块透明材料（有机玻璃板）代替岩石，人工制造了一个含裂隙的岩体模型(图 1-3)。人工裂缝中充满水，试验时由上到下单向冻结，通过光弹效应来量测因水/冰相变膨胀而作

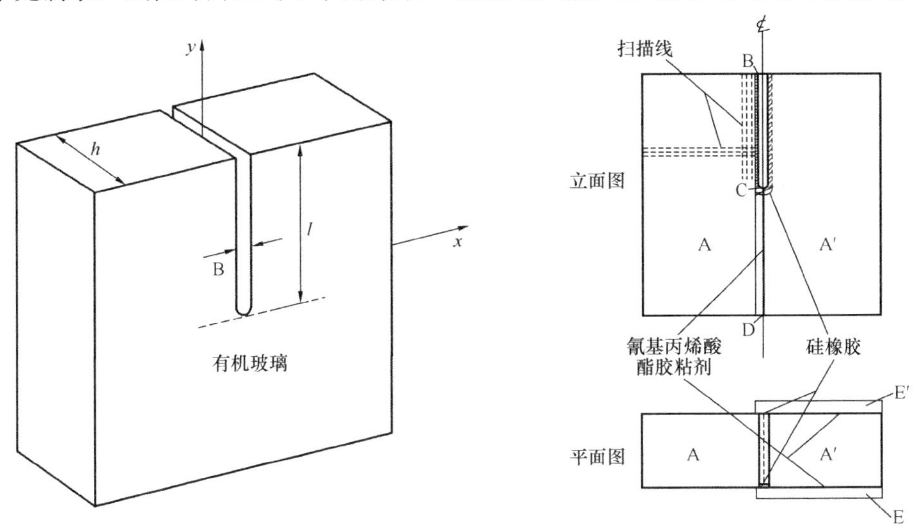

图 1-3　光弹试验模型图

用在缝壁上的力。试验表明，随着冻结锋面不断向下推进，相变引起的体积膨胀相应增加。由于裂隙壁面的渗透系数极低，未冻水压无处消散，使得裂缝内的未冻水承受的水压力持续增加。试验过程中冰/水界面处未冻水压力达到了 1.1MPa（1bars=10^5 Pa），该值已经达到甚至超过了部分岩石的抗拉强度值，因此裂尖处的应力值可以迫使裂隙的进一步扩展。

Matsuoka（1990）采用花岗岩进行了类似的试验（图 1-4），试验表明在 0～−1℃范围内裂隙隙宽扩展最快，此时的最大膨胀变形仅为 0.1%，远小于通常说的冰/水相变的 9%（即裂隙在相变膨胀完全发挥前已开始扩展）。低于−2℃后降温对裂隙扩展影响甚微。

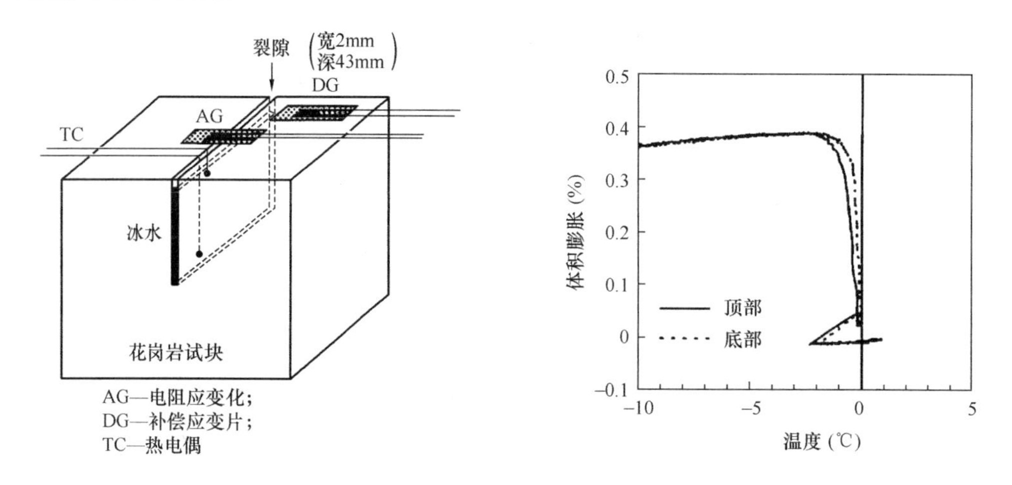

图 1-4　Matsuoka 冻结裂隙岩体试验

Murton（2006）通过室内试验来研究寒区岩体致裂原因。他将石灰岩试样下半部分温度控制在 0℃以下模拟永冻层，上半部分在 0℃上下波动模拟活动层。研究表明，两试样微观裂隙扩展为宏观裂隙的阈值分别为 150d 和 370d。B1 试样表面最大的融沉量约为 10mm，和 2003 年 7、8 月份间欧洲的热融变形一致。此外还制备了 10 个具有不同补水条件的试样，用来模拟永冻区的双向冻结和季冻区的单向冻结。试验表明，冰分凝使得湿石灰岩块开裂。而且他们对体积膨胀可能致裂持怀疑态度，因为他们测到的试样出现宏观裂缝时的含水率仅为 65%，远小于 Walder 预测的饱和度（约为 91%）。此外，从图 1-5 中可以看出冻结机制决定了裂缝的位置。双向冻结时裂缝出现在永冻层的上部和活动层的下部。单向冻结时裂缝出现在岩样的近表面。这个差异反映了热质迁移方向随季节而不同。

路亚妮（2013）采用人工材料（石膏、水泥砂浆和有机玻璃等）制作了含裂隙岩体试样，试验表明裂隙长度、倾角对岩体的强度影响显著且以倾角更甚。倾角为 30°时强度最小，90°时强度最大（与完整岩样无异）。对于双裂隙试件，随着冻融循环次数增加，强度变化呈减小趋势。此外，随着冻融循环次数的增加，裂隙岩体的弹性模量均有不同程度的损伤。弹性模量的变化规律基本类似于强度。

王乐华（2016）选取三峡库区的石英白砂岩，并预制了人工裂隙研究冻融循环对其影响，试验表明天然和饱和试件三轴抗压特性的冻融效应具有相同的规律，且不同连通率试件峰值强度都随着冻融循环次数的增加而逐渐减小；当冻融循环次数一定时，随着节理连通率的增大，两组试件的峰值强度逐渐减小。

Nicholson（2000）通过 10 种岩样对含原生裂隙的沉积岩进行冻融循环试验，将原生裂隙对岩石冻融破坏的影响归为 4 种冻融劣化模式。

本课题组李宁等（2001）通过在砂岩样中预制裂隙的方法来模拟实际裂隙岩体，研究了烘干、饱水和饱水冻结砂岩样在循环作用下引起的低周疲劳特性和不同加载频率下的速率效应，发现在每级加载低周次循环荷载作用下，冻结裂隙砂岩样会产生明显的疲劳；同时该疲劳特性又与砂岩冻结与否、有无裂隙等条件有密切关系。

2. 冻结岩体野外试验

野外试验（监测）较室内试验最大的优势就是后者难以模拟真实的气候。然而直到最近几年野外监测才发展起来。野外监测的项目主要有：岩体表面裂隙宽度的变化；基岩应力/应变；岩体表面和内部的温度。Matsuoka（1997，2001）通过对岩体表面裂缝宽度的监测来评估日或年冻融循环对日本阿尔卑斯山岩壁稳定性的影响。监测结果表明，当遭受充足的雨水或冰雪融水时，裂隙就会显著扩展。Wegmann（1998）带领团队对阿尔卑斯山少女峰冻结岩块的膨胀特性进行了监测，用来评价施工活动对东南岩壁永冻区热状况的影响。大量的测温探头和伸缩仪被安置在了岩体表面 10m 深度范围内，监测结果见图 1-5。

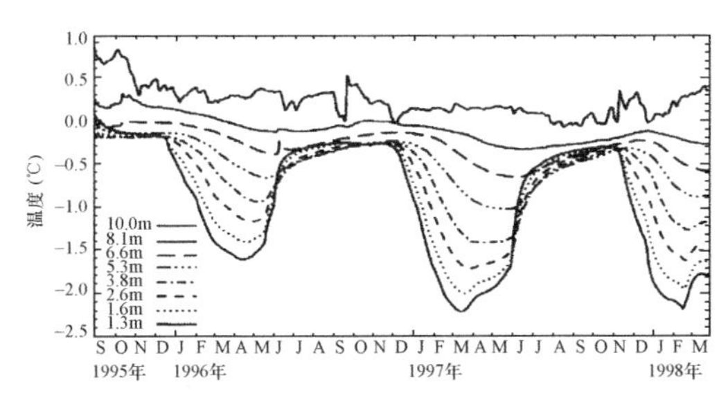

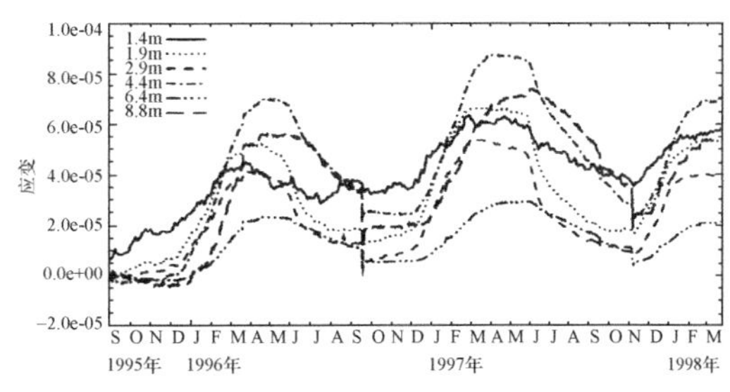

图 1-5 阿尔卑斯山少女峰东南岩壁永冻区监测结果（海拔为 3600m）

从图 1-5 可以看出，夏天收缩和冬天膨胀变形可以认为是对冻岩融化和再冻结的响应。夏天扩展的裂缝会被从活动层迁移来的冰雪融水充填。多年冻融循环后永久性的扩展就会在永冻层积累。这些结果表明温度范围仅仅只是几摄氏度的改变就能引起基岩出现宏观冻结且冻结深度达数米。

此外，西安煤炭研究院的徐拴海等在青海木里露天矿岩质边坡开展了温度和变形方面的现场监测。青藏铁路的风火山隧道和昆仑山隧道也开展过现场温度监测。

1.2.3 相变及水热迁移理论

低温冻结岩体与常温裂隙岩体最大的区别就是水/冰相变作用引起的裂隙起裂、扩展直至破坏。低温冻结裂隙岩体的水热迁移和水/冰相变是冻结裂隙岩体研究及其多场耦合理论的核心部分，因此也引起了不少学者的关注。

目前，低温条件下水分迁移驱动势的研究主要集中于冻土，关于低温裂隙岩体中水分迁移的研究鲜有报道。自 20 世纪末以来，学者们曾提出了 14 种关于冻土中水分迁移驱动势的假说，而这 14 种假说又可分为四种基本观点：①流体力学热力学观点；②物理力学观点；③结晶力观点；④构造形成观点。无论是各假说还是四种基本观点都不是孤立存在的，而是彼此互为补充。目前被大家广泛接受的水分迁移机制主要有以下三种。

1. 毛细水迁移机制

毛细水迁移机制是由俄国学者 Шмукенберм 于 1885 年提出的，该理论认为水在毛细管力作用下沿着土体裂隙或孔隙所形成的毛细管向冻结锋面迁移。Everett（1961）以热力学理论为依据给出了用冰/水相应力差表示的驱动力表达式：

$$u_i - u_{\mathrm{w}} = 2\sigma_{i\mathrm{w}}/r_{i\mathrm{w}} \tag{1-1}$$

式中，u_i 和 u_{w} 分别表示冰和未冻水的应力；$\sigma_{i\mathrm{w}}$ 为冰水界面的表面张力；$r_{i\mathrm{w}}$ 为冰水界面的曲率半径。Everett 提出的第一冻胀理论就是以毛细理论为基础的，但该理论无法解释冰透镜体的形成。

2. 薄膜水迁移机制

该理论认为土颗粒表面被水膜包围且未冻水膜的厚度是温度的函数，冻结打破了土颗粒-未冻水-冰系统的平衡，导致水分从水膜厚的区域向水膜薄的区域迁移。基于薄膜水理论 Miller（1972）提出了土冻结过程的第二冻胀理论，认为冰透镜体暖端与冻结锋面之间存在一个低含水量、低导水率的区域，并称其为冻结缘。

3. 分凝势理论

分凝势理论是 Konrad 等通过不同温度梯度下冻土中水分迁移试验得出的水分迁移通量与温度梯度成正比的结论，即

$$q_0 = -SP_0 \Delta T \tag{1-2}$$

式中，SP_0 称为分凝势（Segregation Potential）；q_0 为水分迁移通量；ΔT 为温度梯度。

Konrad 和 Morgenstem 还提出了考虑外界荷载作用的分凝势表达式，即

$$SP = SP_0 e^{-ap_e} \tag{1-3}$$

式中，SP 称为考虑外荷载的分凝势；p_e 为外荷载；a 为与材料有关的参数。

以上水分迁移理论均是针对冻土，目前只有少数学者开展了低温岩体水分迁移方面的工作，但也多侧重于完整岩块。Walder 等（1985）提出了冻结裂隙岩体内的水分迁移及透镜体增长模式。徐学祖（1995）通过边界温度恒定的岩盘冻胀试验指出冻结缘的厚度取决于冻结速度，且具有随冻结历时增大、恒定和减小三种模式。Murton（2006）通过室内试验来研究寒区岩体致裂原因。他将石灰岩（试样取自数米深的地下，未发生风化也无可见节理，可视为均质各向同性体）制备成 10 个具有不同补水条件的试样，用来模拟永冻区的双向冻结和季冻区的单向冻结（图 1-6）。

试验表明，冰分凝使得湿石灰岩块开裂。但他们对体积膨胀可能致裂持怀疑态度，因为他们测到的试样出现宏观裂缝时的含水率仅为 65%，远远小于 Walder 预测的阈值饱和度（约为 91%）。此外，融化期岩石表面持续的隆起变形也与冻结期膨胀变

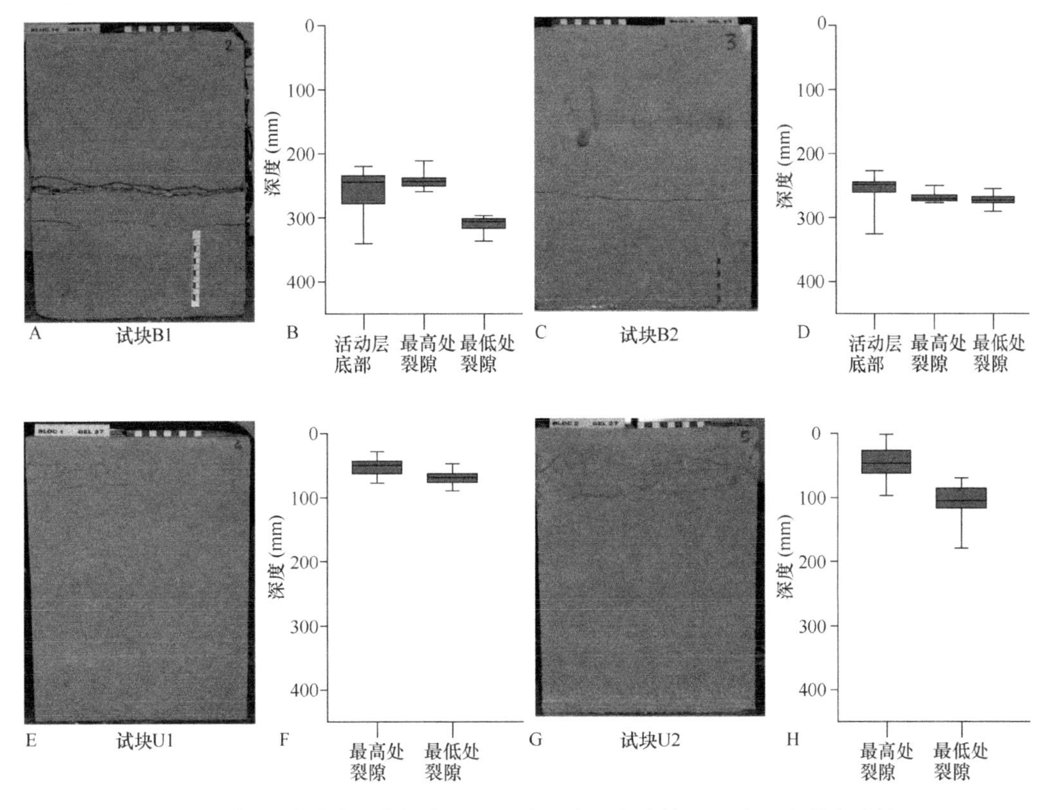

图 1-6 各试样裂隙及分凝冰图（A 到 D 为双向冻结，E 到 H 为单向冻结）

形所致的裂隙迅猛扩展所不同，但却与预期的持续的冰分凝相符。此外，从图中可以看出冻结机制决定了裂缝的位置。双向冻结时裂缝出现在永冻层的上部和活动层的下部。单向冻结时裂缝出现在岩样的近表面。这个差异反映了热质迁移方向随季节而不同。单向向下冻结水分向上迁移，有助于在试样近表面出现分凝冰。双向冻结使得活动层中部的水分分别向上和向下迁移，分凝冰就会在永冻层的上部和活动层近地表聚集。

杨更社等（2006）采用软岩类材料-水泥砂浆样进行了开放系统下具有温度梯度的水热迁移试验，试验表明不同类型的软岩材料水热迁移程度不同，试样中的石英矿物含量越高，温度场重新分布时间越长；温度梯度是水分迁移的主要驱动力，当温度梯度越大时，水分场则越快达到重新分布状态。Akagawa 和 Fukuda 同样认为，分凝冻结也是凝灰岩孔隙水发生迁移的根本原因。

遗憾的是，上述关于低温岩体水分迁移方面研究的对象，都是完整岩块而非裂隙岩体，仍将其当作多孔连续介质，忽略了裂隙才是水分迁移的主要通道和场所这一关键问题（岩石基质的孔隙率几乎不连通，相对于裂隙部位可以忽略基质的水分迁移），因此得到的结论也和冻土水分迁移相同。可见已有的冻岩水分迁移理论应用于软岩尚可，对于含裂隙岩体还值得商榷。本课题组的王莉平博士开展了预设人工裂隙砂浆样的水分迁移试验，但由于监测设备精度有限，无法判断裂隙内是否确有液态水分发生迁移，因此更为理想的试验结果需要进一步改进试验方案和设备。对于裂隙岩体的水分迁移，当温度梯度和裂隙正交时裂隙水分迅速冻结，因此裂隙内的水分基本不发生迁移；当温度梯度与裂隙平行时，若裂隙饱和，则在相变膨胀压力作用下水分向远离冻结锋面的方向迁移；若裂隙非饱和，则在温度势作用下未冻水会向冻结锋面迁移。对于低温裂隙岩体冻结过程是否存在冻结缘，笔者认为有待商榷。可见目前国内外关于低温裂隙岩体水分迁移的研究尚不成熟，无法应用于实际低温裂隙岩体工程，应该尽快加强低温裂隙岩体水分迁移方面的研究，最好能够得到含数组优势节理低温裂隙岩体的水分迁移张量。

关于低温裂隙岩体热质迁移方面的研究更少，遇到低温裂隙岩体工程的传热问题大多直接采用完整岩块的传热特性，但分析所得结果往往与实测值大相径庭。因此，应该开展裂隙岩体各向异性传热特性方面的研究工作，本课题组的徐彬博士基于接触热阻的概念对裂隙岩体的传热特性进行了研究，认为裂隙岩体沿裂隙法向的等效热传导系数随面积接触率的增大而增大，随裂隙连通率的增大而减小，沿裂隙面切向的等效热传导系数近似等同于完整岩块。但遗憾的是没有考虑相变以及热对流和对流换热的影响。因此，关于低温裂隙岩体传热特性的研究也应加强，尽可能建立起含多组节理低温裂隙岩体的传热特性张量。

1.2.4 低温裂隙岩体多场耦合理论

岩土体多场耦合理论是为了确保工程建设能够适应复杂的地质环境而提出的，主要涉及温度场、水分场（也称为渗流场）和应力场/变形场，在一些特殊的环境中还需要考虑化学场的影响。当工程位于寒区时还需要考虑水/冰相变作用对各场的影响，这是低温多场耦合理论和常温多场耦合理论的根本区别。目前低温岩土体多场耦合研究主要集中于多孔连续介质，即冻土和软岩。Abousit 等（1982）研究了弹性多孔介质中固液热耦合的变分公式，但未考虑热对流的作用。Gatmiri（1995）提出了考虑土体骨架非线性变形的固液热耦合模型，较全面地考虑了土体骨架变形的非线性、流体的可压缩性和热膨胀性以及热能的传导和对流作用。Neaupane（1999）等假定岩石为孔隙热弹性体和理想弹塑性体，建立了考虑水/冰相变的岩体水热力耦合模型。赖远明（1999）基于渗流力学和传热学原理推导了寒区隧道二维水热力耦合控制方程，并编制了相应的有限元分析程序。何平（2000）等考虑了土体冻结过程中土骨架的变形，从而建立了土体冻结过程的三场耦合方程。马静嵘和杨更社（2004）基于软岩水热迁移机理提出了软岩水热力三场耦合数学模型。本课题组在李宁教授带领下对冻土的水热力的三场耦合理论进行了深入的研究，并基于大型岩土仿真软件 FINAL 开放了专门的分析平台。

关于裂隙岩体多场耦合方面的研究起步较晚。Noorishad 等（1984）首次提出饱和裂隙岩体的固液热耦合基本方程组。仵彦卿和柴军瑞等研究了裂隙岩体渗流场与应力场耦合的多重孔隙介质模型和等效连续介质模型。王媛等采用等效连续介质模型和离散裂隙相结合的方法进行了复杂裂隙岩体的模拟。赵阳升等建立了高低温裂隙岩体水热力三场耦合数学模型。Lanru Jing、冯夏庭、刘泉声、张玉军等结合国际 DECO-

VALEX合作计划开展了大量裂隙岩体多场方面的研究。冯夏庭等以典型地下试验室的试验为基础，建立了弹性、弹塑性、黏弹塑性的THMC分析模型。刘泉声等运用双重孔隙介质理论，根据质量守恒定律、能量守恒定律及静力平衡原理，构建了冻结条件下裂隙岩体的温度场-渗流场-应力场（THM）耦合控制方程。张玉军等建立了考虑溶质浓度影响的热-水-应力-迁移耦合模型并编制了二维有限元分析程序。

目前冻土的水热力多场耦合理论和常温裂隙岩体的水热力多场耦合理论的研究已比较深入且都编制了相应的分析程序，但关于含水/冰相变低温裂隙岩体变形-水分-热质-化学耦合机制方面的研究却才刚刚起步，因此遇到低温裂隙岩体工程问题大多直接采用冻土的多场耦合理论，或不考虑水/冰相变的裂隙岩体多场耦合理论。中国科学院武汉岩土所较早开展了低温裂隙岩体的水热力多场耦合研究。徐光苗（2006）以青藏铁路昆仑山隧道为依托，系统地研究了岩石在低温和冻融循环条件下的力学和热学特性，并依据试验结果建立了岩石的冻融损伤本构关系及温度-渗流-应力多场耦合数学模型。谭贤君（2010）考虑体积应变对围岩温度场和渗流场的影响，以及温度梯度、渗透压力和冻胀压力对围岩应力场的影响，建立了通风条件下寒区隧道THMD耦合模型。康用水（2012）在试验的基础上建立了岩石准蠕变冻胀本构模型，并基于双重孔隙介质理论构建了低温岩体THM耦合控制方程。以上三位博士的研究在一定程度上填补了我国低温裂隙岩体多场耦合研究的空白，但遗憾的是上述耦合模型均未考虑低温裂隙岩体水热迁移的各向异性特性（虽然渗透系数采用了渗透张量，但未开展水分迁移方面的研究）以及在实际应用中如何处理含多组裂隙岩体水热迁移的各向异性（如果所有裂隙均建立裂隙单元显然也不现实）。

综上可以看出，岩土学术界和工程界关于寒区含水/冰低温裂隙岩体多场耦合方面的研究尚不成熟，研究成果难以用于分析复杂的寒区裂隙岩体工程问题。低温裂隙岩体最大的特点就是与水/冰相变过程有关的水分迁移、热质迁移和力学特性的各向异性特性，若不考虑裂隙岩体的各向异性就无法真正模拟寒区裂隙岩体。笔者认为要构建含水/冰相变寒区裂隙岩体的多场耦合理论模型，就需要从构建低温单裂隙介质水分迁移模型和传热模型入手，进而构建含多组优势节理低温裂隙岩体的水分迁移模型和传热模型（实现等效连续化处理），以此为基础构建含水/冰相变寒区低温裂隙岩体多场耦合模型。

1.3 研究内容及技术路线

1.3.1 已有研究的局限性

由国内外研究现状可以看出，国内外针对低温裂隙岩体的研究工作虽然起步较晚，但经过这些年的发展已经取得了丰硕的成果，有力地推动了寒区岩土工程的顺利实施。然而，鉴于低温裂隙岩体研究的复杂性，致使现有成果尚存诸多不足。目前，关于低温裂隙岩体研究的不足之处主要有以下几点：

（1）忽略冻结裂隙岩体与冻土的最大差别，即各向异性特性。目前，关于冻结裂隙岩体的研究多将岩体视为多孔连续介质。有不少学者用冻岩区别冻土，但同时也造成了冻结岩块（岩石）和冻结裂隙岩体的混淆。因此，需要给出冻结裂隙岩体的明确定义。

（2）缺乏低温裂隙岩体水分迁移方面的研究。目前已有的研究主要针对完整岩块或软岩，关于低温裂隙岩体的水分迁移研究却鲜有报道。因此，应关注低温裂隙介质水分迁移和低温孔隙介质水分迁移机理的区别，进而构建低温裂隙岩体水分迁移模型。

（3）考虑裂隙的存在对低温裂隙岩体传热特性影响的研究太少。热流通过裂隙部位流线会收缩，因此含裂隙岩体的导热能力小于完整岩块。此外，裂隙水的热对流和对流换热都会对裂隙岩体的传热性能产生影响。因此，应研究考虑流体速度的各向异性的传热模型。

（4）腐蚀性地下水对低温裂隙岩体水力隙宽影响的研究鲜有涉及。腐蚀性地下水会腐蚀裂隙，进而影响裂隙岩体的各种性质。故应开展腐蚀性地下水对裂隙岩体的影响研究。

（5）对于低温裂隙岩体多场耦合模型研究不足。目前，建立的各种低温裂隙岩体的水热力耦合模型，均未能反映低温裂隙岩体的各向异性特性。因此，应基于低温裂隙水分迁移模型、各向异性传热模型等，构建真正考虑低温裂隙岩体各向异性特性的多场耦合模型。

1.3.2 研究思路

根据目前低温裂隙岩体研究存在的不足之处，拟定了以下研究思路：以前人的研究为基础，紧抓寒区裂隙岩体的各向异性特性和水/冰相变机理，首先研究单裂隙，然后研究含单组裂隙的岩体，最后研究含多组裂隙的岩体，从而实现各项性能的等效连续化处理。分别建立含多组优势裂隙的低温岩体的水分迁移模型、传热模型和化学损伤模型，以此为基础构建低温裂隙岩体的变形-水分-温度-化学四场耦合模型。然后对耦合模型进行有限元解析并开发计算程序，最后将以上研究成果应用于实际工程。

1.3.3 研究内容

1. 建立低温下裂隙岩体的各向异性水分迁移模型

首先，将研究对象锁定为可进行等效连续化处理的寒区裂隙岩体，然后根据冻结裂隙岩体和冻土的本质区别，给出冻结裂隙岩体的明确定义（使其有别于冻土和冻结岩块）。然后构建综合考虑温度、应力和化学影响的等效水力隙宽演化模型和单裂隙低温岩体的渗透模型，并研究低温裂隙岩体特殊的温度势迁移机制。以此为基础，建立单裂隙岩体的水分迁移模型，并基于裂隙的几何参数分别建立含单组和多组节理低温岩体的各向异性水分迁移模型，从而实现低温裂隙岩体水分迁移特性的等效连续化处理。

2. 建立低温下裂隙岩体的各向异性传热模型

首先给出裂隙介质的各热阻定义并推导单裂隙的热阻模型。在此基础上，推导含单组裂隙岩体代表性体元 RVE（Representative Volume Element）的等效热传导系数，并分别建立不同含水和连通条件下单组裂隙岩体的传热模型。基于传热性能的可叠加性，建立含多组裂隙低温岩体的各向异性传热模型。最后研究各因素对低温裂隙岩体传热特性的影响并通过算例进行验证。

3. 建立低温裂隙岩体的代表性体元 RVE 的化学损伤模型

基于课题组 2003 年提出的常温岩石化学损伤模型，进一步考虑温度（含水/冰相变）和流体流速的影响，构建低温裂隙岩体代表性体元 RVE 的化学损伤模型。反过来，从压力溶蚀和表面溶蚀等化学损伤机制，进一步研究化学损伤对裂隙岩体变形、水分迁移、传热特性的影响，进而建立化学溶蚀影响下的等效水力隙宽演化模型。

4. 初步构建低温裂隙岩体的变形-水分-热质-化学四场耦合模型

基于前文构建的水分迁移模型、传热模型、化学损伤模型及一定的假定条件，构建低温裂隙岩体的平衡方程、连续性方程、能量守恒方程及溶质运移方程，并组装为控制微分方程组。然后将控制微分方程在空间域和时间域内离散，并建立数值分析模型。最后基于 FIANL 和 3G2012，开发低温裂隙岩体四场耦合分析程序 4G2017。

5. 工程应用

利用建立的低温裂隙岩体变形-水分-热质-化学四场耦合理论和开发的分析程序 4G2017，对青海木里露天矿岩质边坡和青藏铁路昆仑山隧道两个寒区工程进行模拟分析，进而验证四场耦合理论和 4G2017 的正确性。

1.3.4 技术路线

根据研究思路和研究内容绘制的技术路线如图 1-7 所示。

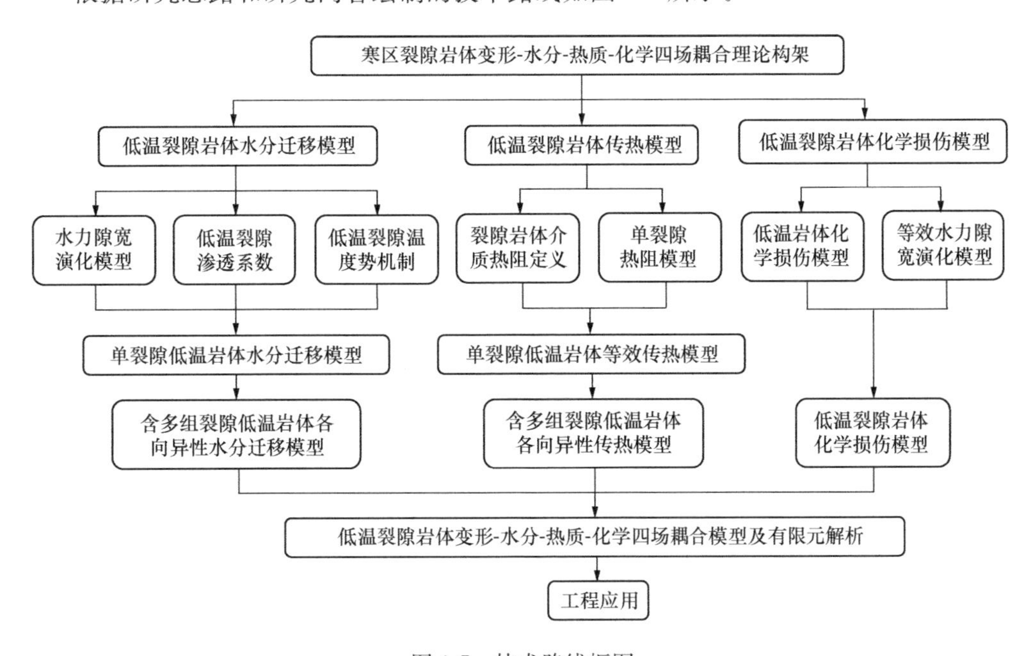

图 1-7　技术路线框图

2 低温裂隙岩体水分迁移模型

水分迁移一直是寒区工程研究的重中之重，也是构建寒区裂隙岩体变形-水分-热质-化学四场耦合模型的核心内容。寒区工程冻害问题大多与水分迁移有关。因此，迫切需要开展寒区岩土体水分迁移特性研究，尤其是低温裂隙岩体的水分迁移。然而，由于水/冰相变过程和节理裂隙的存在，使得低温裂隙岩体的水分迁移过程既不同于常温裂隙岩体也不同于冻土。目前，关于含相变低温裂隙岩体的水分迁移特性及水热力三场耦合方面的研究，主要类比冻土的水分迁移机理，而忽略了裂隙岩体水分迁移的内在机理和各向异性特性。鉴于此，本章以常温裂隙岩体渗流立方定律为基础，并考虑温度（含水/冰相变）、应力以及化学等因素的影响，建立单裂隙低温岩体的水分迁移模型；然后，基于节理裂隙的产状和分布，取适当的代表性体元 RVE，对含单组和多组节理岩体的渗透特性进行等效连续化处理，并构建低温裂隙岩体各向异性水分迁移模型。

2.1 冻结裂隙岩体的定义

广义的冻土（Frozen Earth）是指温度低于零度且含有冰的岩土体，即冻土是冻结土体和冻结岩体的总称。通常所说的冻土是狭义的冻土，仅指冻结土体。然而，随着大量寒区工程的上马，冻结岩体逐渐引起了人们的关注，如果仍然采用广义冻土的概念非常不便于体现裂隙岩体的各向异性特性。为了区别于狭义的冻土，给出冻结裂隙岩体的定义。

所谓冻结裂隙岩体（Frozen Rock Mass）是指天然存在或人工形成的岩体、未冻水和裂隙冰的共存体，其与冻土的最大区别是具有各向异性特性，冰主要赋存在裂隙中(图 2-1)。本书将冻结裂隙岩体简称为冻岩。需要指出的是，目前关于冻岩方面研究的主体并不是实际工程中存在的含裂隙冻结岩体，而是无裂隙的完整岩块。含裂隙岩体是非连续介质，而完整岩块是多孔连续介质，两者的差异显而易见。因此，不能直接将冻土的相关理论应用于冻结岩体工程。

(a) 现场照片

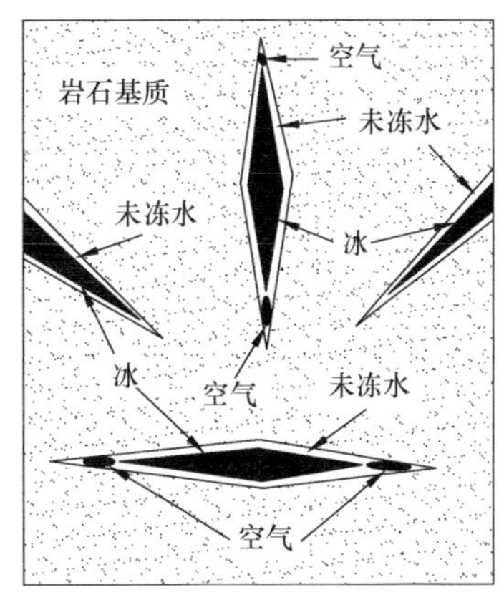

(b) 概念模型

图 2-1 冻结裂隙岩体

2.2 低温裂隙岩体的水力隙宽研究

隙宽是指裂隙的张开度，随着裂隙面上点的位置而变化（图 2-2），即 $b=b(x,y)$。但是用函数表示的隙宽难以得到且不便于在实际分析中使用，因此隙宽在水力学领域具有特定的定义：即等效水力隙宽 b_h。等效水力隙宽的概念对应于裂隙渗流立方定律，用来反映裂隙的过流能力。

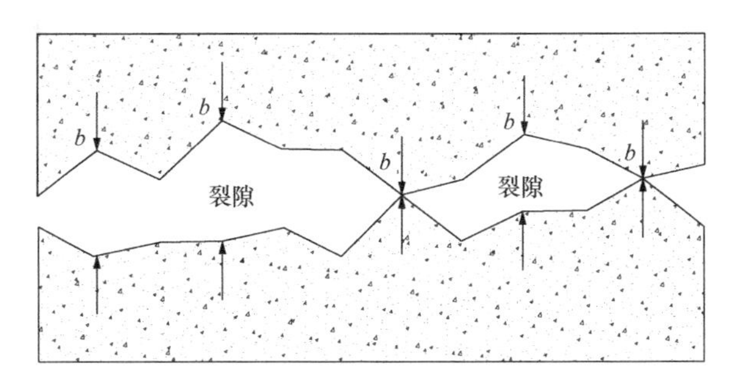

图 2-2 裂隙隙宽示意图

低温裂隙岩体中的未冻水在各种驱动势作用下在裂隙中发生迁移，可见裂隙是低温裂隙岩体中未冻水发生迁移的场所和通道，因此裂隙的水力隙宽是构建水分迁移模型的关键因素。本节拟建立综合考虑温度（相变和热胀冷缩）、应力和化学损伤等作用的裂隙岩体水力隙宽的演化模型。

2.2.1 水/冰相变对水力隙宽的影响

当裂隙水的温度低于冰点（一个标准大气压下纯水的冰点为 0℃）时，裂隙水就会相变为固态的冰。冰的存在一方面会占据裂隙中水的空间（冰塞作用）进而影响裂隙的过流能力；另一方面水相变为冰时体积会膨胀约 9%（膨胀作用），从而对裂隙壁形成挤压作用致使裂隙张开。可见水/冰相变作用对裂隙水力隙宽的影响包括两个方面：冰塞作用（降低水力隙宽）和膨胀作用（增大水力隙宽）。如图 2-3 所示。

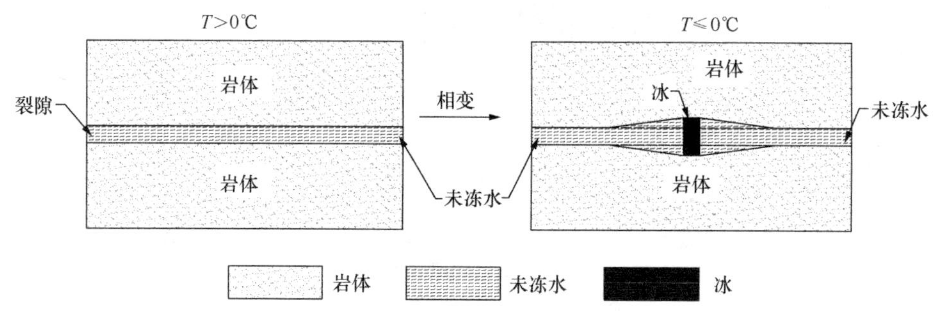

图 2-3　水/冰相变作用对隙宽影响示意图

课题组的张鹏博士（2006）曾从细观角度推导了裂隙的平均水力隙宽表达式。他通过对裂隙面进行细观离散化（沿 x 方向分为 M 份，沿 y 方向分为 N 份）处理并基于一定的假定条件（假定裂隙的细观水力隙宽等于细观隙宽；假定离散后的裂隙介质的几何形态为一组细观水力隙宽不相等的分段有限长的光滑平板裂隙；假定裂隙中水流的流态满足单向管道层流状态，并考虑水流在不等隙宽裂隙中流动的水头损失以及有限长度光滑平板裂隙渗流流速分布的影响）构建了裂隙细观渗流模型，即

$$k_{ij}=(1-\zeta_{ij})\left(b_{ij}-5\frac{l/2}{2\sqrt{(\sqrt[4]{0.056/\zeta_{ij}})}}\right)\frac{\gamma b_{ij}}{12\mu} \tag{2-1}$$

式中，k_{ij} 为裂隙介质任意细观点的渗透系数；b_{ij} 为细观裂隙的水力隙宽；ζ_{ij} 为细观隙宽的局部水头损失；γ 为水的密度；μ 为裂隙水的动力黏滞系数；l 为细观点的单元尺度。

并给出了用细观点渗透系数表示的平均渗透系数 k，即

$$k=\frac{1}{MN}\sum_{i=1}^{M}\sum_{j=1}^{N}k_{ij} \tag{2-2}$$

根据光滑平板裂隙的立方定律，裂隙的平均渗透系数为

$$k=\frac{\gamma b_{\mathrm{h}}^{3}}{12\mu} \tag{2-3}$$

联立式（2-2）和式（2-3）就可得到用局部水头损失和细部隙宽表示的裂隙平均水力隙宽：

$$\bar{b}_{\mathrm{h}}=\sqrt[3]{\frac{1}{MN}\sum_{i=1}^{M}\sum_{j=1}^{N}(1-\zeta_{ij})(b_{ij}-5l/\Phi)b_{ij}} \tag{2-4}$$

式中，$\Phi=4\sqrt{(\sqrt[4]{0.056/\zeta_{ij}})}$。

笔者拟在张鹏公式的基础上，考虑水/冰相变作用引起的冰塞和膨胀作用对式（2-4）所示的裂隙平均水力隙宽公式进行修正。对于冰塞作用对水力隙宽的影响可通过未冻水含量 χ 来反映，水相变成冰以后会占据空隙从而阻塞水分迁移通道，因此冰

塞作用的修正系数可用未冻水含量来表示，则

$$\bar{b}'_{\mathrm{h}}=\chi\bar{b}_{\mathrm{h}}=\chi\sqrt[3]{\frac{1}{MN}\sum_{i=1}^{M}\sum_{j=1}^{N}(1-\zeta_{ij})(b_{ij}-5.0l/\Phi)b_{ij}} \tag{2-5}$$

式中，$\bar{b}'_{\mathrm{h}}$ 表示考虑冰塞作用后的水力隙宽。

膨胀作用对水力隙宽的影响，拟通过空隙增加率 ψ 来反映。假定：①水相变为冰时向四周的体积膨胀是自由膨胀；②相变前裂隙中未冻水的长度为 d；③相变后含冰部位的裂隙开度为 b。则根据质量守恒得

$$\bar{b}_{\mathrm{h}}\cdot d\cdot 1\cdot\rho_{\mathrm{w}}=b\cdot(\alpha\cdot d)\cdot(\alpha\cdot 1)\cdot\rho_{i} \tag{2-6}$$

式中，α 为水相变为冰的自由膨胀系数，$\alpha=\sqrt[3]{\rho_{\mathrm{w}}/\rho_{i}}$，其中 ρ_{w} 为水的密度，ρ_{i} 为冰的密度。

而发生相变的水的体积又可表示为未冻水含量 χ 的函数（a 为裂隙的长度），则

$$\bar{b}_{\mathrm{h}}\cdot d\cdot 1\cdot\rho_{\mathrm{w}}=\chi\bar{b}_{\mathrm{h}}a\cdot 1\cdot\rho_{\mathrm{w}} \tag{2-7}$$

将式（2-7）代入式（2-6）并整理得

$$b=\frac{a\chi}{d}\sqrt[3]{\frac{\rho_{\mathrm{w}}}{\rho_{i}}}\bar{b}_{\mathrm{h}} \tag{2-8}$$

据此可得冰塞部位裂隙开度增量 $\Delta\delta$ 为

$$\delta=b-\bar{b}_{\mathrm{h}}=\frac{a\chi}{d}\sqrt[3]{\frac{\rho_{\mathrm{w}}}{\rho_{i}}}\bar{b}_{h}-\bar{b}_{\mathrm{h}} \tag{2-9}$$

则结合图 2-3 可知相变膨胀引起的空隙率增量为

$$\begin{aligned}\psi&=\delta c\cdot 1/(\bar{b}_{\mathrm{h}}a\cdot 1)\\&=\left(\frac{a\chi}{d}\sqrt[3]{\frac{\rho_{\mathrm{w}}}{\rho_{i}}}\bar{b}_{\mathrm{h}}-\bar{b}_{\mathrm{h}}\right)c/(\bar{b}_{\mathrm{h}}a)\\&=\frac{c\chi}{d}\sqrt[3]{\frac{\rho_{\mathrm{w}}}{\rho_{i}}}-\frac{c}{a}\end{aligned} \tag{2-10}$$

式中，c 为相变膨胀的单侧影响范围。

如果冰塞位于裂隙尖端，则

$$\begin{aligned}\psi&=\frac{\delta}{2}c\cdot 1/(\bar{b}_{\mathrm{h}}a\cdot 1)\\&=\frac{1}{2}\left(\frac{a\chi}{d}\sqrt[3]{\frac{\rho_{\mathrm{w}}}{\rho_{i}}}\bar{b}_{\mathrm{h}}-\bar{b}_{\mathrm{h}}\right)c/(\bar{b}_{\mathrm{h}}a)\\&=\frac{c\chi}{2d}\sqrt[3]{\frac{\rho_{\mathrm{w}}}{\rho_{i}}}-\frac{c}{2a}\end{aligned} \tag{2-11}$$

据此可近似地用空隙增加率 ψ 来表示考虑相变膨胀作用的水力隙宽表达式：

$$\bar{b}''_{\mathrm{h}}=(1+\psi)\bar{b}_{\mathrm{h}} \tag{2-12}$$

由式（2-5）和式（2-12）可得综合考虑冰水相变作用（冰塞作用和膨胀作用）的水力隙宽 b_{h} 的修正表达式，即

$$b_h = (1+\psi)\bar{b}'_h = (1+\psi)\chi\bar{b}_h = \chi\left(1+\frac{c\chi}{2d}\sqrt[3]{\frac{\rho_w}{\rho_i}}-\frac{c}{2a}\right)\bar{b}_h \tag{2-13}$$

式（2-13）即为同时考虑水/冰相变引起的冰塞作用和膨胀作用的水力隙宽表达式。

2.2.2 岩体热胀冷缩对水力隙宽的影响

当岩体温度发生变化时，裂隙岩体会在临空面发生热胀冷缩现象。温度引起的裂隙壁面的应变 δ_T 可表示为

$$\delta_T = \beta_T(T_r - T_{r0}) \tag{2-14}$$

式中，β_T 为岩石基质的热膨胀系数；T_r 为岩壁的温度；T_{r0} 为参考温度。

2.2.3 应力对水力隙宽的影响

岩体裂隙在应力的作用下会张开或闭合。关于应力作用下裂隙隙宽的具体变化情况许多学者都开展了卓有成效的研究工作，本书采用本课题组张鹏博士给出的水力隙宽和应力之间的关系。

虽然式（2-4）给出了裂隙岩体等效水力隙宽的表达式，但局部水头损失和裂隙细部隙宽在实际工程中均很难获得，基于此本课题组张鹏博士又给出了一种便于实现的隙宽表达式。他通过细观数值模拟获得了不同裂隙面粗糙度条件下平均水力隙宽 $\bar{b}_h$ 随裂隙面法向位移的关系曲线，如图 2-4 所示。

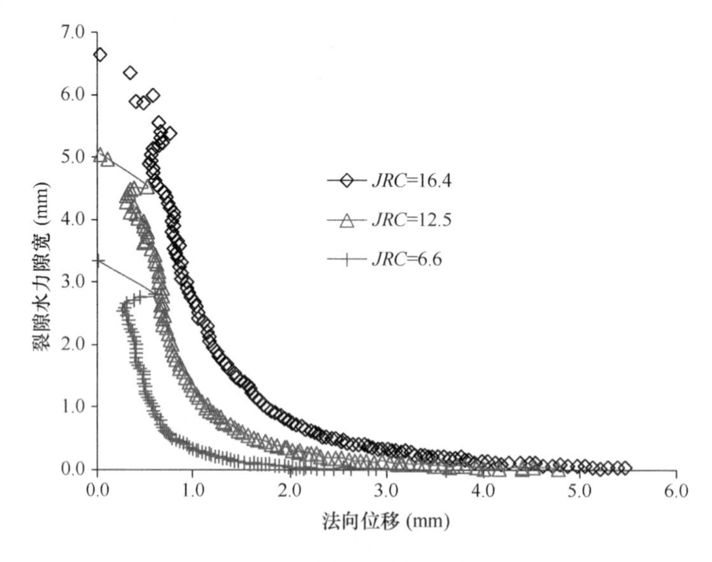

图 2-4　裂隙平均水力隙宽随裂隙面法向位移变化曲线

根据图 2-4 可以拟合得到更为简单实用的平均水力隙宽表达式：

$$\bar{b}_h = (0.5JRC + 1.9)e^{\frac{-\delta_\sigma}{0.03JRC+0.1}} \tag{2-15}$$

式中，δ_σ 为裂隙两侧裂隙面的法向相对位移；JRC 为裂隙面的粗糙度系数。

2.2.4 化学损伤对水力隙宽的影响

当岩体裂隙中存在腐蚀性水流时就会对裂隙造成腐蚀进而引起水力隙宽的变化。地下水对水力隙宽的影响主要包括压力溶蚀和壁面溶蚀两部分。溶蚀变形与壁面压力 σ、温度 T、地下水中矿物质的浓度 c 有关。裂隙水溶蚀作用对水力隙宽的影响通过水力隙宽修正系数 ξ（详见第4章化学损伤模型部分）来反映，则式（2-15）可修正为

$$\bar{b}_{\rm h}=\xi(0.5JRC+1.9)e^{\frac{-\delta_\sigma}{0.03JRC+0.1}} \tag{2-16}$$

式（2-16）中地下水溶蚀作用对水力隙宽的修正系数 ξ 会在后续的第4章化学损伤模型中给出详细的推导过程。

2.2.5 水力隙宽演化模型

综合前面几节关于温度（含水/冰相变）、应力和化学损伤等对等效水力隙宽影响的研究，将各因素对水力隙宽的影响进行叠加即可得低温裂隙岩体等效水力隙宽演化模型：

$$\begin{aligned}b_{\rm h}&=(1+\psi)\chi\xi(\bar{b}_{\rm h}+\delta_{\rm T})\\&=(1+\psi)\chi\xi\left[(0.5JRC+1.9)e^{\frac{-\delta_\sigma}{0.03JRC+0.1}}+\delta_{\rm T}\right]\\&=\chi\xi\left[\left(1+\frac{c\chi}{2d}\sqrt[3]{\frac{\rho_{\rm w}}{\rho_i}}-\frac{c}{2a}\right)\right]\left[(0.5JRC+1.9)e^{\frac{-\delta_\sigma}{0.03JRC+0.1}}+\delta_{\rm T}\right]\end{aligned} \tag{2-17}$$

式中，χ 为未冻水含量；ξ 为地下水溶蚀作用对水力隙宽的修正系数；a 为裂隙的长度；$\rho_{\rm w}$ 为未冻水的密度；ρ_i 为裂隙冰的密度；δ_σ 为裂隙两侧裂隙面的法向相对位移；JRC 为裂隙面的粗糙度系数；$\delta_{\rm T}$ 为温度引起的裂隙壁面的变形。

将未冻水含量表示为温度的函数，则上式可进一步表示为

$$b_{\rm h}=e^{-(T-T_{\rm L})^2}\xi\left(1+\frac{c\chi}{2d}\sqrt[3]{\frac{\rho_{\rm w}}{\rho_i}}-\frac{c}{2a}\right)(\bar{b}_{\rm h}+\delta_{\rm T}) \tag{2-18}$$

式中，$\bar{b}_{\rm h}=(0.5JRC+1.9)\exp[-\delta_\sigma/(0.03JRC+0.1)]$；$T$ 为裂隙水的温度；$T_{\rm L}$ 为裂隙水的相变温度。

式（2-18）即为同时考虑温度（含相变）、应力以及化学损伤的低温裂隙岩体水力隙宽演化模型。

2.3 低温单裂隙的渗透特性研究

对于单裂隙岩体或均质体其渗透特性的具体表征是渗透系数，而对于裂隙岩体则是渗透张量。因此，研究低温裂隙岩体的渗透特性应从单裂隙的渗透系数着手，进而得到含单组和多组优势节理裂隙岩体的渗透张量。根据裂隙渗流立方定律可知，影响含相变低温裂隙岩体渗透系数 k 的因素包括裂隙水力隙宽 $b_{\rm h}$、重力加速度 g 和水流的

运动黏滞系数ν。因此，本节从以下三个方面开展低温裂隙岩体渗透特性的研究。

2.3.1 重力加速度的影响

在同一地区的同一高度，任何物体的重力加速度都是相同的。重力加速度的数值随海拔高度增大而减小。研究表明，当物体距地面高度远远小于地球半径时，g变化不大。因此，国际上将在纬度45°的海平面精确测得的物体的重力加速度$g=9.80665\mathrm{m/s^2}$作为重力加速度的标准值。北京地区重力加速度$g=9.801\mathrm{m/s^2}$。因此，在含水/冰相变裂隙岩体水分迁移模型中可将重力加速度g作为常数。

2.3.2 运动黏滞系数的影响

运动黏滞系数ν的定义式为

$$\nu=\frac{\mu}{\rho} \tag{2-19}$$

式中，μ为流体的动力黏滞系数，又称黏滞系数或黏度；ρ为流体的密度。

根据运动黏滞系数的定义式可知运动黏滞系数受流体动力黏滞系数和流体密度的控制，因此研究运动黏滞系数对裂隙岩体渗流特性的影响应该从上述两个方面着手。根据Thomas和Sansom（1995）的研究可知流体的动力黏滞系数是温度的函数，即

$$\mu=0.6612\,(T-229)^{-1.5612} \tag{2-20}$$

式中，T为绝对温度。

而流体的密度随温度T和压力p变化，可表示为

$$\rho=\rho_0[1+\beta(p-p_0)+\alpha(T-T_0)] \tag{2-21}$$

式中，ρ_0为流体在压力p_0和温度T_0时的密度；β为流体的压缩系数；α为流体的热膨胀系数。

将式（2-20）和式（2-21）代入式（2-19）并将式（2-20）中的绝对温度换为摄氏温度可得

$$\nu=\frac{0.6612\,(T+44.15)^{-1.5612}}{\rho_0[1+\beta(p-p_0)+\alpha(T-T_0)]} \tag{2-22}$$

式中，T为流体的温度；p_0和T_0分别为流体的参考温度和压力；ρ_0为流体在压力p_0和温度T_0时的密度；β为流体的压缩系数；α为流体的热膨胀系数。

式（2-22）即为根据运动黏滞系数的定义并考虑流体温度和压力的影响建立的运动黏滞系数表达式。

2.3.3 水力隙宽的影响

根据第2.2节对低温裂隙岩体水力隙宽的研究可知，各因素影响下低温裂隙岩体等效水力隙宽可表示为

$$b_\mathrm{h}=e^{-(T-T_\mathrm{L})^2}\xi\left(1+\frac{c\chi}{2d}\sqrt[3]{\frac{\rho_\mathrm{w}}{\rho_i}}-\frac{c}{2a}\right)(\bar{b}_\mathrm{h}+\delta_\mathrm{T}) \tag{2-23}$$

式中，$\bar{b}_h=(0.5JRC+1.9)\exp[-\delta_\sigma/(0.03JRC+0.1)]$；$T$ 为裂隙水的温度；T_L 为裂隙水的相变温度；ξ 为地下水溶蚀作用对水力隙宽的修正系数；a 为裂隙的长度；c 为相变膨胀的单侧影响范围；ρ_w 为未冻水的密度；ρ_i 为裂隙冰的密度；δ_σ 为裂隙两侧裂隙面的法向相对位移；JRC 为裂隙面的粗糙度系数；δ_T 为温度引起的裂隙壁面的变形。

2.3.4　低温单裂隙渗流模型

根据光滑平行板裂隙渗流的立方定律，单裂隙岩体的渗透系数可用下式表示

$$k=\frac{gb_h^3}{12\nu} \tag{2-24}$$

将式（2-22）和式（2-23）代入式（2-24）可得综合考虑温度（含水/冰相变）、应力和化学影响的低温单裂隙岩体的渗透系数 k，即

$$k=\frac{g\left[e^{-(T-T_L)^2}\xi\left(1+\frac{c\chi}{2d}\sqrt[3]{\frac{\rho_w}{\rho_i}}-\frac{c}{2a}\right)(\bar{b}_h+\delta_T)\right]^3}{12\left\{\frac{0.6612(T+44.15)^{-1.5612}}{\rho_0[1+\beta(p-p_0)+\alpha(T-T_0)]}\right\}} \tag{2-25}$$

式中，$\bar{b}_h=(0.5JRC+1.9)\exp[-\delta_\sigma/(0.03JRC+0.1)]$；$T$ 为裂隙水的温度；T_L 为裂隙水的相变温度；ξ 为地下水溶蚀作用对水力隙宽的修正系数；a 为裂隙的长度；c 为相变膨胀的单侧影响范围；ρ_w 为未冻水的密度；ρ_i 为裂隙冰的密度；δ_σ 为裂隙两侧裂隙面的法向相对位移；JRC 为裂隙面的粗糙度系数；δ_T 为温度引起的裂隙壁面的变形。

2.4　低温条件下裂隙水的温度势迁移机制

已有相关试验表明，正温条件下温度对水分迁移的影响可以忽略不计，而在负温（$T<0$℃）条件下温度对水分迁移起控制作用。对于低温裂隙岩体的水分迁移也有不少学者开展了相关研究，Wettlaufer 和 Worster 基于界面力学和热力学理论给出了平衡状态下未冻水膜厚度与温度的关系，即当温度或荷载改变时未冻水会发生迁移直至新的平衡。Derjaguin 和 Churaev 提出了薄膜水的分离压力的概念。可见低温岩体裂隙中水分迁移的关键是未冻水膜的存在，薄膜水迁移理论同样适用于裂隙岩体。本书拟综合薄膜水迁移理论在冻土（课题组陈飞熊博士等）和岩体中已有研究成果推导低温条件下裂隙水迁移的温度驱动势。

参照冻土的薄膜水迁移理论，可将低温裂隙岩体的薄膜水迁移理论表述为：裂隙壁与冰之间有未冻水膜存在（图 2-5），介于裂隙壁和冰之间的未冻水膜厚度是温度和压力的函数，其在一定温度和压力下保持特定的厚度（平衡水膜厚度 h_b）。当实际未冻水膜厚度 h 大于平衡水膜厚度 h_b 时就会有相应的未冻水相变为冰或迁移到其他地方；当实际未冻水膜厚度 h 小于平衡水膜厚度 h_b 时就会有相应的冰相变为未冻水或未冻水从其他地方迁移进来，直至达到平衡水膜厚度。可见低温条件下，裂隙岩体中未冻水迁移的驱动力是处于平衡状态时的未冻水压力 p_{wb} 与实际状态的未冻水压力

p_{wr}的差值，水分迁移就是沿着这种压力差梯度进行的。

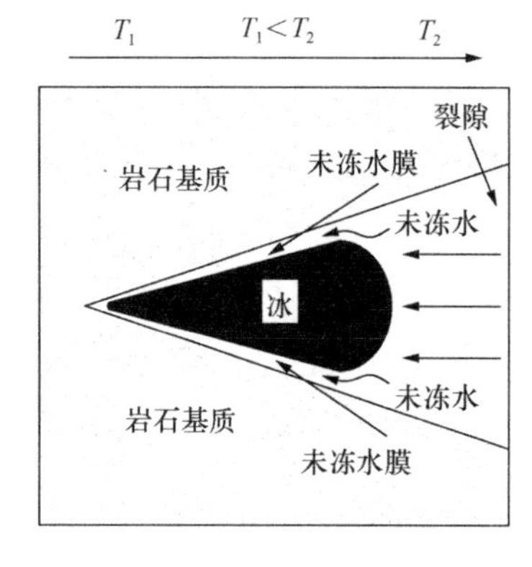

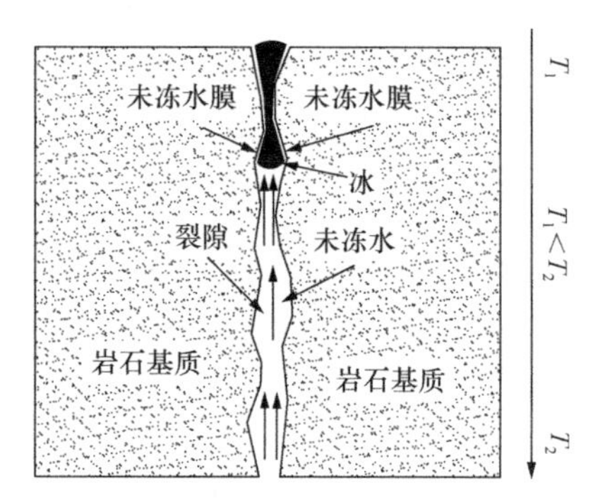

图 2-5　低温条件下裂隙岩体的薄膜水迁移示意图

根据低温条件下裂隙岩体的薄膜水迁移理论，假定低温裂隙岩体裂隙中未冻水膜承受的平衡水压力为裂隙壁对未冻水膜的吸附力，即假定未冻水膜承担的平衡水压力为一种吸附力，并假定其与未冻水膜厚度的平方成反比，则有

$$p_{wf}(h_b)=-\left(\frac{A_1}{h_b^2}+A_2\right) \tag{2-26}$$

上式即为仅考虑水压力影响时的岩体裂隙水分迁移的驱动势模型，式中 p_{wf} 为平衡水压力，h_b 为平衡水膜厚度，A_1、A_2 为试验参数。由于实际中未冻水膜厚度难以确定，因此可近似采用裂隙岩体的未冻水含量 n_w 来代替，则上式可改写为

$$p_{wf}(n_w)=-\left[\frac{A_1}{(n_w+A_3)^2}+A_2\right] \tag{2-27}$$

根据低温裂隙岩体的薄膜水迁移理论，平衡薄膜水厚度是温度和水压力的函数，因此水压力也应该是薄膜水厚度和温度的函数，因此应对上式进行完善，综合考虑温度的影响 p_T 建立岩体裂隙水分迁移驱动势模型。

$$p_{wf}(n_w,T)=p_{wf}(n_w)\cdot p_{wf}(T)=-\left[\frac{A_1}{(n_w+A_3)^2}+A_2\right]\cdot p_T \tag{2-28}$$

据此由温度引起的岩体裂隙中未冻水的迁移驱动势（温度势）P_T 可表示为

$$P_T=p_{wr}-p_{wf} \tag{2-29}$$

式中，p_{wr} 为岩体裂隙中的实际水压力。

要获得温度势引起的水分驱动势就需要获得式（2-28）中温度对土水势的影响 p_T。处于平衡状态时的冰相压力和未冻水压力满足修正的 Clapeyron 方程：

$$\frac{p_w}{\rho_w}-\frac{p_i}{\rho_i}=L\frac{T-T_f}{T_f} \tag{2-30}$$

式中，p_i 为冰压力；p_w 为水压力；L 为冰水相变潜热；T_f 为标准状态下的冰点；T 为压力 p_i 下对应的冰水相变温度；ρ_i 和 ρ_w 分别为冰和水的密度。

对上式进行整理，可得

$$p_w=\alpha p_i+\beta T,\alpha=\rho_w/\rho_i,\beta=L\rho_i/\rho_w T_f \tag{2-31}$$

将式（2-31）代入式（2-28），可得［p_w 即为 $p_{wf}(n_w, T)$］

$$\alpha p_i + \beta T = -\left[\frac{A_1}{(n_w + A_3)^2} + A_2\right] \cdot p_T \tag{2-32}$$

令冰相压力 p_i 为零则可得

$$n_w = \sqrt{\frac{-A_1}{(\beta T / p_T) + A_2}} - A_3 \tag{2-33}$$

相关试验证明，当冰压力 p_i 为 0 时，未冻水体积含量 n_w 和温度 T 满足经验公式 $n_w = B_1(-T)^{B_2}$，将该经验公式代入式（2-33）可得

$$p_T = \frac{-\beta T}{\frac{A_1}{[B_1(-T)^{B_2} + A_3]^2} + A_2} \tag{2-34}$$

将式（2-34）代入式（2-32），可得岩体裂隙中未冻水含量与冰压力和温度之间的关系式：

$$\frac{1}{(n_w + A_3)^2} = \frac{1 + \frac{\alpha p_i}{\beta T}}{[B_1(-T)^{B_2} + A_3]^2} + \frac{\alpha p_i}{\beta T}\frac{A_2}{A_1} \tag{2-35}$$

将式（2-34）代入式（2-28），可得平衡水压力表达式：

$$p_{wf} = \left[\frac{A_1}{(n_w + A_3)^2} + A_2\right] \cdot \frac{\beta T}{\frac{A_1}{[B_1(-T)^{B_2} + A_3]^2} + A_2} \tag{2-36}$$

式中，A_1、A_2、A_3、B_1、B_2 等均可通过试验确定，n_w 为未冻水含量；T 未冻水的温度；$\alpha = \rho_w / \rho_i$，$\beta = L\rho_i / \rho_w T_f$。

将式（2-36）代入式（2-29）即可得到温度引起的水分迁移驱动势：

$$P_T = p_{wr} - \left[\frac{A_1}{(n_w + A_3)^2} + A_2\right] \cdot \frac{\beta T}{\frac{A_1}{[B_1(-T)^{B_2} + A_3]^2} + A_2} \tag{2-37}$$

式中，p_{wr} 为岩体裂隙中的实际水压力（由自重和其他压力引起）。

式（2-37）即为基于多孔介质吸附薄膜理论建立的低温裂隙岩体的温度驱动势模型，根据裂隙的几何参数可整理为裂隙岩体 RVE 的温度驱动势模型，在此不再赘述。

2.5 低温单裂隙岩体水分迁移模型

为了构建低温单裂隙岩体的水分迁移模型，作如下假定：①忽略岩石基质中的水分迁移；② 流体在裂隙面内作二维层流；③垂直裂隙方向的流速为 0；④含相变低温裂隙岩体的水分迁移服从 Clapeyron 方程和广义立方定律。

基于上述假定并综合前三节推导得到的低温裂隙岩体水力隙宽演化模型、低温单裂隙渗流模型以及低温条件下裂隙水的温度势迁移机制，构建的低温单裂隙岩体的水分迁移模型如下式所示：

$$
\begin{aligned}
v_{\mathrm{w}} &= k \cdot \Delta\psi \\
&= \frac{g\left[e^{-(T-T_{\mathrm{L}})^{2}}\xi\left(1+\frac{c\chi}{2d}\sqrt[3]{\frac{\rho_{\mathrm{w}}}{\rho_{i}}}-\frac{c}{2a}\right)(\bar{b}_{\mathrm{h}}+\delta_{\mathrm{T}})\right]^{3}}{12\left\{\frac{0.6612\,(T+44.15)^{-1.5612}}{\rho_{0}[1+\beta(p-p_{0})+\alpha(T-T_{0})]}\right\}} \cdot \nabla\psi
\end{aligned} \tag{2-38}
$$

式中，$\bar{b}_{\mathrm{h}}=(0.5JRC+1.9)\exp[-\delta_{\sigma}/(0.03JRC+0.1)]$；$T$ 为裂隙水的温度；T_{L} 为水的相变温度；ξ 为地下水溶蚀作用对水力隙宽的修正系数；a 为裂隙的长度；c 为相变膨胀的单侧影响范围；ρ_{w} 为未冻水的密度；ρ_{i} 为裂隙冰的密度；δ_{σ} 为裂隙两侧裂隙面的法向相对位移；JRC 为裂隙面的粗糙度系数；δ_{T} 为温度引起的裂隙壁面的变形。

低温裂隙岩体的水分驱动势主要包括重力势、压力势和温度势三项，因此

$$
\psi=\begin{cases}\rho_{\mathrm{w}}g\Delta z+\rho_{\mathrm{w}}gh & T>T_{\mathrm{L}} \\ \rho_{\mathrm{w}}g\Delta z+\rho_{\mathrm{w}}gh-\left[\frac{A_{1}}{(n_{\mathrm{w}}+A_{3})^{2}}+A_{2}\right]\cdot\frac{\beta T}{C} & T\leqslant T_{\mathrm{L}}\end{cases} \tag{2-39}
$$

式中，T_{L} 为水冰相变温度；$C=A_{1}/[B_{1}(-T)^{B_{2}}+A_{3}]^{2}+A_{2}$。该式表明当温度大于冰点时裂隙岩体水分迁移的驱动势主要为重力势和压力势，当温度小于冰点时裂隙岩体水分迁移的驱动势主要为温度势。

将式（2-39）代入式（2-38）可得

$$
v_{\mathrm{w}}=\begin{cases}\frac{g\left[e^{-(T-T_{\mathrm{L}})^{2}}\xi\left(1+\frac{c\chi}{2d}\sqrt[3]{\frac{\rho_{\mathrm{w}}}{\rho_{i}}}-\frac{c}{2a}\right)(\bar{b}_{\mathrm{h}}+\delta_{\mathrm{T}})\right]^{3}}{12\left\{\frac{0.6612\,(T+44.15)^{-1.5612}}{\rho_{0}[1+\beta(p-p_{0})+\alpha(T-T_{0})]}\right\}}\cdot\nabla(\rho_{\mathrm{w}}g\Delta z+\rho_{\mathrm{w}}gh) & T>T_{\mathrm{L}} \\ \frac{g\left[e^{-(T-T_{\mathrm{L}})^{2}}\xi\left(1+\frac{c\chi}{2d}\sqrt[3]{\frac{\rho_{\mathrm{w}}}{\rho_{i}}}-\frac{c}{2a}\right)(\bar{b}_{\mathrm{h}}+\delta_{\mathrm{T}})\right]^{3}}{12\left\{\frac{0.6612\,(T+44.15)^{-1.5612}}{\rho_{0}[1+\beta(p-p_{0})+\alpha(T-T_{0})]}\right\}}\cdot\nabla\Big(\rho_{\mathrm{w}}g\Delta z+\rho_{\mathrm{w}}gh & \\ -\left[\frac{A_{1}}{(n_{\mathrm{w}}+A_{3})^{2}}+A_{2}\right]\cdot\frac{\beta T}{C}\Big) & T\leqslant T_{\mathrm{L}}\end{cases} \tag{2-40}
$$

式中，$\bar{b}_{\mathrm{h}}=(0.5JRC+1.9)\exp[-\delta_{\sigma}/(0.03JRC+0.1)]$；$C=A_{1}/[B_{1}(-T)^{B_{2}}+A_{3}]^{2}+A_{2}$；$\nu$ 为地下水的运动黏滞系数；ρ_{0} 为流体在压力 p_{0} 和温度 T_{0} 时的密度；β 为流体的压缩系数；α 为流体的热膨胀系数；T 为绝对温度；χ 为未冻水含量；ξ 为地下水溶蚀作用对水力隙宽的修正系数；a 为裂隙的长度；ρ_{w} 为未冻水的密度；ρ_{i} 为裂隙冰的密度；δ_{σ} 为裂隙两侧裂隙面的法向相对位移；JRC 为裂隙面的粗糙度系数；δ_{T} 为温度引起的裂隙壁面的变形。上式中压力势 $\rho_{\mathrm{w}}gh$ 是由于裂隙水受到岩体变形挤压等产生的压力。令 $\tilde{p}_{\mathrm{w}}=\rho_{\mathrm{w}}gh$，温度势用 p_{wf} 表示，则式（2-40）可进一步改写为

$$v_{\mathrm{w}}=\begin{cases}\dfrac{g\left[e^{-(T-T_{\mathrm{L}})^2}\xi\left(1+\dfrac{c\chi}{2d}\sqrt[3]{\dfrac{\rho_{\mathrm{w}}}{\rho_i}}-\dfrac{c}{2a}\right)(\bar{b}_{\mathrm{h}}+\delta_{\mathrm{T}})\right]^3}{12\left\{\dfrac{0.6612\,(T+44.15)^{-1.5612}}{\rho_0[1+\beta(p-p_0)+\alpha(T-T_0)]}\right\}}\cdot\nabla(\rho_{\mathrm{w}}g\Delta z+\tilde{p}_{\mathrm{w}}) & T>T_{\mathrm{L}}\\ \dfrac{g\left[e^{-(T-T_{\mathrm{L}})^2}\xi\left(1+\dfrac{c\chi}{2d}\sqrt[3]{\dfrac{\rho_{\mathrm{w}}}{\rho_i}}-\dfrac{c}{2a}\right)(\bar{b}_{\mathrm{h}}+\delta_{\mathrm{T}})\right]^3}{12\left\{\dfrac{0.6612\,(T+44.15)^{-1.5612}}{\rho_0[1+\beta(p-p_0)+\alpha(T-T_0)]}\right\}}\cdot\nabla(\rho_{\mathrm{w}}g\Delta z+\tilde{p}_{\mathrm{w}}-p_{\mathrm{wf}}) & T\leqslant T_{\mathrm{L}}\end{cases}\tag{2-41}$$

式（2-41）即为基于平行板裂隙渗流的立方定律推导得到的全面考虑温度（含水/冰相变）、应力和化学等作用的低温单裂隙岩体水分迁移模型。

2.6　低温裂隙岩体各向异性水分迁移模型

前文第2.3节～第2.5节推导得到了含相变低温单裂隙岩体的水分迁移模型。然而实际岩土工程中节理裂隙往往不是单独存在而是成组分布的。为了便于分析，可将成组分布的节理裂隙的渗透特性进行等效连续化处理，即根据裂隙面的几何参数表示成张量形式。根据前文的研究可将单组裂隙岩体的渗透张量表示为

$$[K]=\frac{gb_{\mathrm{h}}^3}{12\nu}\lambda\begin{bmatrix}1-l^2 & -l\cdot m & -l\cdot n\\ -m\cdot l & 1-m^2 & -m\cdot n\\ -n\cdot l & -n\cdot m & 1-n^2\end{bmatrix}\tag{2-42}$$

式中，$[K]$ 为单裂隙岩体的渗透张量矩阵；b_{h}^3 为裂隙的水力隙宽；ν 为地下水的运动黏滞系数；λ 为裂隙结构面密度；l、m、n 为裂隙结构面法线方向余弦。

将式（2-25）单裂隙低温岩体的渗流模型代入式（2-42）即可得到同时考虑温度（含水/冰相变）、应力和化学等作用影响的含单组裂隙低温岩体的渗透张量：

$$[K]=\frac{g\lambda\left[e^{-(T-T_{\mathrm{L}})^2}\xi\left(1+\dfrac{c\chi}{2d}\sqrt[3]{\dfrac{\rho_{\mathrm{w}}}{\rho_i}}-\dfrac{c}{2a}\right)(\bar{b}_{\mathrm{h}}+\delta_{\mathrm{T}})\right]^3}{12\left\{\dfrac{0.6612\,(T+44.15)^{-1.5612}}{\rho_0[1+\beta(p-p_0)+\alpha(T-T_0)]}\right\}}\begin{bmatrix}1-l^2 & -l\cdot m & -l\cdot n\\ -m\cdot l & 1-m^2 & -m\cdot n\\ -n\cdot l & -n\cdot m & 1-n^2\end{bmatrix}\tag{2-43}$$

在野外测量中通常可得到裂隙的产状三要素（走向、倾向 α 和倾角 β），因此为了应用方便，可以用倾向 α 和倾角 β 来表示裂隙结构面的方向余弦：

$$\begin{cases}l=\cos\alpha\cdot\sin\beta\\ m=\sin\alpha\cdot\sin\beta\\ n=\cos\beta\end{cases}\tag{2-44}$$

据此就可得到用现场实测的裂隙产状要素表示的裂隙岩体渗透张量数学模型：

$$[K]=k\lambda\begin{bmatrix}1-\cos^2\alpha\cdot\sin^2\beta & -\sin\alpha\cdot\cos\alpha\cdot\sin^2\beta & -\cos\alpha\cdot\sin\beta\cdot\cos\beta\\ -\sin\alpha\cdot\cos\alpha\cdot\sin^2\beta & 1-\sin^2\alpha\cdot\sin^2\beta & -\sin\alpha\cdot\sin\beta\cdot\cos\beta\\ -\cos\alpha\cdot\sin\beta\cdot\cos\beta & -\sin\alpha\cdot\sin\beta\cdot\cos\beta & 1-\cos^2\beta\end{bmatrix}\tag{2-45}$$

$$k=\frac{g\left[e^{-(T-T_L)^2}\xi\left(1+\frac{c\chi}{2d}\sqrt[3]{\frac{\rho_w}{\rho_i}}-\frac{c}{2a}\right)(\bar{b}_h+\delta_T)\right]^3}{12\left\{\frac{0.6612(T+44.15)^{-1.5612}}{\rho_0[1+\beta(p-p_0)+\alpha(T-T_0)]}\right\}}\tag{2-46}$$

式中，$\bar{b}_h=(0.5JRC+1.9)\exp[-\delta_\sigma/(0.03JRC+0.1)]$；$C=A_1/[B_1(-T)^{B_2}+A_3]^2+A_2$；$\nu$ 为地下水的运动黏滞系数；ρ_0 为流体在压力 p_0 和温度 T_0 时的密度；β 为流体的压缩系数；α 为流体的热膨胀系数；T 为绝对温度；ξ 为地下水溶蚀作用对水力隙宽的修正系数；a 为裂隙的长度；ρ_w 为未冻水的密度；ρ_i 为裂隙冰的密度；δ_σ 为裂隙两侧裂隙面的法向相对位移；JRC 为裂隙面的粗糙度系数；δ_T 为温度引起的裂隙壁面的变形。

对于含 n 组优势裂隙的岩体，根据渗透性能的可叠加性可得总的渗透张量矩阵

$$[K]=\sum_{i=1}^{n}k_i\lambda_i\begin{bmatrix}1-\cos^2\alpha_i\cdot\sin^2\beta_i & -\sin\alpha_i\cdot\cos\alpha_i\cdot\sin^2\beta_i & -\cos\alpha_i\cdot\sin\beta_i\cdot\cos\beta_i\\ -\sin\alpha_i\cdot\cos\alpha_i\cdot\sin^2\beta_i & 1-\sin^2\alpha_i\cdot\sin^2\beta_i & -\sin\alpha_i\cdot\sin\beta_i\cdot\cos\beta_i\\ -\cos\alpha_i\cdot\sin\beta_i\cdot\cos\beta_i & -\sin\alpha_i\cdot\sin\beta_i\cdot\cos\beta_i & 1-\cos^2\beta_i\end{bmatrix}\tag{2-47}$$

则对于含 n 组优势节理裂隙的各向异性岩体，经上述等效连续化处理后（REV的渗透示意图如图 2-6 所示）的水分迁移模型可表示为

$$\begin{Bmatrix}v_x\\v_y\\v_z\end{Bmatrix}=\begin{Bmatrix}K_{xx} & K_{xy} & K_{xz}\\K_{xy} & K_{yy} & K_{yz}\\K_{xz} & K_{yz} & K_{zz}\end{Bmatrix}\begin{Bmatrix}\nabla\psi_x\\\nabla\psi_y\\\nabla\psi_z\end{Bmatrix}\tag{2-48}$$

式中，v_x、v_y 和 v_z 为分别沿 x、y、z 方向的水分迁移速度。该方程实现了含多组优势

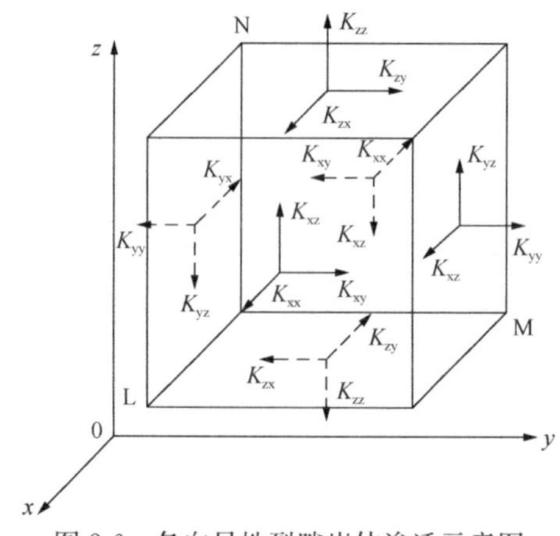

图 2-6 各向异性裂隙岩体渗透示意图

节理低温岩体各向异性渗透特性的等效连续化处理。

式（2-47）和式（2-48）即为推导得到的全面考虑温度（含水/冰相变）、应力和化学作用的含多组优势节理的低温裂隙岩体各向异性水分迁移模型。

2.7 各因素对低温裂隙岩体水分迁移的影响

根据建立的冻结裂隙岩体水分迁移模型可知，在实践中计算水分迁移速度的关键是确定等效水力隙宽和温度势。图 2-7 和图 2-8 分别为等效水力隙宽和平衡水压力随相关参量的变化图。

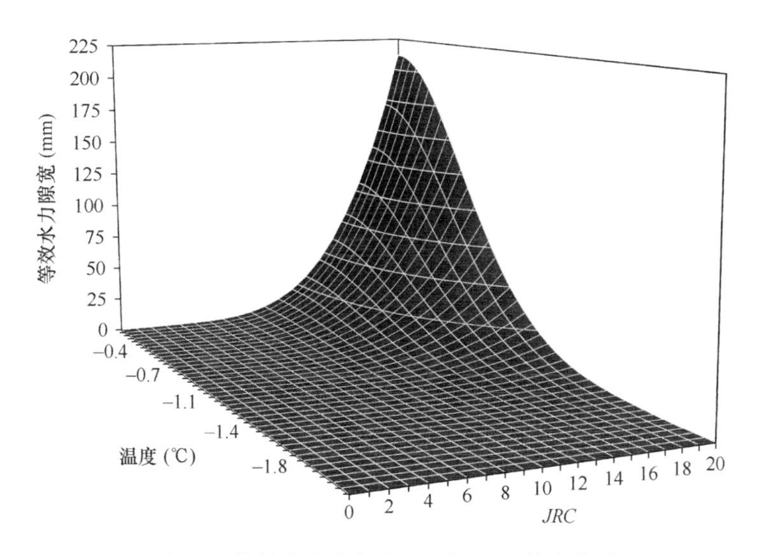

图 2-7 等效水力隙宽随温度和 JRC 的变化图

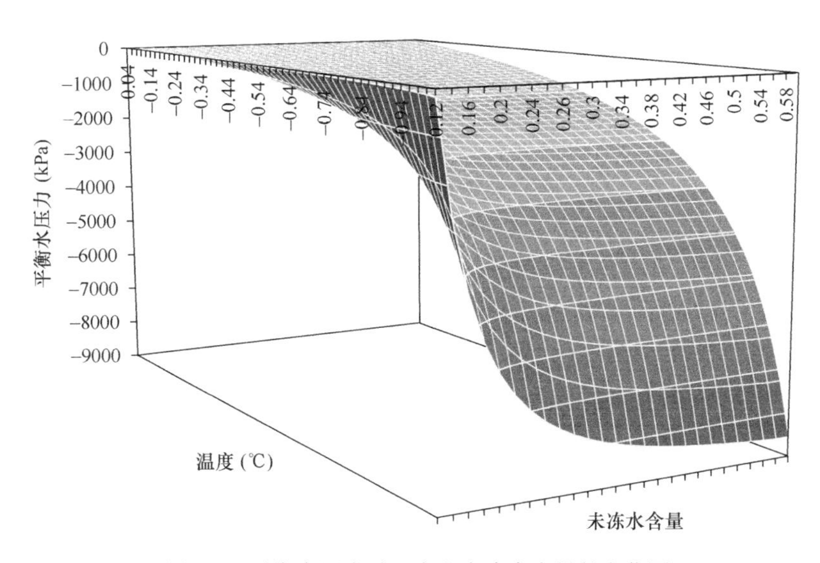

图 2-8 平衡水压力随温度和未冻水含量的变化图

由图 2-7 可以看出，裂隙的等效水力隙宽随温度的降低而减小，随 JRC 的增加而增大。这符合人们的已有认识。温度降低时，虽然冷缩作用和相变的膨胀作用会增大实际隙宽，但其难以弥补水相变为冰对裂隙的阻塞作用。此外，由于零度附近相变最剧烈，故图 2-7中水力隙宽在零度附近波动最大，随后很快趋于 0。图 2-8 中，平衡水压力的绝对值随温度的降低和未冻水厚度（即未冻水含量）等的增大而增大。若假定裂隙与大气相通且大气压为 0，则当未冻水压力大于 0 时，未冻水就会被排出或相变为冰。至于会排出多少水或发生相变的未冻水量则可由 Clapeyron 方程确定。由于试验条件的限制，很难同时进行考虑温度、相变、化学损伤和力学效应的模型试验。因此，遗憾的是，本书提出的模型目前尚未得到充分试验验证。此外，该模型也没有考虑交叉裂隙的影响。

2.8 本章小结

本章通过对等效水力隙宽演化模型、单裂隙水分迁移模型以及低温条件下裂隙水的温度势迁移机制的研究，建立了全面考虑温度（含水/冰相变）、应力和化学作用的低温单裂隙岩体的水分迁移模型。在此基础上，根据裂隙的几何参数（产状和密度等）构建了含单组和多组节理裂隙的低温岩体的各向异性水分迁移模型，从而实现了低温裂隙岩体水分迁移性能的等效连续化处理。主要研究成果如下：

（1）为了区别于狭义的冻土且方便研究，本书给出了冻结裂隙岩体（简称冻岩）的明确定义，并指出低温裂隙岩体中水分迁移与冻土中水分迁移的最大区别是具有各向异性特性。

（2）综合考虑温度（相变和热胀冷缩）、应力和化学等作用对裂隙岩体水力隙宽的影响，建立了低温裂隙岩体等效水力隙宽的演化模型。

（3）基于低温裂隙岩体的等效水力隙宽演化模型，并考虑温度对流体流动的影响，对单裂隙低温岩体的渗流特性进行了研究，并建立了单裂隙低温岩体渗流模型。

（4）基于多孔介质吸附薄膜理论和 Clapeyron 方程，研究了低温条件下裂隙水的温度势迁移机制，并推导了温度势引起的平衡水压力的表达式，建立了低温裂隙岩体代表性体元的水分迁移的温度驱动势模型。

（5）基于裂隙渗流立方定律，从等效裂隙水力隙宽演化模型、单裂隙水分迁移模型以及低温条件下裂隙水温度势迁移机制三个方面入手，建立了含水/冰相变低温单裂隙岩体的水分迁移模型。该模型能全面考虑温度（含水/冰相变）、应力、化学损伤等对低温裂隙岩体水分迁移的影响。

（6）通过裂隙的几何参数，对含单组裂隙岩体的渗透特性进行了等效连续化处理，并建立了低温含单组裂隙岩体的各向异性水分迁移模型。在此基础上，基于渗透性能的可叠加性，建立了含多组优势节理的低温裂隙岩体的各向异性水分迁移模型，实现了含多组优势节理岩体的各向异性渗透特性的等效连续化处理。

3 低温裂隙岩体的传热特性与数理模型

工程中的裂隙岩体总是处于一定的低温场条件下，尤其是对于低温或寒区工程，温度场对其安全施工和长期运营起着至关重要的作用，因此温度场也成为低温裂隙岩体多场耦合研究的重中之重。然而，由于裂隙的存在使得岩体的传热特性存在明显的各向异性与不连续性，致使该领域的研究困难异常。只有极少数学者做过正温条件下裂隙岩体的传热研究，而对于含相变的低温裂隙岩体的传热特性却鲜有文献报道，实际工程应用中也大多回避这一问题。本章拟从传热学的基本原理出发来研究含相变低温裂隙岩体的传热特性。首先，通过类比电阻推导低温岩体裂隙部位的热阻模型（图 3-1)，在此基础上研究含相变低温单裂隙代表性体元 RVE 的传热特性并推导含单组裂隙低温岩体的传热模型。其次，基于传热性能的可叠加性，进一步推导含多组优势节理低温岩体的各向异性传热模型，从而实现低温裂隙岩体传热性能的等效连续化处理。最后，采用多场耦合分析软件来验证传热模型的合理性。

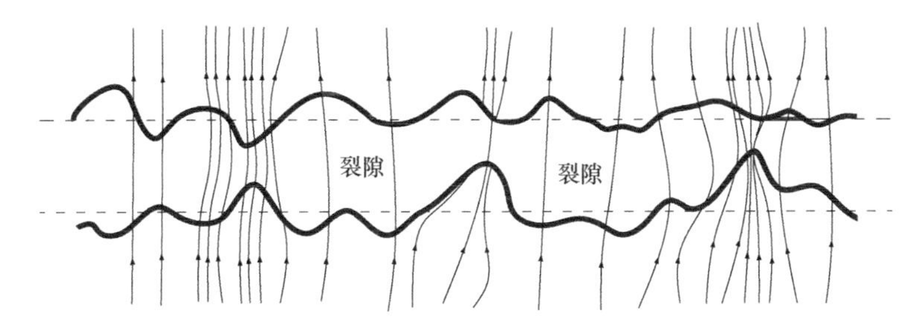

图 3-1　裂隙面热阻模型示意图

3.1 岩体裂隙介质的热阻定义

传热是因为温度差的存在而发生的热能的转移。只要介质内部或介质之间存在温度差，就必然会发生传热。传热模式主要包括：传导、对流和辐射三种。针对工程岩土体常见的传热方式主要有传导、对流以及兼具二者特性的对流换热。本书参照电阻的定义分别建立裂隙介质在以上三种传热方式下的热阻。

3.1.1 裂隙介质热传导热阻

参照电阻的定义，可定义热阻为驱动势与相应的传输速率的比值。针对裂隙岩体驱动势就是温差 ΔT，而传输速率就是单位时间流过整个面积的热量 Q，则

$$R_c = \frac{\Delta T}{Q} = \frac{\Delta T}{\lambda \frac{\Delta T}{\delta} A} = \frac{\delta}{\lambda A} \tag{3-1}$$

式中，R_c 为热流流过面积 A 的总热阻（又称为导热热阻）；λ 为热传导系数；A 为过流面积；ΔT 为单层平壁两侧的温差；Q 为单位时间流过面积 A 的总热量；δ 为单层平壁的厚度。

3.1.2 裂隙介质热对流热阻

热对流是通过冷热流体互相掺混和移动所引起的热量传递方式。根据热阻的定义可以得到流体热对流产生的热阻为

$$R_f = \frac{\Delta T}{Q} = \frac{1}{\rho_f c_f v_f A} \tag{3-2}$$

式中，R_f 为流体的对流热阻；Q 为单位时间内流体对流传递的总热量；ρ_f 为流体的密度；c_f 为流体的比热；v_f 为流体的速度。

根据热对流热阻的公式可以看出，对流热阻与流体的流速成反比，对流热阻随着流体速度的变化而变化。

3.1.3 裂隙介质对流换热热阻

对流换热是指流体流经固体时流体与固体表面之间的热量传递现象。对流换热传输的热量通常用牛顿冷却定律表示

$$Q = h \cdot (T_r - T_f) \cdot A \tag{3-3}$$

式中，Q 为单位时间内对流换热传递的总热量；h 为对流换热系数；T_r 为岩石的温度；T_f 为流体的温度；A 为对流换热面积。当流体的温度大于岩体时岩体被加热，当流体的温度小于岩体时岩体被冷却。

根据因次分析可得对流换热系数的表达式：

$$h = 0.023 \frac{\lambda_f}{d} \left(\frac{d v_f \rho_f}{\mu_f}\right)^{0.8} \left(\frac{c_f \mu_f}{\lambda_f}\right)^n \tag{3-4}$$

式中，λ_f 为流体的热传导系数；d 为管道直径（对于非圆形管道指当量直径）；v_f 为流体的速度；ρ_f 为流体的密度；μ_f 为流体的动力黏滞系数；c_f 为流体的热容；当流体被加热时 $n=0.4$，冷却时 $n=0.3$。从式中可以看出当其他参数一定时，对流换热系数与流速的 0.8 次方成正比。

当流体流过岩体裂隙时，流体同时和两侧岩壁发生对流换热，如图 3-2 所示。

根据牛顿冷却定律可知岩体和流体发生对流换热所传递的热量为

$$Q_1 = h_1 \cdot (T_{1r} - T_f) \cdot A \tag{3-5}$$

$$Q_2 = h_2 \cdot (T_{2r} - T_f) \cdot A \tag{3-6}$$

根据对流换热系数的表达式（3-4）可得 $h_1 = h_2 = h$。则通过对流换热流体带走的热流为

$$\Delta Q = Q_1 + Q_2$$

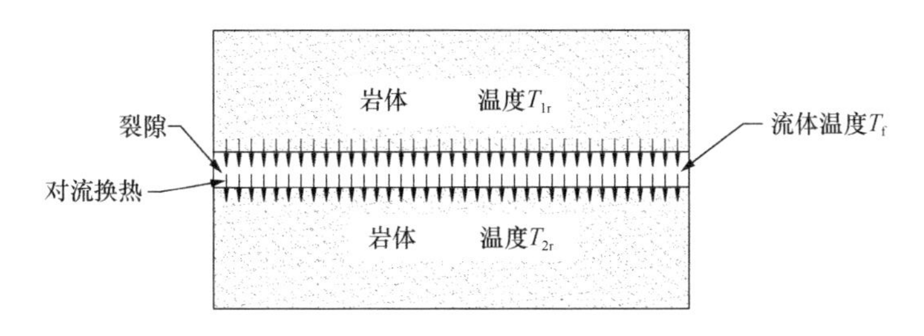

图 3-2 岩体裂隙对流换热示意图

$$\begin{aligned}&=h_1\cdot(T_{1r}-T_f)\cdot A+h_2\cdot(T_{2r}-T_f)\cdot A\\&=hA(T_{1r}+T_{2r}-2T_f)\end{aligned}\tag{3-7}$$

岩体裂隙通过对流换热传递的热量为

$$Q=-\Delta Q=-hA(T_{1r}+T_{2r}-2T_f)\tag{3-8}$$

则根据热阻的定义，建立的岩体裂隙对流换热热阻 R_{tr} 为

$$R_{tr}=\frac{\Delta T}{Q}=\frac{\Delta T}{hA(2T_f-T_{1r}-T_{2r})}\tag{3-9}$$

由式（3-9）可以看出，对流换热热阻不同于其他的热阻，仅为名义热阻，对流换热热阻是流体和裂隙壁面温度差的函数。实际上对流换热的传热过程与裂隙岩体的温度梯度没有直接关系。若流体温度和岩壁温度相同则不会发生对流换热。将式（3-4）代入式（3-9）得

$$R_{tr}=\frac{\Delta T}{0.023\,\frac{\lambda_f}{d}\left(\frac{dv_f\rho_f}{\mu_f}\right)^{0.8}\left(\frac{c_f\mu_f}{\lambda_f}\right)^{n}\cdot(2T_f-T_{1r}-T_{2r})\cdot A}\tag{3-10}$$

从式（3-10）中可以看出当其他参数一定时，对流换热热阻与流速的 0.8 次方成反比。对于裂隙岩体，d 为裂隙的当量直径，则若假定裂隙为无数并行排列的边长为 b_h（等效水力隙宽，详见第 2 章）的正方形管时，则有

$$d=2\,\frac{b_h^2}{4b_h}=0.5b_h\tag{3-11}$$

令

$$\zeta=0.023\lambda_f\left(\frac{\rho_f}{\mu_f}\right)^{0.8}\left(\frac{c_f\mu_f}{\lambda_f}\right)^{n}\tag{3-12}$$

则对流换热热阻可以简化为

$$R_{tr}=\frac{(0.5b_h)^{0.2}}{\zeta Av_f^{0.8}}\,\frac{\Delta T}{(2T_f-T_{1r}-T_{2r})}\tag{3-13}$$

式（3-13）即为笔者建立的裂隙岩体的对流换热热阻定义式。由于对流换热会引起岩体能量改变致使名义对流换热热阻出现负值，因此名义对流换热热阻不可直接用于热阻的串并联计算。后文换算低温裂隙岩体的代表性体元 RVED 的等效导热性能时从能量守恒角度考虑对流换热的影响。

3.2 单裂隙的热阻模型

通过上述分析和推导可知，即便热流通过完整的介质也会受到阻碍，那么可以想

象热流通过岩体裂隙时的阻碍必然更大。岩体裂隙是由两个相互接触的粗糙岩面组成的，两个岩面真正接触的地方只是一些离散的点，而其余大部分部位都是空气或其他介质。热流通过裂隙面时，主要传热方式为接触点处的热传导、裂隙充填介质的热传导以及间隙中流体介质的热对流或对流换热（热辐射作用微弱通常被忽略）。因此，为了实现裂隙岩体传热性能的等效连续化就应该重点研究裂隙部位的传热特性，进而构建单裂隙的热阻模型。

3.2.1 裂隙热阻构成

当热流通过裂隙时流线会发生收缩，大部分只通过上下岩面接触的那些点，即岩石的导热仅仅发生在上下岩面的接触部位。可见在裂隙面上存在一个阻力，称为接触热阻。前人已通过试验证明了裂隙的存在使得两侧的岩体存在温度差（图 3-3），而这个温度差正是由于接触热阻的存在导致的。所以，根据热阻的定义，可同理给出接触热阻的定义式，即接触热阻就是裂隙两侧岩体的温度差与所通过热量的比值。

$$R=\frac{\Delta T}{Q} \tag{3-14}$$

式中，R 为裂隙面上的接触热阻；Q 为单位时间穿过岩体裂隙的总热量。

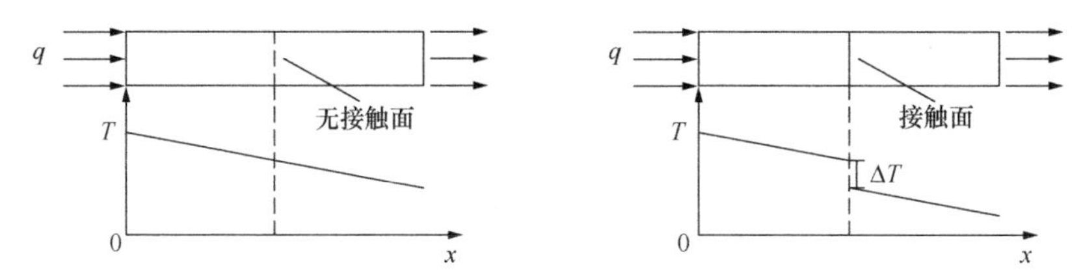

图 3-3 一维传热裂隙岩体的温度分布示意图

式（3-14）只是简单地给出了接触热阻的概念，接触热阻的具体数值还需要通过其他途径获得。根据岩体裂隙部位传热方式，其热阻应由导热热阻 R_c、对流热阻 R_f 和辐射热阻 R_r 并联而成，即

$$\frac{1}{R}=\frac{1}{R_c}+\frac{1}{R_f}+\frac{1}{R_r} \tag{3-15}$$

其中，导热热阻 R_c 由接触点处岩石的导热热阻 R_s（即接触热阻）以及充填介质的导热热阻 R_m 并联而成，则式（3-15）可改写为

$$\frac{1}{R}=\frac{1}{R_s}+\frac{1}{R_m}+\frac{1}{R_f}+\frac{1}{R_r} \tag{3-16}$$

实际岩体工程中，温度场分布往往并不是简单的一维热传导问题，因此应该分析更为真实的温度场条件下的岩体裂隙的热阻。对于实际工程中的裂隙岩体其裂隙部位的热阻可分为法向和切向两个正交的方向。

3.2.2 裂隙法向热阻模型

研究裂隙的法向热阻 R_n 需假定温度梯度与裂隙面正交，传热过程物理模型如

图 3-4所示（对流换热热阻不参与热阻串并联计算，其贡献通过传递的热量体现）。

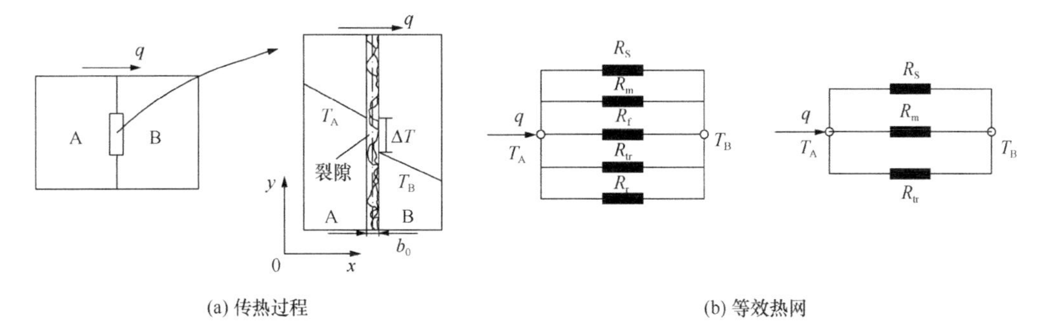

图 3-4 温度梯度与裂隙面正交时传热过程物理模型

从图 3-4（a）中可以看出，当温度梯度与裂隙正交时，由于岩体裂隙的开度往往很小且两侧岩壁的温差又不大，难以开展热对流，因此热对流作用可以忽略不计，即 R_f 近似为 0。此外，由于寒区岩体裂隙两侧岩壁的温差较小且温度较低，因此辐射也可忽略，即 R_r 也近似为 0。则当温度梯度与裂隙面正交时，式（3-16）可简化为

$$\frac{1}{R_n}=\frac{1}{R_s}+\frac{1}{R_m} \tag{3-17}$$

1. 接触岩石的导热热阻 R_s（接触热阻）

对于式（3-17）中的接触岩石的导热热阻 R_s（或称为接触体的导热热阻），国内外已经开展了大量的研究工作。笔者拟采用 Gibson R. D. 文中的单点接触圆盘模型，裂隙的厚度 δ 近似为 0，对于单个接触点，接触热阻可以表示为

$$R_s=\frac{g(c)}{2a\lambda_r} \tag{3-18}$$

式中，R_s 为接触体的接触热阻；λ_r 为接触体的热传导系数，如果接触面两侧材料不同则 $1/\lambda_r=1/\lambda_1+1/\lambda_2$；$c$ 为界面收缩因子，$c=f(a/b)$，$g(c)=(1-\omega)^{\frac{3}{2}}$；$\omega=A_a/A_b$ 为面积接触率。

假定裂隙界面上各相邻的单热流通道都互不影响，则可将整个裂隙面的导热热阻看作由各接触点的单热流通道并联而成。对于由 N 个单点接触并联而成的裂隙界面，其总接触热阻可以表示为

$$R_s=\frac{g(c)}{2aN\lambda_r} \tag{3-19}$$

对于实际的岩体裂隙，面积接触率 ω 的确定异常困难。目前的确定方法主要有 Greenwood 和 Williamson 提出的基于实测数据的高斯分布法、Warren 等的 Contor 分形集模拟法以及葛世荣等采用的协方差法。黄志华给出了基于测量手段的裂隙开度 δ、接触点数 N 以及接触率 ω 的表达式。而本课题组徐彬博士则直接用裂隙面的传压系数 C_n 代替 ω。通过上述方法可得到裂隙接触面的平均接触半径 $\bar{a}$ 和平均界面收缩因子 $\bar{c}$，此时式(3-19)可以改写为

$$R_s=\frac{g(\bar{c})}{2\bar{a}N\lambda_r} \tag{3-20}$$

$$g(\bar{c}) = \left(1 - \frac{\sum A_a}{\sum A_b}\right)^{\frac{3}{2}} \tag{3-21}$$

式中，$\sum A_a$ 为裂隙面上 N 个接触点的实际接触面积的总和；$\sum A_b$ 为裂隙面上 N 个接触点的名义接触面积的总和。综上可知只要知道接触点数 N、平均接触半径 $\bar{a}$、实际接触面积 $\sum A_a$、名义面积 $\sum A_b$ 以及裂隙面两侧岩壁的热传导系数 λ_r 就可以由式（3-20）和式（3-21）求得接触点处岩石的导热热阻 R_s。

2. 充填介质的导热热阻 R_m

充填介质的导热热阻 R_m 可根据热传导热阻的定义求取。根据傅里叶热传导定律，裂隙间所充填介质传递的热量 Q 为

$$Q = \frac{\Delta T}{\delta}\lambda_m A(1-\omega) \tag{3-22}$$

式中，$A=\sum A_b$ 为裂隙面名义面积，λ_m 为裂隙充填介质的热传导系数。

对于裂隙岩体，裂隙空隙中的充填物主要为水、空气、冰及其他固体充填物，因此根据混合物理论可得

$$\lambda_m = (1-S)\phi\lambda_a + \chi\phi S\lambda_w + (1-\chi)\phi S\lambda_i + \theta_{fm}\lambda_{fm} \tag{3-23}$$

式中，ϕ 为裂隙充填物的孔隙率；S 为饱和度；χ 为裂隙中未冻水体积含量；θ_{fm} 为固体充填物体积含量，$\theta_{fm}=1-\phi$；λ_i 为冰的热传导系数；λ_a 为空气的热传导系数；λ_w 为未冻水的热传导系数；λ_{fm} 为其他固体充填物的热传导系数。

则裂隙间介质的导热热阻为

$$R_m = \frac{\Delta T}{Q} = \frac{\delta}{\lambda_m A(1-\omega)} \tag{3-24}$$

3. 对流换热热阻 R_{tr}

根据式（3-13）可知，裂隙岩体中裂隙部位的对流换热热阻可表示为

$$R_{tr} = \frac{(0.5b_h)^{0.2}}{\zeta A(1-\omega)v_f^{0.8}} \frac{\Delta T}{2T_f - T_{1r} - T_{2r}} \tag{3-25}$$

式中，v_f 为流体的速度；A 为裂隙名义面积；ω 为面积接触率；b_h 为等效水力隙宽；ζ 为与流体性质有关的参数，详见式（3-12）；T_f 为流体的温度；T_{ir} 为裂隙壁面的温度；ΔT 为裂隙两侧壁面的温差。

4. 单裂隙法向热阻模型

由于前文推导的对流换热热阻仅为名义热阻，因此不参与热阻的串并联计算。计算代表性体元 RVE 的等效传热系数时，对流换热的贡献以能量的方式予以考虑。则将式（3-20）、式（3-24）代入式（3-17）即可构建低温单裂隙法向热阻模型，即

$$\frac{1}{R_n} = \frac{1}{\dfrac{g(\bar{c})}{2\bar{a}N\lambda_r}} + \frac{1}{\dfrac{\delta}{\lambda_m A(1-\omega)}} \tag{3-26}$$

$$\frac{1}{R_n} = \frac{2\bar{a}N\lambda_r}{g(\bar{c})} + \frac{\lambda_m A(1-\omega)}{\delta} \tag{3-27}$$

式中，R_n 为单裂隙法向热阻；A 为裂隙名义面积；δ 为裂隙的实际开度；N 为裂隙壁面

实际接触点数；λ_r 为接触体的热传导系数；λ_m 为裂隙充填介质的热传导系数；$\bar{a}$ 和 $\bar{c}$ 分别为裂隙接触面的平均接触半径和平均界面收缩因子；$g(\bar{c}) = (1-\omega)^{\frac{3}{2}}$。

3.2.3 裂隙切向热阻模型

研究裂隙的切向热阻 R_t 需假定温度梯度与裂隙面平行，传热过程物理模型如图 3-5所示。从图 3-5（a）中可以看出，当温度梯度与裂隙平行时，由于岩体裂隙的各接触体在切向并不连续，因此接触体岩石的接触热阻 $R_s = 0$。此外，岩体裂隙方向不存在辐射面，故 R_r 为 0。若将裂隙中的岩石接触体、固体充填物、水、空气等作为整体来考虑（当作多项混合介质），则当温度梯度与裂隙面平行时，式（3-16）可简化为（R_t 为裂隙的切向热阻）

$$\frac{1}{R_t} = \frac{1}{R_f} + \frac{1}{R_m} \tag{3-28}$$

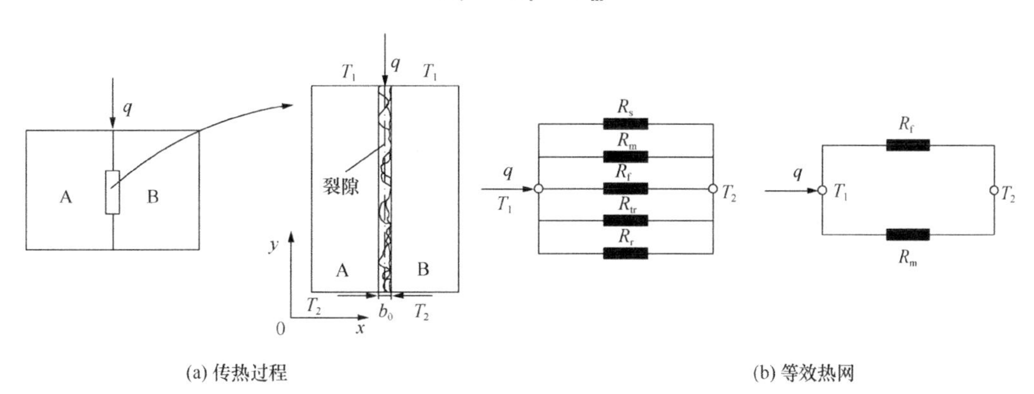

(a) 传热过程　　(b) 等效热网

图 3-5　温度梯度与裂隙面平行时传热过程物理模型

1. 对流热阻 R_f

根据对流热阻的定义可知，当温度梯度与裂隙平行时，裂隙中的对流热阻为

$$R_{fw} = \frac{1}{\phi S\chi(1-\omega)\rho_w c_w v_w \delta} \tag{3-29}$$

$$R_{fa} = \frac{1}{\phi(1-S)(1-\omega)\rho_a c_a v_a \delta} \tag{3-30}$$

式中，R_{fw} 为水的对流热阻；ρ_w 为水的密度；c_w 为水流的比热；v_w 为水流的速度；R_{fa} 为空气的对流热阻；ρ_a 为空气的密度；c_a 为空气的比热；v_a 为空气的速度；ϕ 为裂隙中充填物的孔隙率。对于标准状态下的理想空气，当饱和度 $S=0.2 \sim 0.8$ 时，$R_{fa}/R_{fw} = 810/12971$，可见水的热阻远远小于空气的热阻，所以

$$\frac{1}{R_f} = \frac{1}{R_{fw}} + \frac{1}{R_{fa}} \approx \frac{1}{R_{fw}} \tag{3-31}$$

2. 充填介质的导热热阻 R_m

裂隙中岩石接触体、固体充填物、水和空气的混合物的导热热阻为

$$R_m = \frac{l}{(\theta_w\lambda_w + \theta_i\lambda_i + \theta_{fm}\lambda_{fm} + \theta_r\lambda_r + \theta_a\lambda_a)\delta} \tag{3-32}$$

式中，θ 表示各组分体积含量；下标 w、i、fm、r、a 分别表示水、冰、固体充填物、岩石接触体以及空气；l 为裂隙的长度。其中，$\theta_w+\theta_i+\theta_{fm}+\theta_r+\theta_a=1$，且 $\theta_w=(1-\omega)\phi S\chi$，$\theta_i=\phi S(1-\omega)(1-\chi)$，$\theta_a=\phi(1-\omega)(1-S)$，$\theta_{fm}=(1-\omega)(1-\phi)$，$\theta_r=\omega$，$\phi$ 为裂隙中充填物的孔隙率。

3. 单裂隙切向热阻模型

将式（3-31）和式（3-32）代入式（3-28）即可得到低温单裂隙切向热阻模型，即

$$\frac{1}{R_t}=\phi S\chi(1-\omega)\rho_w c_w v_w \delta+\frac{1}{l}(\theta_w\lambda_w+\theta_i\lambda_i+\theta_{fm}\lambda_{fm}+\theta_r\lambda_r+\theta_a\lambda_a)\delta \tag{3-33}$$

3.2.4 无水裂隙热阻模型

无水裂隙可分为有固体充填物和无固体充填物两种情况。对于无水无固体充填物的裂隙，裂隙部位被空气充满。

1. 无水有固体充填

对于无水有固体充填的裂隙，其热阻中与水相关的分项均为 0，即法向热阻中的对流换热项以及切向热阻中的热对流项为 0。

据此根据式（3-27）可得无水有固体充填裂隙的法向热阻为

$$\frac{1}{R_n}=\frac{2\bar{a}N\lambda_r}{g(\bar{c})}+\frac{(\phi\lambda_a+\theta_{fm}\lambda_{fm})A(1-\omega)}{\delta} \tag{3-34}$$

据此根据式（3-33）可得无水有固体充填裂隙的切向热阻为

$$\frac{1}{R_t}=\frac{1}{l}(\theta_{fm}\lambda_{fm}+\theta_r\lambda_r+\theta_a\lambda_a)\delta \tag{3-35}$$

2. 无水无固体充填

对于无水无固体充填的裂隙，其热阻中与水相关的分项均为 0。此外，与充填介质有关的传热项也为 0。据此根据式（3-27）可得无水无固体充填裂隙的法向热阻为

$$\frac{1}{R_n}=\frac{2\bar{a}N\lambda_r}{g(\bar{c})}+\frac{\phi\lambda_a A(1-\omega)}{\delta} \tag{3-36}$$

由于通常情况下空气的热传导性能均很低，即 $\lambda_a\approx 0$。所以上式可进一步简化为

$$R_n=\frac{g(\bar{c})}{2\bar{a}N\lambda_r} \tag{3-37}$$

由上式可以看出对于无水无固体充填的裂隙其法向热阻等于岩石接触体的热阻。

据此根据式（3-33）可得无水无固体充填裂隙的切向热阻为

$$\frac{1}{R_t}=\frac{1}{l}(\theta_r\lambda_r+\theta_a\lambda_a)\delta\approx 0 \tag{3-38}$$

由于接触体在横向上不连续，因此接触体在切向的导热能力为 0，空气的热传导性能很低，即 $\lambda_a\approx 0$。因此，对于无水无固体充填的裂隙其切向热阻为无穷大，即传热系数为 0。

3.2.5　含静水裂隙热阻模型

对于含静水裂隙，其法向和切向的热阻中与水流速度相关的项为0，则根据式（3-27）和式（3-33），可得

$$\frac{1}{R_{\mathrm{n}}}=\frac{2\bar{a}N\lambda_{\mathrm{r}}}{g(\bar{c})}+\frac{[(1-S)\phi\lambda_{\mathrm{a}}+\chi\phi S\lambda_{\mathrm{w}}+(1-\chi)\phi S\lambda_{i}+\theta_{\mathrm{fm}}\lambda_{\mathrm{fm}}]A(1-\omega)}{\delta} \tag{3-39}$$

$$\frac{1}{R_{\mathrm{t}}}=\frac{1}{l}(\theta_{\mathrm{w}}\lambda_{\mathrm{w}}+\theta_{i}\lambda_{i}+\theta_{\mathrm{fm}}\lambda_{\mathrm{fm}}+\theta_{\mathrm{r}}\lambda_{\mathrm{r}}+\theta_{\mathrm{a}}\lambda_{\mathrm{a}})\delta \tag{3-40}$$

3.2.6　含饱和静水裂隙热阻模型

饱水裂隙中裂隙的饱和度为1.0，即切向和法向热阻公式中和空气有关的项为0。则根据式（3-39）和式（3-40）可得

$$\frac{1}{R_{\mathrm{n}}}=\frac{2\bar{a}N\lambda_{\mathrm{r}}}{g(\bar{c})}+\frac{[\chi\phi\lambda_{\mathrm{w}}+(1-\chi)\phi\lambda_{i}+\theta_{\mathrm{fm}}\lambda_{\mathrm{fm}}]A(1-\omega)}{\delta} \tag{3-41}$$

$$\frac{1}{R_{\mathrm{t}}}=\frac{1}{l}(\theta_{\mathrm{w}}\lambda_{\mathrm{w}}+\theta_{i}\lambda_{i}+\theta_{\mathrm{fm}}\lambda_{\mathrm{fm}}+\theta_{\mathrm{r}}\lambda_{\mathrm{r}})\delta \tag{3-42}$$

3.2.7　含动水裂隙热阻模型

对于含有可流动地下水的裂隙，其切向和法向热阻可根据式（3-27）和式（3-33）直接得到

$$\frac{1}{R_{\mathrm{n}}}=\frac{2\bar{a}N\lambda_{\mathrm{r}}}{g(\bar{c})}+\frac{\lambda_{\mathrm{m}}A(1-\omega)}{\delta} \tag{3-43}$$

$$\frac{1}{R_{\mathrm{t}}}=\phi S\chi(1-\omega)\rho_{\mathrm{w}}c_{\mathrm{w}}v_{\mathrm{w}}\delta+\frac{1}{l}(\theta_{\mathrm{w}}\lambda_{\mathrm{w}}+\theta_{i}\lambda_{i}+\theta_{\mathrm{fm}}\lambda_{\mathrm{fm}}+\theta_{\mathrm{r}}\lambda_{\mathrm{r}}+\theta_{\mathrm{a}}\lambda_{\mathrm{a}})\delta \tag{3-44}$$

式中，A为裂隙名义面积。δ为裂隙的实际开度。N为裂隙壁面实际接触点数。λ_{r}为接触体的热传导系数。$\bar{a}$和$\bar{c}$分别为裂隙接触面的平均接触半径和平均界面收缩因子。$g(\bar{c})=(1-\omega)^{\frac{3}{2}}$。$\theta$表示各组分体积含量。$\lambda_{\mathrm{m}}$为裂隙充填介质的热传导系数，$\lambda_{\mathrm{m}}=(1-S)\phi\lambda_{\mathrm{a}}+\chi\phi S\lambda_{\mathrm{w}}+(1-\chi)\phi S\lambda_{i}+\theta_{\mathrm{fm}}\lambda_{\mathrm{fm}}$。下标w、$i$、fm、r、a分别表示水、冰、固体充填物、岩石接触体以及空气。l为裂隙的长度。其中，$\theta_{\mathrm{w}}+\theta_{i}+\theta_{\mathrm{fm}}+\theta_{\mathrm{r}}+\theta_{\mathrm{a}}=1$，且$\theta_{\mathrm{w}}=(1-\omega)\phi S\chi$，$\theta_{i}=\phi S(1-\omega)(1-\chi)$，$\theta_{\mathrm{a}}=\phi(1-\omega)(1-S)$，$\theta_{\mathrm{fm}}=(1-\omega)(1-\phi)$，$\theta_{\mathrm{r}}=\omega$，$\phi$为裂隙中充填物的孔隙率。

3.3　单裂隙介质的传热特性与数理模型

完整岩块的热物理学性能可以看作是各向同性的，但是含裂隙岩体却具有明显的各向异性特性。含裂隙岩体导热系数的试验表明单裂隙岩体的导热系数沿裂隙的法向和切向显著不同。因此，可将这两个方向看作是单裂隙岩体热传导系数的两个主方向，可按正交各向异性介质的热传导考虑，从而大大简化热传导分析。本节主要研究

单裂隙岩体代表性体元 RVE 的传热性能并推导主热传导系数的数学表达式。

3.3.1 热传导系数坐标变换

对于二维传导问题，裂隙的法向和切向可分别用 n 和 s 来表示，则 λ_n 和 λ_s 分别表示沿裂隙法向和切向的热传导系数（图 3-6），则

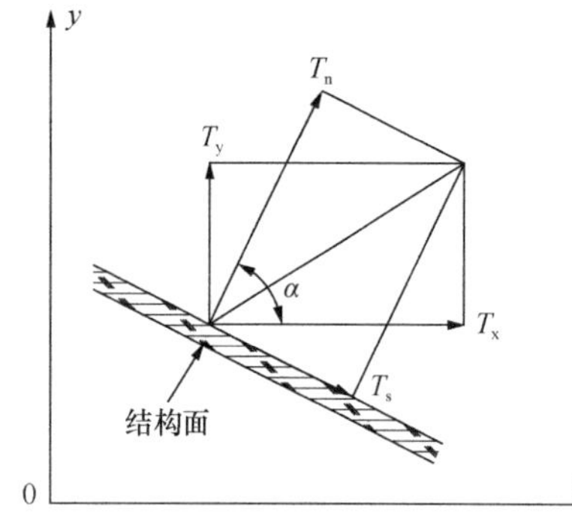

图 3-6 热传导系数坐标变换简图

$$\begin{Bmatrix}\lambda_s\\ \lambda_n\\ 0\end{Bmatrix}=[A]\begin{Bmatrix}\lambda_{xx}\\ \lambda_{yy}\\ \lambda_{xy}\end{Bmatrix} \tag{3-45}$$

式中，$[\lambda_{xx}\quad \lambda_{xy}\quad \lambda_{xy}]^T$ 为全局坐标系下的热传导系数矩阵，$[A]$ 为坐标转换矩阵。

令全局坐标系上的温度梯度为 T_x、T_y 已知，则沿裂隙面及其法线方向的温度梯度为

$$\begin{bmatrix}T_s\\ T_n\end{bmatrix}=\begin{bmatrix}\sin\alpha & -\cos\alpha\\ \cos\alpha & \sin\alpha\end{bmatrix}\begin{bmatrix}T_x\\ T_y\end{bmatrix} \tag{3-46}$$

根据傅里叶定律可以得到沿裂隙面及其法线方向的热流密度分别为

$$\begin{bmatrix}q_s\\ q_n\end{bmatrix}=-\begin{bmatrix}\lambda_s & 0\\ 0 & \lambda_n\end{bmatrix}\begin{bmatrix}T_s\\ T_n\end{bmatrix} \tag{3-47}$$

根据坐标变换得到全局坐标系下的热流密度为

$$\begin{bmatrix}q_x\\ q_y\end{bmatrix}=\begin{bmatrix}\sin\alpha & \cos\alpha\\ -\cos\alpha & \sin\alpha\end{bmatrix}\begin{bmatrix}q_s\\ q_n\end{bmatrix}=-\begin{bmatrix}\sin\alpha & \cos\alpha\\ -\cos\alpha & \sin\alpha\end{bmatrix}\begin{bmatrix}\lambda_s & 0\\ 0 & \lambda_n\end{bmatrix}\begin{bmatrix}\sin\alpha & -\cos\alpha\\ \cos\alpha & \sin\alpha\end{bmatrix}\begin{bmatrix}T_x\\ T_y\end{bmatrix} \tag{3-48}$$

$$\begin{bmatrix}q_x\\ q_y\end{bmatrix}=-\begin{bmatrix}\lambda_s\sin^2\alpha+\lambda_n\cos^2\alpha & (\lambda_n-\lambda_s)\sin\alpha\cos\alpha\\ (\lambda_n-\lambda_s)\sin\alpha\cos\alpha & \lambda_s\cos^2\alpha+\lambda_n\sin^2\alpha\end{bmatrix}\begin{bmatrix}T_x\\ T_y\end{bmatrix} \tag{3-49}$$

至此，就可以得到该组裂隙在全局坐标系下的等效热传导系数的矩阵形式：

$$[\lambda_{ij}]=\begin{bmatrix}\lambda_s\sin^2\alpha+\lambda_n\cos^2\alpha & (\lambda_n-\lambda_s)\sin\alpha\cos\alpha\\ (\lambda_n-\lambda_s)\sin\alpha\cos\alpha & \lambda_s\cos^2\alpha+\lambda_n\sin^2\alpha\end{bmatrix} \tag{3-50}$$

即

$$\begin{Bmatrix}\lambda_{xx}\\ \lambda_{yy}\\ \lambda_{xy}\end{Bmatrix}=[A]^{-1}\begin{Bmatrix}\lambda_s\\ \lambda_n\\ 0\end{Bmatrix} \tag{3-51}$$

$$[A]=\begin{bmatrix}\sin^2\alpha & \cos^2\alpha & -\sin2\alpha\\ \cos^2\alpha & \sin^2\alpha & \sin2\alpha\\ \sin\alpha\cos\alpha & -\sin\alpha\cos\alpha & -\cos2\alpha\end{bmatrix} \tag{3-52}$$

$$[A]^{-1}=\begin{bmatrix}\sin^2\alpha & \cos^2\alpha & \sin2\alpha\\ \cos^2\alpha & \sin^2\alpha & -\sin2\alpha\\ -\sin\alpha\cos\alpha & \sin\alpha\cos\alpha & -\cos2\alpha\end{bmatrix} \tag{3-53}$$

3.3.2　含单组裂隙岩体法向等效热传导系数

图 3-7（a）给出了含单组裂隙岩体的代表性体元 RVE 的传热物理模型，并类比电路图给出了热流沿垂直裂隙面方向通过时的等效热网图，如图 3-7（b）所示。

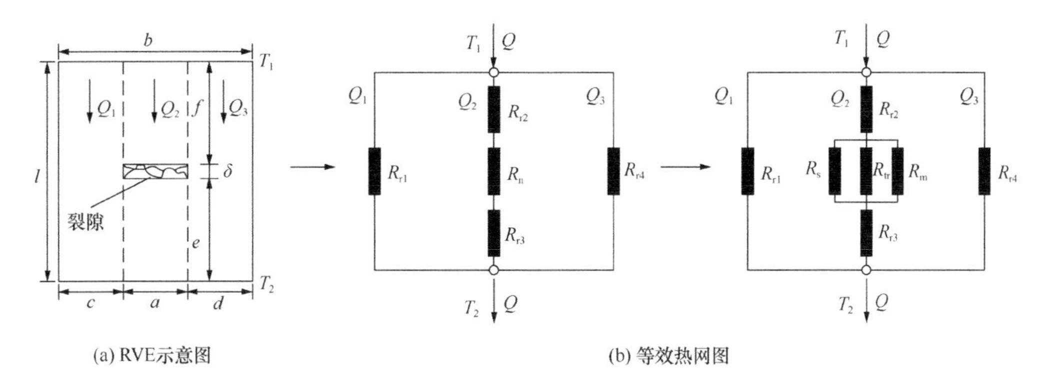

图 3-7　含单组裂隙岩体法向传热物理模型

从图 3-7（a）可以看出，由代表性体元上边界传递来的热量 Q 分成三路向下传递。其中两路（Q_1 和 Q_3）通过裂隙两侧的完整岩石向下传递，而剩下的一路（Q_2）则穿过裂隙向下传递。因此，对于含单组裂隙的代表性体元的总热阻也应该由三部分并联而成：第一部分是裂隙左侧宽度为 c 的完整岩块的导热热阻 R_{r1}；第二部分是含裂隙岩块（宽度为 a）的热阻（该部分热阻由三部分组成，裂隙的热阻 R_n 和沿裂隙宽度上下侧完整岩块的导热热阻 R_{r2} 和 R_{r3}）；第三部分是裂隙右侧宽度为 d 的完整岩块的导热热阻 R_{r4}。

若假定代表性体元为单位厚度，则根据 3.1 节关于各热阻的定义可得

$$\begin{cases} R_{r1} = l/(\lambda_r c) \\ R_{r2} = f/(\lambda_r a) \\ R_{r3} = e/(\lambda_r a) \\ R_{r4} = l/(\lambda_r d) \end{cases} \tag{3-54}$$

根据 3.2 节的分析可知，裂隙热阻 R_n 由接触岩石的导热热阻 R_s、充填物的导热热阻 R_m 和流体的对流换热热阻 R_{tr}（对流换热的贡献通过能量的方式予以考虑）三部分并联而成。对于长度为 a 的单条裂隙，式（3-19）中的 $\bar{a}N = a\omega$，裂隙的表观面积 $A = a \cdot 1$。则根据式（3-27）可得裂隙部位的热阻为

$$\frac{1}{R_n} = \frac{a\omega\lambda_r}{(1-\omega)^{\frac{3}{2}}} + \frac{[(1-S)\phi\lambda_a + \chi\phi S\lambda_w + (1-\chi)\phi S\lambda_i + \theta_{fm}\lambda_{fm}]a(1-\omega)}{\delta} \tag{3-55}$$

将式（3-23）代入上式并整理得

$$\frac{1}{R_n} = \frac{a\omega\lambda_r}{(1-\omega)^{\frac{3}{2}}} + \frac{\lambda_m a(1-\omega)}{\delta}$$

$$=\frac{a\omega\lambda_{r}\delta+\lambda_{m}a(1-\omega)^{\frac{5}{2}}}{\delta(1-\omega)^{\frac{3}{2}}} \tag{3-56}$$

由式（3-14）和式（3-54）～式（3-56）并考虑裂隙部位对流换热的影响可得

$$Q_{1}=\frac{T_{1}-T_{2}}{R_{r1}}=c\frac{T_{1}-T_{2}}{l/\lambda_{r}} \tag{3-57}$$

$$\begin{aligned}Q_{2}&=\frac{T_{1}-T_{2}}{R_{r2}+R_{n}+R_{r3}}-hA(T_{1r}+T_{2r}-2T_{f})\\&=\frac{T_{1}-T_{2}}{\dfrac{f}{\lambda_{r}a}+\dfrac{\delta(1-\omega)^{\frac{3}{2}}}{a\omega\lambda_{r}\delta+\lambda_{m}a(1-\omega)^{\frac{5}{2}}}+\dfrac{e}{\lambda_{r}a}}-(T_{1}-T_{2})hA\Omega_{T}\\&=\frac{\lambda_{r}a[\omega\delta+(1-\omega)^{\frac{5}{2}}\lambda_{m}/\lambda_{r}](T_{1}-T_{2})}{(l-\delta)[\omega\delta+(1-\omega)^{\frac{5}{2}}\lambda_{m}/\lambda_{r}]+\delta(1-\omega)^{\frac{3}{2}}}-(T_{1}-T_{2})hA\Omega_{T}\end{aligned} \tag{3-58}$$

式中，$\Omega_{T}=\dfrac{T_{1r}+T_{2r}-2T_{f}}{T_{1}-T_{2}}$，定义为对流换热温度影响系数。令

$$\psi=\omega\delta+(1-\omega)^{\frac{5}{2}}\lambda_{m}/\lambda_{r}$$

则式（3-58）可以改写为

$$Q_{2}=(T_{1}-T_{2})\left[\frac{\lambda_{r}a\psi}{(l-\delta)\psi+\delta(1-\omega)^{\frac{3}{2}}}-hA\Omega_{T}\right] \tag{3-59}$$

$$Q_{3}=\frac{T_{1}-T_{2}}{R_{r4}}=d\frac{T_{1}-T_{2}}{l/\lambda_{r}} \tag{3-60}$$

将单裂隙代表性体元RVE等效成面积不变的连续介质，并令垂直裂隙方向的等效热传导系数为λ_{n}，那么

$$Q=b\frac{T_{1}-T_{2}}{l/\lambda_{n}}=Q_{1}+Q_{2}+Q_{3} \tag{3-61}$$

将式（3-57）、式（3-59）、式（3-60）代入式（3-61）可得

$$\lambda_{n}=\frac{b-a}{b}\lambda_{r}+\frac{l}{b}\left[\frac{a\psi}{(l-\delta)\psi+\delta(1-\omega)^{\frac{3}{2}}}-\frac{hA\Omega_{T}}{\lambda_{r}}\right]\lambda_{r} \tag{3-62}$$

式（3-62）即为图3-7中含单组裂隙岩体的代表性体元RVE的等效法向热传导系数，也是垂直裂隙面方向的等效主热传导系数。

3.3.3 含单组裂隙岩体切向等效热传导系数

图3-8（a）给出了仅含单组裂隙的代表性体元RVE的传热模型，并类比电路图给出了热流沿平行裂隙面方向通过时的等效热网图，如图3-8（b）所示。

从图3-8（a）可以看出，由代表性体元左侧边界传递来的热量Q分成三路向右传递。其中两路（Q_{1}和Q_{3}）通过裂隙两侧的完整岩石向右传递，而剩下的一路（Q_{2}）则沿裂隙向右传递。因此，对于含单组裂隙的代表性体元的总热阻也应该由三部分并联而成：第一部分是裂隙上部宽度为f的完整岩块的导热热阻R_{r1}；第二部分是含裂隙岩块（宽度为δ）的热阻（该部分热阻由三部分组成，裂隙热阻R_{t}和裂隙两端完

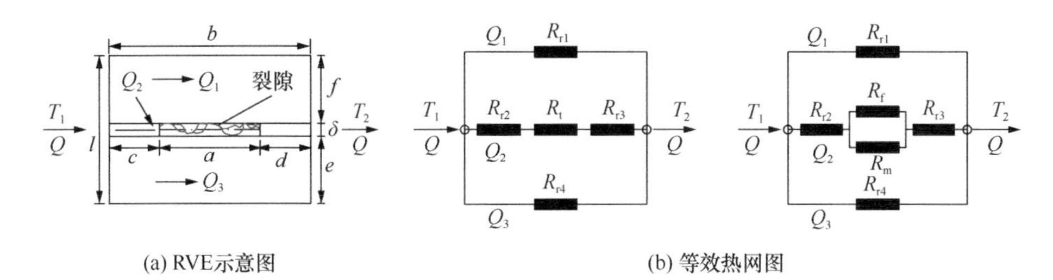

图 3-8　含单组裂隙岩体切向传热物理模型

整岩块的导热热阻 R_{r2} 和 R_{r3}）；第三部分是裂隙下部宽度为 e 的完整岩块的导热热阻 R_{r4}。

若假定代表性体元为单位厚度，则根据 3.2 节关于各热阻的定义可得

$$\begin{cases} R_{r1}=b/(\lambda_r f) \\ R_{r2}=c/(\lambda_r \delta) \\ R_{r3}=d/(\lambda_r \delta) \\ R_{r4}=b/(\lambda_r e) \end{cases} \tag{3-63}$$

根据 3.2 节的分析可知，裂隙热阻 R_t 由裂隙中流体的对流热阻 R_f 和充填物的导热热阻 R_m 两部分并联而成。对于如图 3-8 所示的代表性体元 RVE 有

$$\frac{1}{R_t}=\frac{\delta}{a}\left[\phi S\chi a(1-\omega)\rho_w c_w v_w+(\theta_w\lambda_w+\theta_i\lambda_i+\theta_{fm}\lambda_{fm}+\theta_r\lambda_r+\theta_a\lambda_a)\right] \tag{3-64}$$

由式（3-14）和式（3-63）、式（3-64）可得

$$Q_1=\frac{T_1-T_2}{R_{r1}}=f\frac{T_1-T_2}{b/\lambda_r} \tag{3-65}$$

$$\begin{aligned} Q_2 &=\frac{T_1-T_2}{R_{r2}+R_n+R_{r3}}+hA(T_{1r}+T_{2r}-2T_f) \\ &=\frac{\lambda_r\delta\left[a\phi S\chi(1-\omega)\rho_w c_w v_w+(\theta_w\lambda_w+\theta_i\lambda_i+\theta_{fm}\lambda_{fm}+\theta_r\lambda_r+\theta_a\lambda_a)\right](T_1-T_2)}{a\lambda_r+(c+d)\left[a\phi S\chi(1-\omega)\rho_w c_w v_w+(\theta_w\lambda_w+\theta_i\lambda_i+\theta_{fm}\lambda_{fm}+\theta_r\lambda_r+\theta_a\lambda_a)\right]} \\ &\quad+(T_{n1}-T_{n2})hA\Omega_T \end{aligned} \tag{3-66}$$

令

$$\xi=a\phi S\chi(1-\omega)\rho_w c_w v_w+(\theta_w\lambda_w+\theta_i\lambda_i+\theta_{fm}\lambda_{fm}+\theta_r\lambda_r+\theta_a\lambda_a)$$
$$\kappa=(T_{n1}-T_{n2})/(T_1-T_2)$$

则式（3-66）可以改写为

$$Q_2=\frac{\lambda_r\delta\xi(T_1-T_2)}{a\lambda_r+(c+d)\xi}+(T_{n1}-T_{n2})hA\Omega_T=(T_1-T_2)\left[\frac{\lambda_r\delta\xi}{a\lambda_r+(c+d)\xi}+\kappa hA\Omega_T\right] \tag{3-67}$$

$$Q_3=\frac{T_1-T_2}{R_{r4}}=e\frac{T_1-T_2}{b/\lambda_r} \tag{3-68}$$

将单组裂隙代表性体元 RVE 等效成面积不变的连续介质，并令平行裂隙方向的

岩体的等效热传导系数为 λ_t，那么

$$Q = l\frac{T_1 - T_2}{b/\lambda_t} = Q_1 + Q_2 + Q_3 \tag{3-69}$$

将式（3-65）、式（3-67）、式（3-68）代入式（3-69）可得

$$\lambda_t = \frac{l-\delta}{l}\lambda_r + \frac{b}{l}\left[\frac{\delta\xi}{a\lambda_r + (b-a)\xi} + \frac{\kappa h A \Omega_T}{\lambda_r}\right]\lambda_r \tag{3-70}$$

式（3-70）即为图 3-8 中含单组裂隙代表性体元 RVE 的等效切向热传导系数，也是平行裂隙面方向的等效主热传导系数。

3.3.4 无水贯通裂隙岩体传热特性

对于贯通裂隙，图 3-7 和图 3-8 中的裂隙长度 a 等于代表性体元的长度 b。

1. 无水有固体充填

用无水贯通裂隙的法向热阻式（3-34）替换式（3-58）中相应的裂隙热阻项即可得到无水贯通裂隙的法向等效热传导系数。

$$\lambda_n = \frac{l}{b}\frac{\lambda_r a[\delta\omega + A(1-\omega)^{\frac{5}{2}}(\phi\lambda_a + \theta_{fm}\lambda_{fm})/\lambda_r a]}{(l-\delta)[\delta\omega + A(1-\omega)^{\frac{5}{2}}(\phi\lambda_a + \theta_{fm}\lambda_{fm})/\lambda_r a] + (1-\omega)^{\frac{3}{2}}\delta} \tag{3-71}$$

令

$$\psi = \delta\omega + A(1-\omega)^{\frac{5}{2}}(\phi\lambda_a + \theta_{fm}\lambda_{fm})/\lambda_r a \tag{3-72}$$

则

$$\lambda_n = \frac{l\psi}{(l-\delta)\psi + (1-\omega)^{\frac{3}{2}}\delta}\lambda_r \tag{3-73}$$

用无水贯通裂隙的切向热阻式（3-35）替换式（3-66）中相应的裂隙热阻项即可得到无水贯通裂隙的切向等效热传导系数。

$$\lambda_t = \frac{l-\delta}{l}\lambda_r + \frac{\delta}{l}\xi \tag{3-74}$$

式中 $\xi = \theta_{fm}\lambda_{fm} + \theta_r\lambda_r + \theta_a\lambda_a$。

2. 无水无固体充填

用无水无固体充填贯通裂隙的法向热阻式（3-37）替换式（3-58）中相应的裂隙热阻项即可得到无水无固体充填贯通裂隙的法向等效热传导系数。

$$\lambda_n = \frac{l\omega}{(l-\delta)\omega + (1-\omega)^{\frac{3}{2}}}\lambda_r \tag{3-75}$$

用无水无固体充填贯通裂隙的切向热阻式（3-38）替换式（3-66）中相应的裂隙热阻项即可得到无水无固体充填贯通裂隙的切向等效热传导系数。

$$\lambda_t = \frac{l-\delta}{l}\lambda_r \tag{3-76}$$

3.3.5 含静水贯通裂隙岩体传热特性

对于含静水裂隙其法向的等效热传导系数中与水流速度相关的项为 0，用式（3-39）

替换式（3-58）中相应的裂隙热阻项即可得到含静水贯通裂隙的法向等效热传导系数。

$$\lambda_n = \frac{l\psi}{\delta(1-\omega)^{\frac{3}{2}} + (l-\delta)\psi}\lambda_r \tag{3-77}$$

式中，$\psi = [\chi\phi S\lambda_w/\lambda_r + (1-\chi)\phi S\lambda_i/\lambda_r + \theta_{fm}\lambda_{fm}/\lambda_r + (1-S)\phi\lambda_a/\lambda_r](1-\omega)^{\frac{5}{2}} + \delta\omega$。

对于含静水裂隙其切向的等效热传导系数中与水流速度相关的项为0，用式（3-40）替换式（3-66）中相应的裂隙热阻项即可得到含静水贯通裂隙的法向等效热传导系数。

$$\lambda_t = \frac{l-\delta}{l}\lambda_r + \frac{\delta}{l}\xi \tag{3-78}$$

式中，$\xi = \theta_w\lambda_w + \theta_i\lambda_i + \theta_{fm}\lambda_{fm} + \theta_r\lambda_r + \theta_a\lambda_a$。

3.3.6 含饱和静水贯通裂隙岩体传热特性

对于饱水裂隙，其饱和度为1.0，即法向等效导热系数公式中和空气有关的项为0。此外，由于是静水，所以与速度有关的分项也为0。则根据式（3-77）和式（3-78）可得含饱和静水贯通裂隙岩体的法向和切向等效热传导系数，即

$$\lambda_n = \frac{l\psi}{\delta(1-\omega)^{\frac{3}{2}} + (l-\delta)\psi}\lambda_r \tag{3-79}$$

式中，$\psi = [\chi\phi\lambda_w/\lambda_r + (1-\chi)\phi\lambda_i/\lambda_r + \theta_{fm}\lambda_{fm}/\lambda_r](1-\omega)^{\frac{5}{2}} + \delta\omega$。

$$\lambda_t = \frac{l-\delta}{l}\lambda_r + \frac{\delta}{l}\xi \tag{3-80}$$

式中，$\xi = \theta_w\lambda_w + \theta_i\lambda_i + \theta_{fm}\lambda_{fm} + \theta_r\lambda_r$。

3.3.7 含动水贯通裂隙岩体传热特性

对于含有可流动裂隙水的裂隙，图3-7和图3-8中的裂隙长度a等于代表性体元的长度b。因此只需在式（3-62）和式（3-70）中令$a=b$并整理即可得到含动水贯通裂隙的法向和切向等效热传导系数。

$$\lambda_n = \frac{l}{b}\left[\frac{a\psi}{(l-\delta)\psi + \delta(1-\omega)^{\frac{3}{2}}} - \frac{hA\Omega_T}{\lambda_r}\right]\lambda_r \tag{3-81}$$

式中，$\psi = \omega\delta + (1-\omega)^{\frac{5}{2}}\lambda_m/\lambda_r$

$$\lambda_t = \frac{l-\delta}{l}\lambda_r + \frac{b}{l}\left(\frac{\delta\xi}{a\lambda_r} + \frac{\kappa hA\Omega_T}{\lambda_r}\right)\lambda_r \tag{3-82}$$

式中，$\xi = a\phi S\chi(1-\omega)\rho_w c_w v_w + (\theta_w\lambda_w + \theta_i\lambda_i + \theta_{fm}\lambda_{fm} + \theta_r\lambda_r + \theta_a\lambda_a)$。

3.3.8 无水非贯通裂隙岩体传热特性

1. 无水有固体充填

对于无水有固体充填的非贯通单裂隙岩体，其法向等效热传导系数的推导，只需将式（3-62）中与水有关的各分项设定为0即可，则

$$\lambda_{n}=\frac{b-a}{b}\lambda_{r}+\frac{al\psi}{b\left[(l-\delta)\psi+(1-\omega)^{\frac{3}{2}}\delta\right]}\lambda_{r} \tag{3-83}$$

式中，$\psi=\omega\delta+(1-\omega)^{\frac{5}{2}}(\phi\lambda_{a}+\theta_{fm}\lambda_{fm})/\lambda_{r}$

对于无水有固体充填的非贯通单裂隙岩体，其切向等效热传导系数的推导，只需将式（3-70）中与水有关的各分项设定为0即可，则

$$\lambda_{t}=\frac{l-\delta}{l}\lambda_{r}+\frac{b}{l}\frac{\delta\xi}{a\lambda_{r}+(b-a)\xi}\lambda_{r} \tag{3-84}$$

式中，$\xi=\theta_{fm}\lambda_{fm}+\theta_{r}\lambda_{r}+\theta_{a}\lambda_{a}$

2. 无水无固体充填

对于无水无固体充填的非贯通单裂隙岩体，其法向等效热传导系数的推导，只需将式（3-62）中与水有关的各分项和有关固体充填物的分项设定为0即可，则

$$\lambda_{n}=\frac{b-a}{b}\lambda_{r}+\frac{al\omega}{b\left[(l-\delta)\omega+(1-\omega)^{\frac{3}{2}}\right]}\lambda_{r} \tag{3-85}$$

对于无水无固体充填的非贯通单裂隙岩体，其切向等效热传导系数的推导，式（3-70）中与水有关的各分项为0，且由于各岩石接触体在裂隙切向不连续，则裂隙的切向传热能力为0，则

$$\lambda_{t}=\frac{l-\delta}{l}\lambda_{r} \tag{3-86}$$

3.4 低温裂隙岩体的各向异性传热模型

为了推导裂隙岩体的传热模型和导热张量，特作如下假定：①本书模型所针对的裂隙岩体存在特征体元RVE，可进行等效连续化处理；②裂隙接触为单点圆盘接触，接触部位热阻采用单点圆盘模型；③裂隙充填物的导热性能采用混合物理论；④各组优势节理间传热特性互不影响，传热性能满足叠加原理。

第3.3节推导了不同含水和连通条件下含单组裂隙低温裂隙岩体的代表性体元RVE的法向和切向等效热传导系数的表达式。通过对比分析可以看出，不同含水和连通条件下含单组裂隙低温裂隙岩体的导热特性可以用统一的表达式表示，即

$$\lambda_{n}=\frac{b-a}{b}\lambda_{r}+\frac{l}{b}\left[\frac{a\psi}{(l-\delta)\psi+\delta(1-\omega)^{\frac{3}{2}}}-\frac{hA\Omega_{T}}{\lambda_{r}}\right]\lambda_{r} \tag{3-87}$$

$$\lambda_{t}=\frac{l-\delta}{l}\lambda_{r}+\frac{b}{l}\left[\frac{\delta\xi}{a\lambda_{r}+(b-a)\xi}+\frac{\kappa hA\Omega_{T}}{\lambda_{r}}\right]\lambda_{r} \tag{3-88}$$

式中，ψ 和 ξ 用来表示裂隙接触体和充填介质导热性能，其值视裂隙的具体含水和连通情况而定，其统一形式为

$$\psi=\omega\delta+(1-\omega)^{\frac{5}{2}}\left[(1-S)\phi\lambda_{a}+\chi\phi S\lambda_{w}+(1-\chi)\phi S\lambda_{i}+\theta_{fm}\lambda_{fm}\right]/\lambda_{r}$$

$$\xi=a\phi S\chi(1-\omega)\rho_{w}c_{w}v_{w}+(\theta_{w}\lambda_{w}+\theta_{i}\lambda_{i}+\theta_{fm}\lambda_{fm}+\theta_{r}\lambda_{r}+\theta_{a}\lambda_{a})$$

将式（3-87）和式（3-88）代入式（3-51）就可得到全局坐标系下含单组裂隙的低温裂隙岩体的各向异性传热模型，即

$$\begin{Bmatrix}\lambda_{xx}\\\lambda_{yy}\\\lambda_{xy}\end{Bmatrix}=\begin{bmatrix}\sin^2\alpha & \cos^2\alpha & \sin2\alpha\\\cos^2\alpha & \sin^2\alpha & -\sin2\alpha\\-\sin\alpha\cos\alpha & \sin\alpha\cos\alpha & -\cos2\alpha\end{bmatrix}\begin{Bmatrix}\dfrac{b-a}{b}+\dfrac{l}{b}\left[\dfrac{a\psi}{(l-\delta)\psi+\delta(1-\omega)^{\frac{3}{2}}}-\dfrac{hA\Omega_{\mathrm{T}}}{\lambda_{\mathrm{r}}}\right]\\\dfrac{l-\delta}{l}+\dfrac{b}{l}\left[\dfrac{\delta\xi}{a\lambda_r+(b-a)\xi}+\dfrac{\kappa hA\Omega_{\mathrm{T}}}{\lambda_{\mathrm{r}}}\right]\\0\end{Bmatrix}\lambda_{\mathrm{r}}$$

(3-89)

式中，α、a、b、l、δ 均为裂隙的几何参数，其中 α 为裂隙法线同水平面（全局坐标 x 正向）的夹角，则裂隙的倾角 $\beta=\pi/2-\alpha$；a 表示裂隙的长度；b 表示裂隙的中心间距；l 表示裂隙的排距；δ 表示裂隙的宽度。

在式（3-89）中令

$$\Omega_{\mathrm{abl}}=\frac{b-a}{b}+\frac{l}{b}\left[\frac{a\psi}{(l-\delta)\psi+\delta(1-\omega)^{\frac{3}{2}}}-\frac{hA\Omega_{\mathrm{T}}}{\lambda_{\mathrm{r}}}\right]$$

$$\Phi_{\mathrm{abl}}=\frac{l-\delta}{l}+\frac{b}{l}\left[\frac{\delta\xi}{a\lambda_{\mathrm{r}}+(b-a)\xi}+\frac{\kappa hA\Omega_{\mathrm{T}}}{\lambda_{\mathrm{r}}}\right]$$

则式（3-89）可改写为如下统一的形式：

$$\begin{Bmatrix}\lambda_{xx}\\\lambda_{yy}\\\lambda_{xy}\end{Bmatrix}=\begin{bmatrix}\sin^2\alpha & \cos^2\alpha & \sin2\alpha\\\cos^2\alpha & \sin^2\alpha & -\sin2\alpha\\-\sin\alpha\cos\alpha & \sin\alpha\cos\alpha & -\cos2\alpha\end{bmatrix}\begin{Bmatrix}\Omega_{\mathrm{abl}}\\\Phi_{\mathrm{abl}}\\0\end{Bmatrix}\lambda_{\mathrm{r}} \tag{3-90}$$

并可进一步整理为矩阵形式：

$$\begin{bmatrix}\lambda_{xx} & \lambda_{xy}\\\lambda_{yx} & \lambda_{yy}\end{bmatrix}=\begin{bmatrix}\Omega_{\mathrm{abl}}\sin^2\alpha+\Phi_{\mathrm{abl}}\cos^2\alpha & (\Phi_{\mathrm{abl}}-\Omega_{\mathrm{abl}})\sin\alpha\cos\alpha\\(\Phi_{\mathrm{abl}}-\Omega_{\mathrm{abl}})\sin\alpha\cos\alpha & \Omega_{\mathrm{abl}}\cos^2\alpha+\Phi_{\mathrm{abl}}\sin^2\alpha\end{bmatrix}\lambda_{\mathrm{r}} \tag{3-91}$$

从上式可以看出，全局坐标下的各向异性的热传导系数为裂隙几何参数表示的矩阵和完整岩块热传导系数的乘积，可见裂隙岩体的传热特性与裂隙的存在和分布密切相关，同时可将该矩阵理解为裂隙岩体导热特性的张量形式，并记为

$$N=\begin{bmatrix}\Omega_{\mathrm{abl}}\sin^2\alpha+\Phi_{\mathrm{abl}}\cos^2\alpha & (\Phi_{\mathrm{abl}}-\Omega_{\mathrm{abl}})\sin\alpha\cos\alpha\\(\Phi_{\mathrm{abl}}-\Omega_{\mathrm{abl}})\sin\alpha\cos\alpha & \Omega_{\mathrm{abl}}\cos^2\alpha+\Phi_{\mathrm{abl}}\sin^2\alpha\end{bmatrix} \tag{3-92}$$

对于含两组及两组以上裂隙的岩体，**N** 的计算方法是：若岩体中含有 ***M*** 组优势裂隙，则按同样的方法得到各自的导热特性张量 $N^{(m)}$（m=1，2，…，M），即

$$N^{(m)}=\begin{bmatrix}\Omega_{\mathrm{abl}}^{(m)}\sin^2\alpha^{(m)}+\Phi_{\mathrm{abl}}^{(m)}\cos^2\alpha^{(m)} & (\Phi_{\mathrm{abl}}^{(m)}-\Omega_{\mathrm{abl}}^{(m)})\sin\alpha^{(m)}\cos\alpha^{(m)}\\(\Phi_{\mathrm{abl}}^{(m)}-\Omega_{\mathrm{abl}}^{(m)})\sin\alpha^{(m)}\cos\alpha^{(m)} & \Omega_{\mathrm{abl}}^{(m)}\cos^2\alpha^{(m)}+\Phi_{\mathrm{abl}}^{(m)}\sin^2\alpha^{(m)}\end{bmatrix} \tag{3-93}$$

然后累加即可得到含 ***M*** 组裂隙岩体总的传热张量：

$$N=\sum_{m=1}^{M}\begin{bmatrix}N_{xx}^{(m)} & N_{xy}^{(m)}\\N_{yx}^{(m)} & N_{yy}^{(m)}\end{bmatrix} \tag{3-94}$$

$$N=\sum_{m=1}^{M}\begin{bmatrix}\Omega_{\mathrm{abl}}^{(m)}\sin^2\alpha^{(m)}+\Phi_{\mathrm{abl}}^{(m)}\cos^2\alpha^{(m)} & (\Phi_{\mathrm{abl}}^{(m)}-\Omega_{\mathrm{abl}}^{(m)})\sin\alpha^{(m)}\cos\alpha^{(m)}\\(\Phi_{\mathrm{abl}}^{(m)}-\Omega_{\mathrm{abl}}^{(m)})\sin\alpha^{(m)}\cos\alpha^{(m)} & \Omega_{\mathrm{abl}}^{(m)}\cos^2\alpha^{(m)}+\Phi_{\mathrm{abl}}^{(m)}\sin^2\alpha^{(m)}\end{bmatrix} \tag{3-95}$$

在上述处理过程中完整岩块的传热量在每组裂隙中都累加了一次，即岩块的传热量被重复计算了 $M-1$ 次。若假定裂隙岩体的裂隙度为 φ，则最终求得的裂隙岩体总的热传导系数张量为

$$[\lambda_{ij}^{e}] = \sum_{m=1}^{M} \begin{bmatrix} \lambda_{xx}^{(m)} & \lambda_{xy}^{(m)} \\ \lambda_{yx}^{(m)} & \lambda_{yy}^{(m)} \end{bmatrix} - (M-1)(1-\varphi)\begin{bmatrix} \lambda_{r} & 0 \\ 0 & \lambda_{r} \end{bmatrix} \tag{3-96}$$

整理得

$$[\lambda_{ij}^{e}] = \begin{bmatrix} N_{11} & N_{12} \\ N_{21} & N_{22} \end{bmatrix}\lambda_{r} \tag{3-97}$$

式中，

$$N_{11} = \sum_{m=1}^{M}(\Omega_{abl}^{(m)}\ \sin^{2}\alpha^{(m)} + \Phi_{abl}^{(m)}\ \cos^{2}\alpha^{(m)}) - (M-1)(1-\varphi)$$

$$N_{12} = \sum_{m=1}^{M}[(\Phi_{abl}^{(m)} - \Omega_{abl}^{(m)})\sin\alpha^{(m)}\cos\alpha^{(m)}]$$

$$N_{21} = \sum_{m=1}^{M}[(\Phi_{abl}^{(m)} - \Omega_{abl}^{(m)})\sin\alpha^{(m)}\cos\alpha^{(m)}]$$

$$N_{22} = \sum_{m=1}^{M}(\Omega_{abl}^{(m)}\ \cos^{2}\alpha^{(m)} + \Phi_{abl}^{(m)}\ \sin^{2}\alpha^{(m)}) - (M-1)(1-\varphi)$$

至此笔者推导得到了各向异性低温裂隙岩体在二维条件下的导热模型。对于三维条件下的各向异性导热模型其推导过程同二维类似，在此不再赘述。

3.5 各因素对非贯通裂隙介质传热特性的影响

由式（3-89）和式（3-90）可知含单组裂隙岩体代表性体元 RVE 传热特性的影响因素可以归为四类：① 完整岩块的热传导系数 λ_{r}；② 裂隙分布的几何参量 a（长度）、b（间距）、l（排距）、δ（开度）、β（倾角）；③ 裂隙壁面的面积接触率 ω；④ 裂隙充填介质的热传导系数 λ_{m} 及裂隙内流体的速度 v_{w}。本节主要研究各因素对含单组非贯通裂隙岩体传导系数的影响，分析参数见表 3-1。

各因素对等效热传导系数影响参数表　　表 3-1

参数	面积接触率 ω	流体速度 v_{w}	未冻水含量 χ	裂隙长度 a	裂隙开度 δ
单位	1	m/s	1	m	m
基准值	0.2	10^{-3}	1	0.4	1×10^{-2}
变化范围	0～1	10^{-4}～10^{-1}	0～1	0.2、0.4、0.6、0.8	10^{-4}～10^{-1}

注：裂隙间距 b 和排距 l 均为 1.0m，完整岩石的热传导系数 $\lambda_{r}=3.0$W/(m·℃)，流体水的热传导系数 $\lambda_{w}=0.54$W/(m·℃)，冰的热传导系数 $\lambda_{i}=2.22$W/(m·℃)，水的密度 $\rho_{w}=1000$kg/m^{3}，水的比热 $c_{w}=4.2\times10^{3}$J/(kg·℃)，对流换热温度影响系数 $\Omega_{T}=0.001$。

根据式（3-62）、式（3-70）和表3-1中的相关参数可以得到各因素对单组非贯通裂隙岩体的传热特性的影响。以等效热传导系数与完整岩块的热传导系数的比值为纵坐标，以各因素为横坐标的关系曲线，如图3-9、图3-10所示。

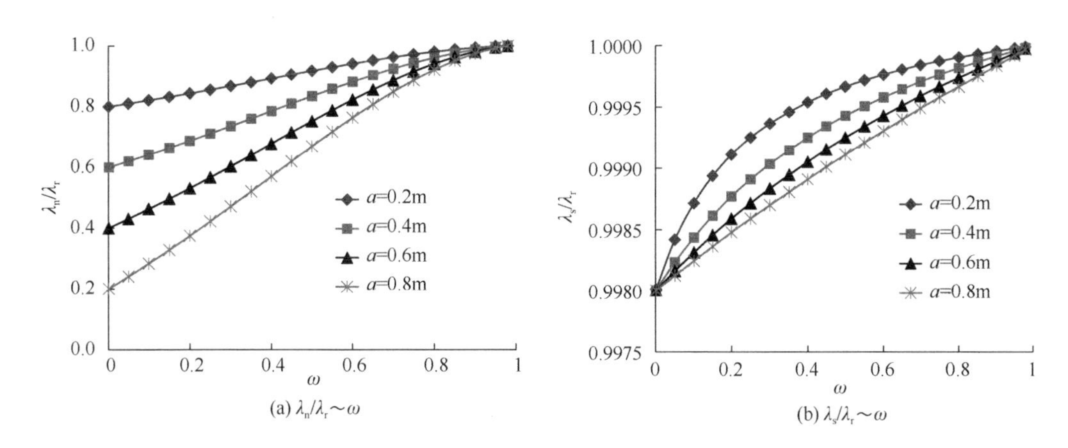

图3-9　无充填裂隙等效热传导系数随面积接触率变化曲线

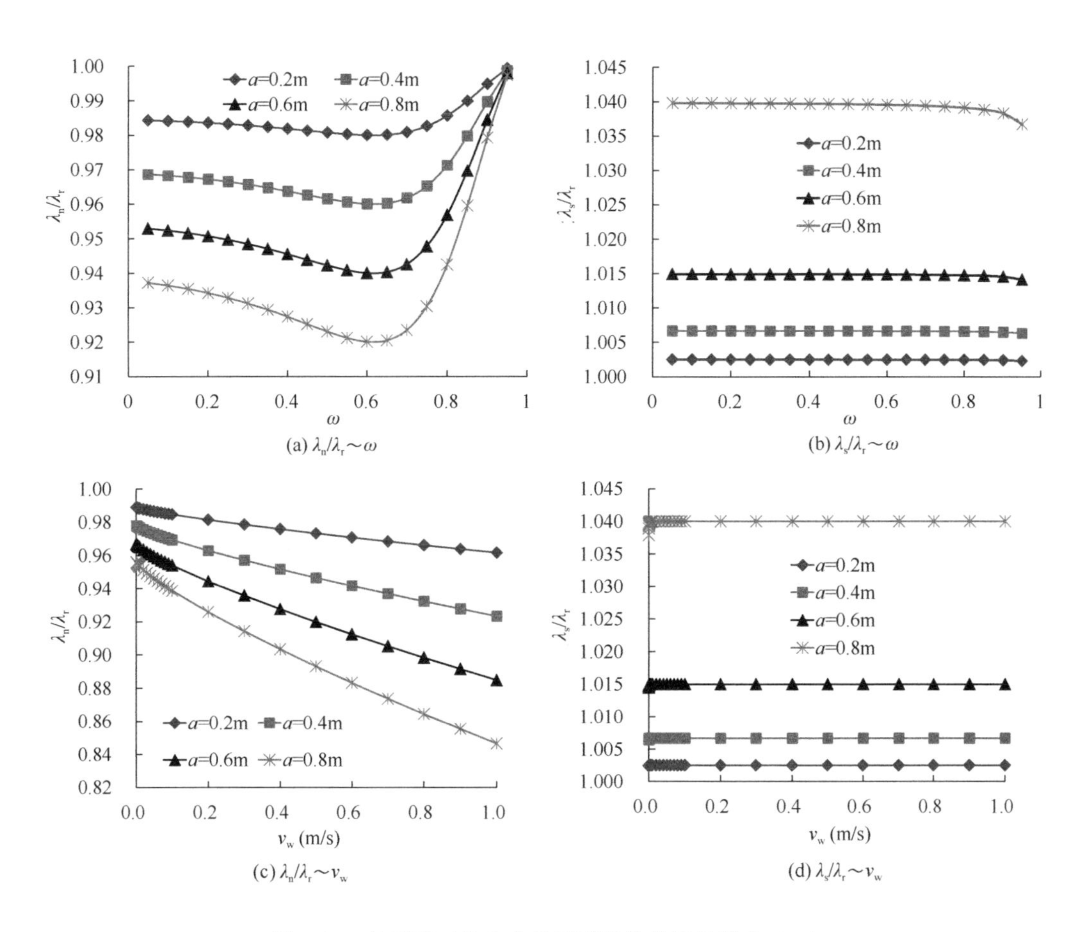

图3-10　各因素对饱水非贯通裂隙传热特性影响（一）

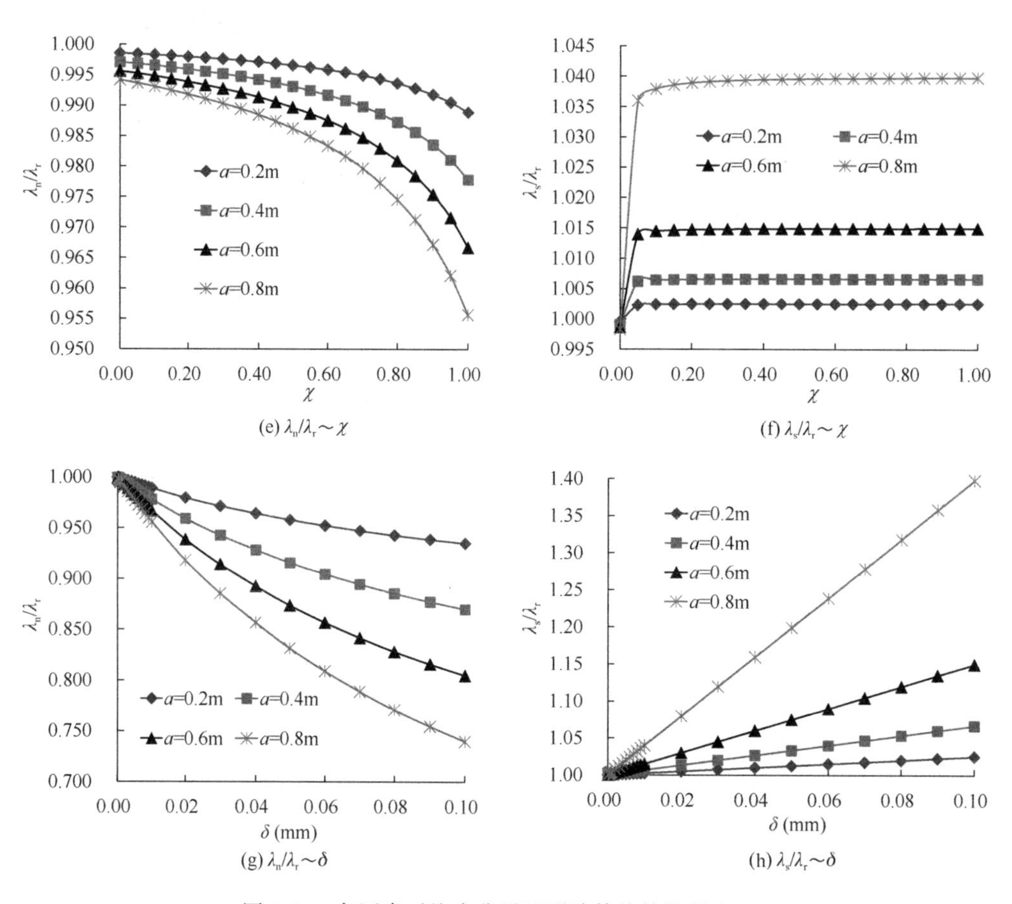

图 3-10 各因素对饱水非贯通裂隙传热特性影响（二）

由图 3-9 可以看出，无充填单裂隙岩体的法向等效热传导系数随面积接触率 ω 的增大先线性增大随后逐渐趋于稳定，且热传导系数随着裂隙长度的增大而减小。代表性体元的切向等效热传导系数同样随着接触率的增大呈非线性增大，但增幅均不超过 0.2%，因此无充填的单裂隙岩体的切向等效热传导系数可近似取为完整岩块的热传导系数。可见无充填单裂隙岩体的法向等效热传导系数对面积接触率敏感，而切向等效热传导系数对面积接触率不敏感。

从图 3-10 可以看出，饱水裂隙岩体特征单元体的等效热传导系数对裂隙开度最为敏感，其次是裂隙水流速，而对未冻水含量和面积接触率相对不敏感。总体上各因素对法向等效热传导系数的影响明显大于切向等效热传导系数。

对比图 3-9(a) 和图 3-10(a) 可以看出，由于裂隙中有充填物（水），法向等效热传导系数不再是随面积接触率呈单调递增趋势，而是呈抛物线型。这主要是由于在岩石接触体的导热模型中考虑了接触面的热流收缩所致，如果上下裂隙面在接触体处接触良好，则不会出现这种情况。含水条件下切向等效热传导系数随面积接触率的增大而略微减小，当面积接触率趋近于 1 时，这种减小趋势更加显著。当裂隙长度为 0.8m 时，法向等效热传导系数较完整岩石降低了约 8%，切向增加了约 4%。

由图 3-10(c) 和 (d) 可以看出，裂隙水流速对法向等效热传导系数影响显著但对切向等效热传导系数几乎没有影响。由于笔者构建的裂隙岩体传热模型考虑了裂隙部位对流换热的影响，因此法向等效热传导系数随流速的增大而线性减小，切向等效热传导系数随着水流速度的增加略有增加。当裂隙连通率为 0.8，流速为 1.0m/s 时，等效法向热传导系数较完整岩块降低了约 15%，等效切向热传导系数提高了约 4%。

由图 3-10(e) 可以看出，法向等效热传导系数随未冻水含量的增加呈减小趋势，这主要是由于随着未冻水含量的增加含冰量逐渐减小，而冰的热传导系数明显大于水（约为 4 倍）所致。由图 3-10(f) 可以看出，切向等效热传导系数随着未冻水含量的增大而增大，这是因为随着未冻水含量的增加水的对流传热作用显现所致。对于裂隙长度为 0.8m 的情况，当未冻水含量由 0 增加到 1 时，法向和切向等效热传导系数的变幅均约为 0.8%。

由图 3-10(g) 可以看出，法向等效热传导系数随裂隙开度的增大而减小，切向等效热传导系数随裂隙开度的增大而线性增大。当裂隙长度为 0.8m，且裂隙开度由 10^{-4}m 增大到 10^{-2}m 时，法向等效热传导系数降低了约 25%，切向热传导系数增加了约 40%。

综上可知，在各影响条件下随着裂隙长度的增加法向等效热传导系数减小而切向等效热传导系数增大。对于非贯通饱水裂隙岩体，各因素对法向等效热传导系数的影响均大于切向等效热传导系数，即法向等效热传导系数更敏感。由于裂隙接触面热阻和对流换热作用的存在，法向等效热传导系数均小于完整岩块，而由于对流作用的存在，切向等效热传导系数均大于完整岩块。此外，如不考虑水的热对流作用，裂隙的面积接触率和未冻水含量对切向等效热传导系数的影响几乎可以忽略不计，而裂隙开度对其影响很大。特别需要指出，裂隙水流速对非贯通裂隙岩体切向导热性能影响不大。

3.6　各因素对贯通裂隙介质传热特性的影响

前文研究了各因素（裂隙的面积接触率 ω，裂隙内流体的速度 v_w，未冻水含量 χ，裂隙长度以及裂隙开度 δ）对饱水非贯通裂隙岩体传热特性的影响，研究表明流体流速和裂隙开度对非贯通裂隙法向等效导热特性影响最大，而流速对切向等效导热系数影响很小。那么各因素对工程中常见的贯通裂隙岩体传热特性的影响情况又是如何呢？本节采用前节的相关参数并令裂隙长度 a 等于特征体元的长度（即连通率为 1.0）来研究各因素对贯通裂隙岩体介质传热特性的影响，详见图 3-11。

从图 3-11 可以看出各因素对饱水贯通裂隙岩体的影响程度显著大于非贯通裂隙岩体。各因素下（除面积接触率 ω 外），饱水贯通裂隙岩体的法向等效热传导系数均呈单调递减趋势，而切向热传导系数呈单调递增趋势。各因素下法向等效热传导系数较完整岩块的热传导系数的降幅（仅考虑单因素变化）分别为：面积接触率为 0.7 时降幅约为 10%，流速为 0.1m/s 时降幅为 7.5%，未冻水含量为 1.0 时降幅为 5%，

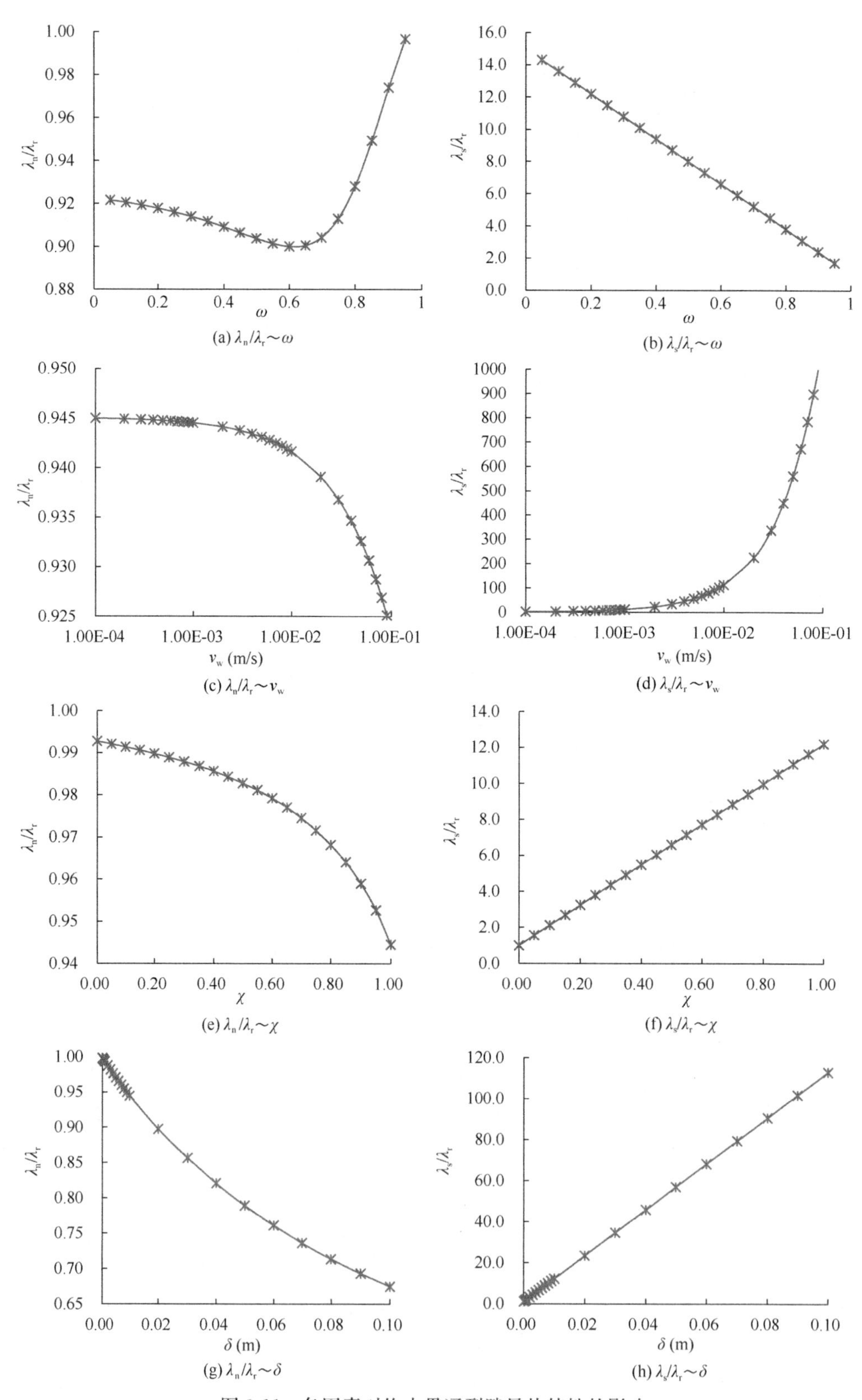

图 3-11　各因素对饱水贯通裂隙导热特性的影响

裂隙开度为 0.10m 时降幅约为 30%。而各因素下切向等效热传导系数成几十倍甚至几百倍地增加，可见热对流对裂隙岩体传热的贡献巨大。非贯通裂隙岩体由于两侧岩桥的栓塞作用，使得地下水流速对切向热传导系数的影响很小。贯通裂隙岩体地下水流速对裂隙岩体的切向和法向导热特性影响都非常显著，尤其以切向更甚，这与非贯通裂隙岩体具有显著的区别。本书中所选定的各因素的变化范围仅是用于研究其对裂隙岩体传热特性的影响，对于实际工程中可进行等效连续化处理的裂隙岩体，实际的流速和裂隙开度往往较小，因此切向等效热传导系数的增幅是有限的，一般不会达到几十倍甚至上百倍。

3.7 裂隙介质传热模型算例

前文构建了低温裂隙岩体的各向异性导热模型，并研究了各因素对裂隙岩体导热性能的影响，本节拟通过室内试验和两个算例对上述成果进行验证。由于存在水/冰相变现象，低温裂隙岩体在冻结过程中的热学参数需要动态调整，因此对于低温裂隙岩体温度场分析需要在 FLAC3D 软件中编制 Fish 函数，并根据各单元的冻结程度来判断，如果温度低于冰点时，则采用含内热源模式（即计算未冻水含量和冰水相变潜热）。当温度高于冰点时，则采用同常温条件下相同的计算模式。室内试验验证传热模型的正确性，两个算例分别验证等效热传导系数的合理性及低温裂隙岩体各向异性传热模型的正确性。具体的计算流程如图 3-12 所示。

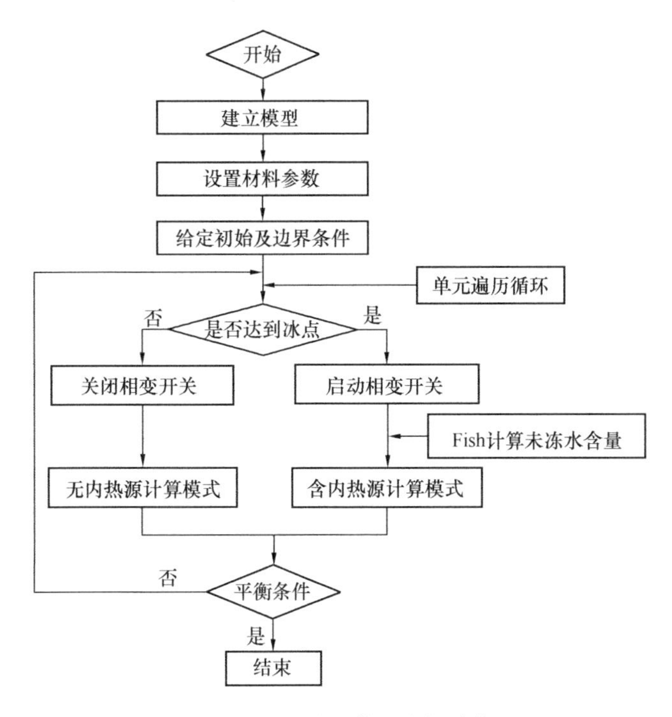

图 3-12 低温裂隙岩体温度场计算流程

3.7.1 低温岩体传热特性试验验证

为了研究含相变低温裂隙岩体的传热过程，对含两组正交裂隙的岩样开展低温冻融试验。试样为 20cm×20cm×20cm 的立方体，由水泥砂浆组成。裂隙宽度为 2.5mm，排距为 0.02m。试样外表面的裂隙处于封闭状态。裂缝的接触体为人造砂浆立方体，用于控制裂缝的开度。通过调整接触体之间的距离，形成了面积接触率分别为 0.125 和 0.500 的两种研究方案。温度传感器安装在试样的前表面，如图 3-13 所示。试样初始温度为 25℃。试验步骤如下：①试样饱和 3d；②试样的侧面和底部用隔热材料包裹；③将试样置于温控试验箱内；④试样在−25℃条件下冻结 72h；⑤试样在+25℃下熔化 72h。为了验证所提出的传热模型，对试验过程进行了数值分析。计算所需的参数如表 3-2 所示。然后在数值模拟过程中用前文推导的公式计算裂隙的等效水力隙宽。另外，采用体积加权平均法可以得到试样的等效比热和等效密度等参数。

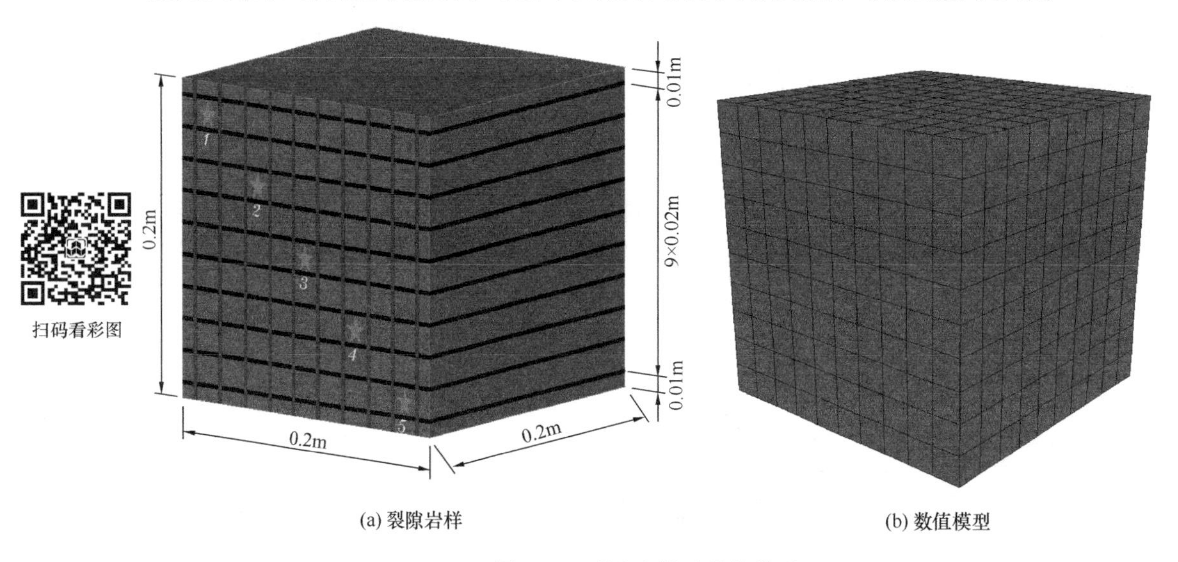

图 3-13 裂隙岩样及数值模型

裂隙岩样数值模拟分析参数 表 3-2

参数	热传导系数 λ_r	比热 c_r	密度 ρ_r	初始温度 T_0	饱和度 S
单位	W/(m·℃)	J/(kg·℃)	kg/m^3	℃	1
量值	0.95	1050	1800	20	1.0

注：冰和水的参数参见表 3-1。

将试验结果与提出的传热模型（PTM）和多孔介质混合理论模型（MTM）的模拟结果进行对比，如图 3-14 所示。基于 PTM 的关键点温度曲线与试验结果吻合较好，最大误差小于 1.5℃。同时，随着裂隙接触面积的增加，PTM 的模拟精度显著提高。这也验证了 PTM 的正确性。然而，MTM 的计算结果与试验结果吻合较差。MTM 的模拟结果在冻结阶段较大，在融化阶段较小。裂隙所占比例越大，这种偏差越明显。因此，在岩体传热研究中必须考虑裂隙的作用（热阻和导水）。

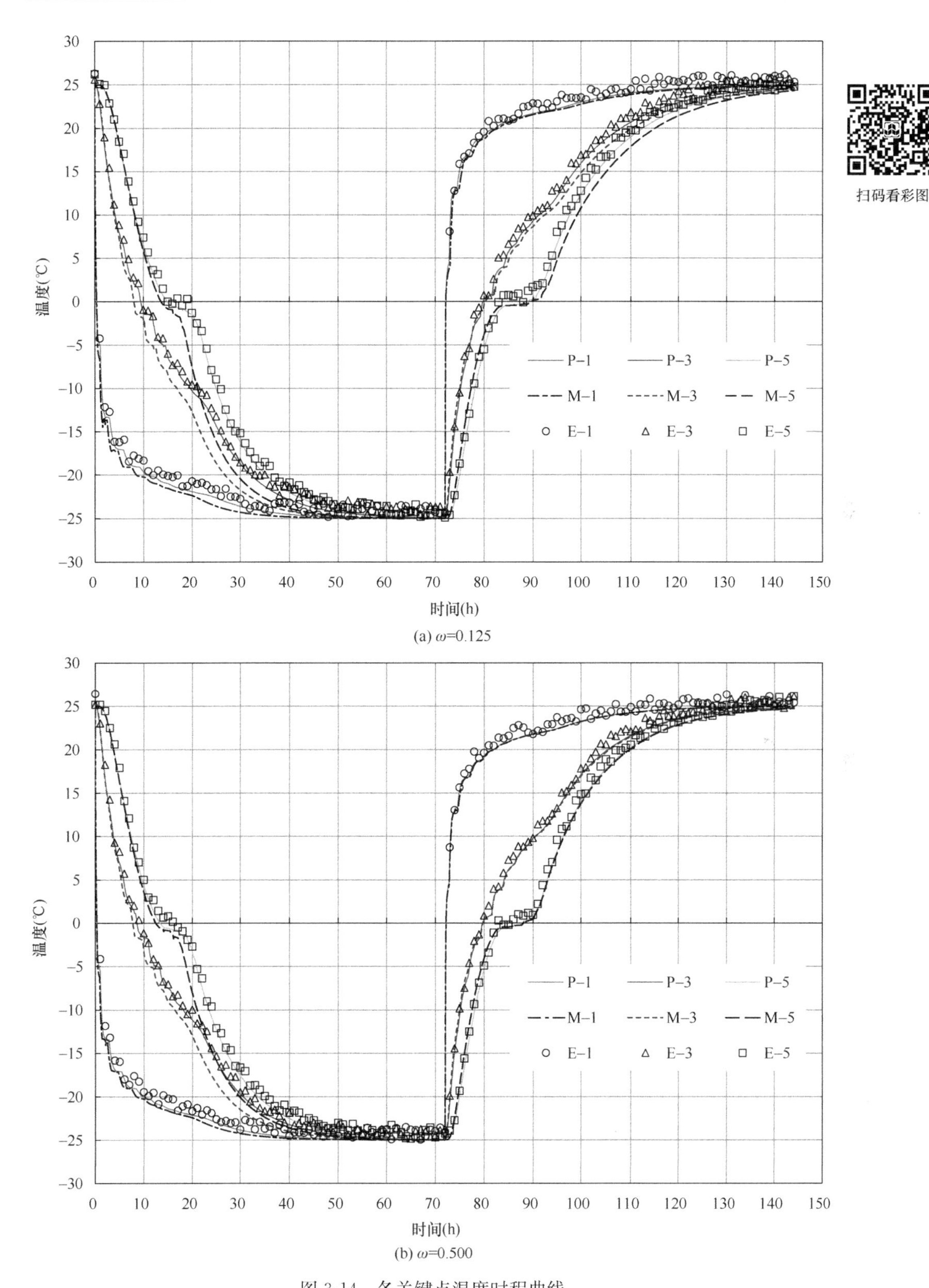

(a) ω=0.125

(b) ω=0.500

图 3-14 各关键点温度时程曲线

（注：P 表示前文推导的模型、M 代表混合物理论模型、E 代表试验结果）

另外，裂隙岩样随冻融时间的温度分布如图 3-15、图 3-16 所示。这表明由 PTM 得到的温度场与由 MTM 得到的温度场大致相同。在两种裂隙接触面积下，温度场均呈层状分布。然而，PTM 的温度梯度与 MTM 的温度梯度并不一致，这是由于计算导热系数的方法不同造成的。从图 3-14 可以看出，本研究的方法更加合理。

扫码看彩图

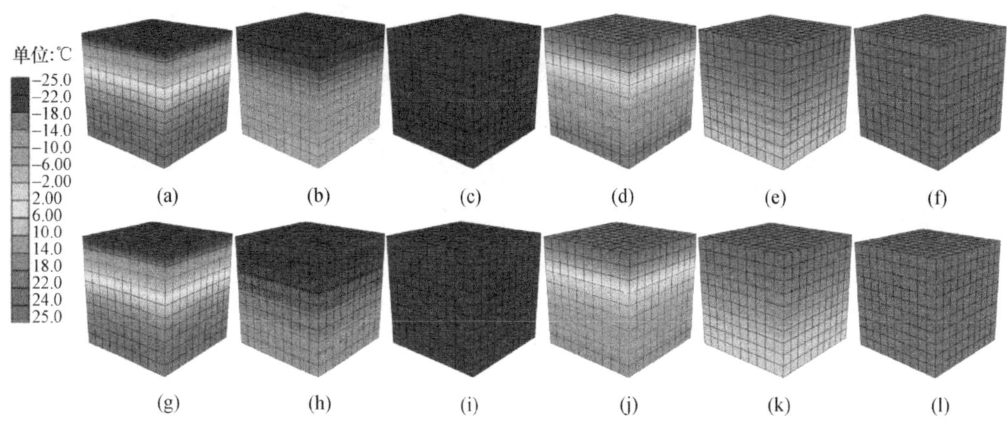

图 3-15　裂隙面积接触率 $\omega=0.125$ 时试样的温度分布云图

注：(a) 4h、(b) 24h、(c) 48h、(d) 76h、(e) 96h 和 (f) 120h 是基于前文推导传热模型的计算结果；(g) 4h、(h) 24h、(i) 48h、(j) 76h、(k) 96h 和 (l) 120h 是基于混合物理论模型的计算结果)

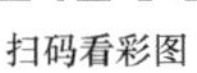

扫码看彩图

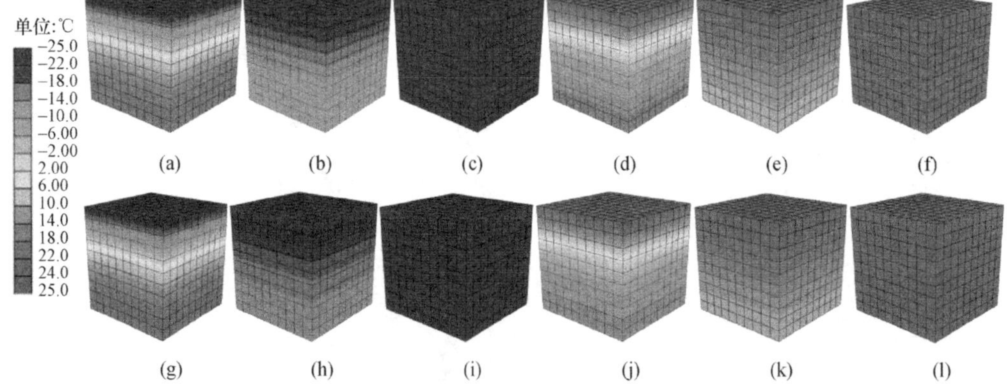

图 3-16　裂隙面积接触率 $\omega=0.500$ 时试样的温度分布云图

注：(a) 4h、(b) 24h、(c) 48h、(d) 76h、(e) 96h 和 (f) 120h 是基于前文推导传热模型的计算结果；(g) 4h、(h) 24h、(i) 48h、(j) 76h、(k) 96h 和 (l) 120h 是基于混合物理论模型的计算结果

3.7.2　含水平裂隙岩样温度场分析

本节选取含水平裂隙的层状岩体试块来验证等效传热模型的合理性。具体方法就是分别建立含裂隙的非连续模型和基于代表性体元 RVE 的等效连续模型，然后对比两种模型的温度场及关键点的温度变化曲线。选取的试件为一个 0.2m×0.2m×0.2m 的立方体。裂隙的开度为 2.5mm，排距为 0.02m。裂隙贯通整个模型，即间距为 0。为了便于建模和对比分析，假定裂隙的接触体为立方体。研究面积接触率分别

为 0.125、0.250 和 0.500 时岩样的温度场分布情况。试件的初始温度为 5℃，上边界为 25℃的恒温，两侧和底部为绝热边界。计算模型如图 3-17 和图 3-18 所示。

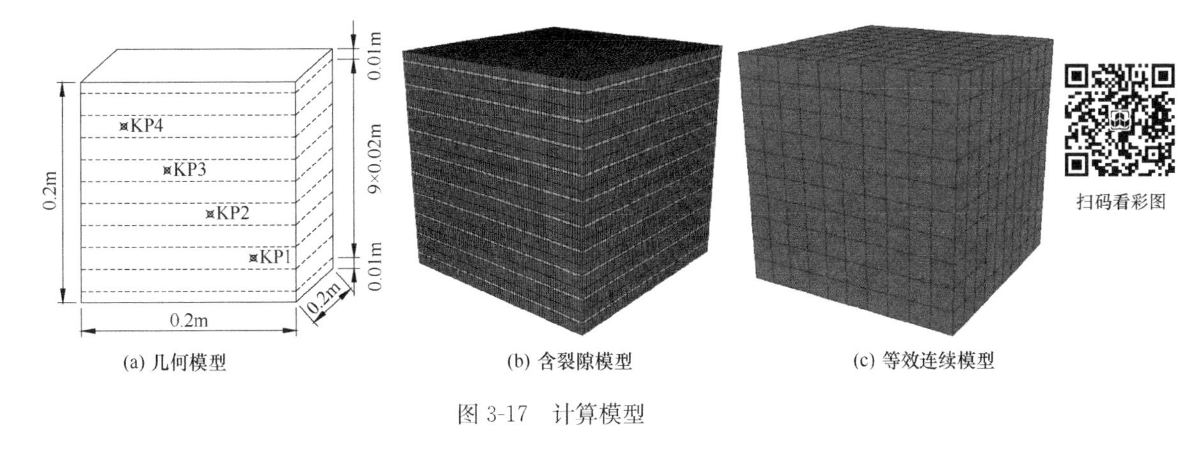

(a) 几何模型　(b) 含裂隙模型　(c) 等效连续模型

图 3-17　计算模型

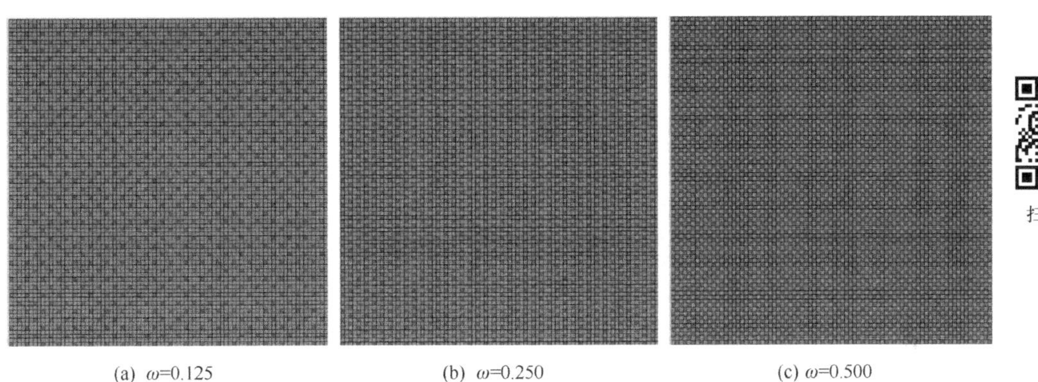

(a) ω=0.125　(b) ω=0.250　(c) ω=0.500

图 3-18　裂隙面细部图（图中蓝色小块表示接触部位）

试件中岩块的热传导系数为 2.65J/(s·m·℃)，密度为 2930kg/m^3，比热为 0.75×10^3J/(kg·℃)；水的热传导系数为 0.54J/(s·m·℃)，密度为 1000kg/m^3，比热为 4.20×10^3J/(kg·℃)。分析中不考虑热对流的影响即流体保持静止。根据式（3-62）和式（3-70）可得试件在不同裂隙面积接触率时的等效热传导系数：ω=0.125 时 λ_n=1.68W/(m·℃)、λ_s=2.42W/(m·℃)；ω=0.250 时 λ_n=1.57W/(m·℃)、λ_s=2.45W/(m·℃)；ω=0.500 时 λ_n=1.29W/(m·℃)、λ_s=2.52W/(m·℃)。RVE 的体积含水率（裂隙率）为 $\phi=(1-\omega)/8$，则根据混合物理论可得特征体元的等效体积热容和密度分别为：ω=0.125 时 $c_e=1.13\times10^3$J/(kg·℃)、ρ_e=2719kg/m^3；ω=0.250 时 $c_e=1.07\times10^3$J/(kg·℃)、ρ_e=2749kg/m^3；ω=0.500 时 $c_e=0.97\times10^3$J/(kg·℃)、ρ_e=2809kg/m^3。

不同面积接触率条件下试件的稳定温度场如图 3-19 所示。

从图 3-19 中可以看出，在面积接触率分别为 ω=0.125、0.250 和 0.500 的三种情况下基于前文构建的各向异性传热模型得到的温度场分布云图均和含裂隙模型一致，温度云图均呈层状分布且温度分布梯度一致，初步验证了本书模型的合理性。为

扫码看彩图

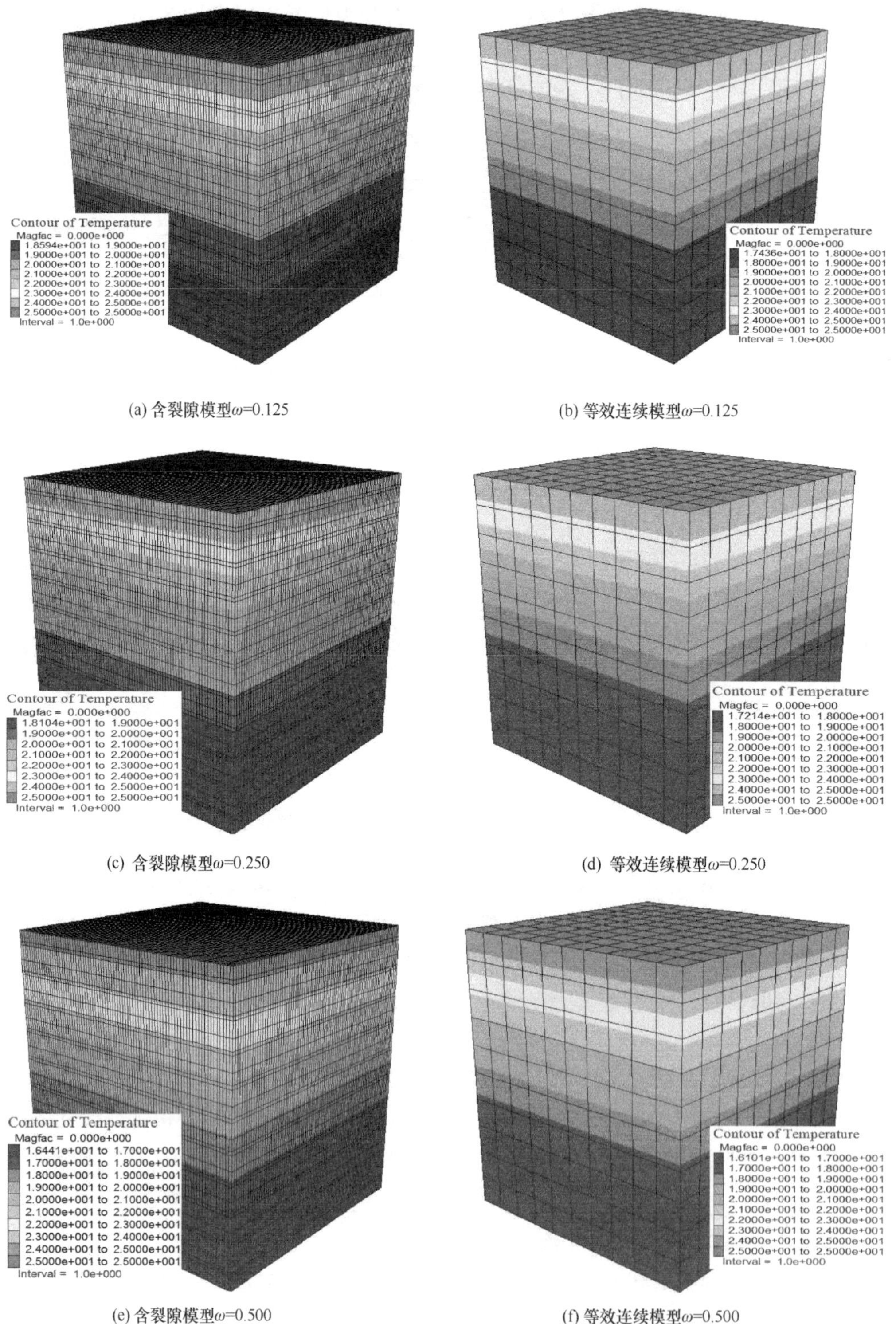

(a) 含裂隙模型ω=0.125　(b) 等效连续模型ω=0.125

(c) 含裂隙模型ω=0.250　(d) 等效连续模型ω=0.250

(e) 含裂隙模型ω=0.500　(f) 等效连续模型ω=0.500

图 3-19　温度场分布云图

了精确对比本书所构建等效传热模型的正确性，选取了四个关键点来进行说明，如图 3-20 所示。

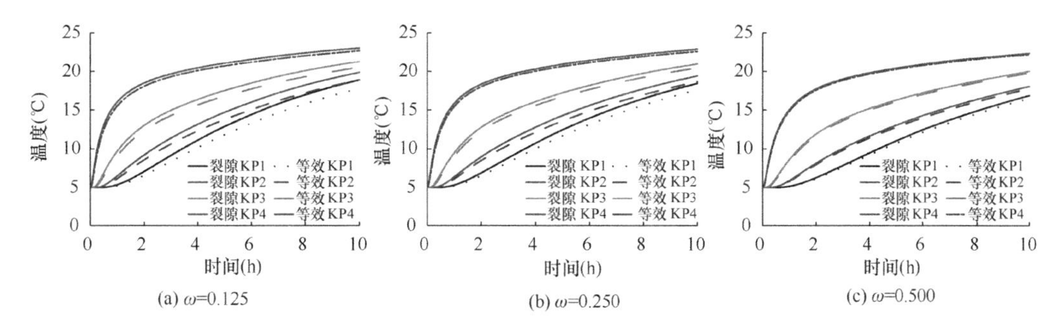

图 3-20　关键点温度变化时程曲线（KP1 到 KP4 依次对应由下至上的 4 组温度曲线）

从图 3-20 可以看出，根据等效连续模型分析得到的关键点的温度时程曲线和含裂隙模型吻合较好，最大误差不超过 1.0℃。同时可以看出随着裂隙接触面积的增加等效连续传热模型的模拟精度显著提高。这也从另一个方面验证了等效连续传热模型的正确性，因为面积接触率越高，在推导等效连续模型的接触热阻时其误差越小。可见该各向异性等效连续传热模型的精度满足要求，可以用于分析实际裂隙岩体工程。

3.7.3　裂隙岩体边坡温度特性研究

前节已经验证了裂隙岩体等效传热模型的合理性，本节拟通过一个岩质边坡来进一步验证裂隙岩体传热模型的正确性。边坡长为 70m、高为 60m。假定该裂隙边坡含有一组优势裂隙，裂隙的长度为 0.3m，开度为 5mm，面积接触率为 0.2，裂隙长度分别取为 0.5m（表示非贯通裂隙）和 1.0m（表示贯通裂隙）。边坡几何模型及裂隙分布情况详见图 3-21。为了研究裂隙倾角的影响，分析过程共考虑了裂隙倾角为 0°、30°、60°和 90°四种方案。模型的初始温度为 5℃，边坡表面为－25℃的恒定温度边界，其余边界为绝热边界。数值分析模型见图 3-22。

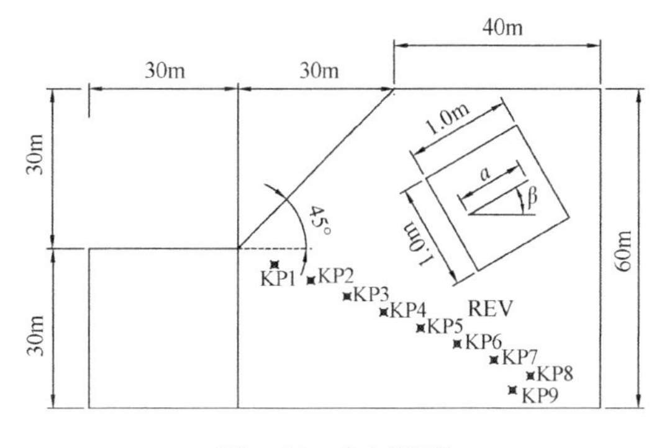

图 3-21　几何模型

扫码看彩图

图 3-22　数值分析模型

边坡岩块的热传导系数为 3.00W/(m・℃)，密度为 2930kg/m³，比热为 0.75×10³J/(kg・℃)；水的热传导系数为 0.54W/(m・℃)，密度为 1000kg/m³，比热为

4.20×10^3J/(kg·℃)；冰的热传导系数为 2.22W/(m·℃)，密度为 916.80kg/m^3，比热为 1.93×10^3J/(m·℃)。水的初始流速为 2×10^{-3}m/s，并假定流速为未冻水含量的函数，即 $v_w = v_0\chi$。

1. 含非贯通裂隙（a=0.5m）

当裂隙长度为 0.5m 即裂隙的连通率为 0.5 时，RVE 的初始裂隙率为

$$\phi = a\delta(1-\omega) = 0.5\times5\times10^{-3}\times(1-0.2) = 0.002 \tag{3-98}$$

则根据混合物理论可得特征体元的等效体积热容和密度分别为：

$$\begin{cases} c_e = \phi\chi c_w + \phi(1-\chi)c_i + (1-\phi)c_r \\ \rho_e = \phi\chi\rho_w + \phi(1-\chi)\rho_i + (1-\phi)\rho_r \end{cases} \tag{3-99}$$

$$\begin{cases} c_e = 0.0045\times10^3\chi + 0.7524\times10^3 \\ \rho_e = 0.1664\chi + 2925.9736 \end{cases} \tag{3-100}$$

根据式（3-62）和式（3-70）可得该边坡的等效热传导系数分别为

$$\lambda_n = 1.5 + \frac{0.6369 - 0.4808\chi}{0.4261 - 0.3190\chi} - 0.00164\chi^{0.8} \tag{3-101}$$

$$\lambda_s = 2.985 + \frac{50.4\chi^2 - 0.0202\chi + 0.0356}{1680\chi^2 - 0.672\chi + 2.688} \tag{3-102}$$

代入式（3-51），可得

$$\begin{Bmatrix} \lambda_{xx} \\ \lambda_{yy} \\ \lambda_{xy} \end{Bmatrix} = \begin{bmatrix} \cos^2\beta & \sin^2\beta & \sin2\beta \\ \sin^2\beta & \cos^2\beta & -\sin2\beta \\ -\sin\beta\cos\beta & \sin\beta\cos\beta & -\cos2\beta \end{bmatrix} \begin{Bmatrix} \lambda_n \\ \lambda_s \\ 0 \end{Bmatrix} \tag{3-103}$$

式中，β 为裂隙倾角，分别为 0°、30°、60°和 90°。

冻结过程中裂隙岩体的热学参数随温度和相变情况发生动态变化，按照前文所述通过编写 Fish 文件对其进行动态调整。经过三年后不同裂隙倾角条件下边坡的温度场，如图 3-23 所示。

从图 3-23 可以看出，由于给定的边界条件是由边坡表面（地面）的恒定负温向边坡内部传播，所以在各裂隙倾角方案下三年后边坡的温度场等温线均近似平行于地表。由于本案例裂隙的间距较大而长度和开度较小且属于非贯通裂隙，因此裂隙的存在对温度场的影响并不是很明显。为了进一步说明裂隙倾角对传热的影响情况，在模型中选取了 9 个关键点，并绘制了温度时程曲线，如图 3-24 所示。

从图 3-24 可以看出，各方案条件下各关键点的温度时程曲线反映出来的温度分布状况和温度场云图一致。随着关键点位置距地表距离的增加其温度逐渐增大，特别是模型下边界附近的关键区温度基本没什么变化。由于本案例裂隙的连通率较低且张

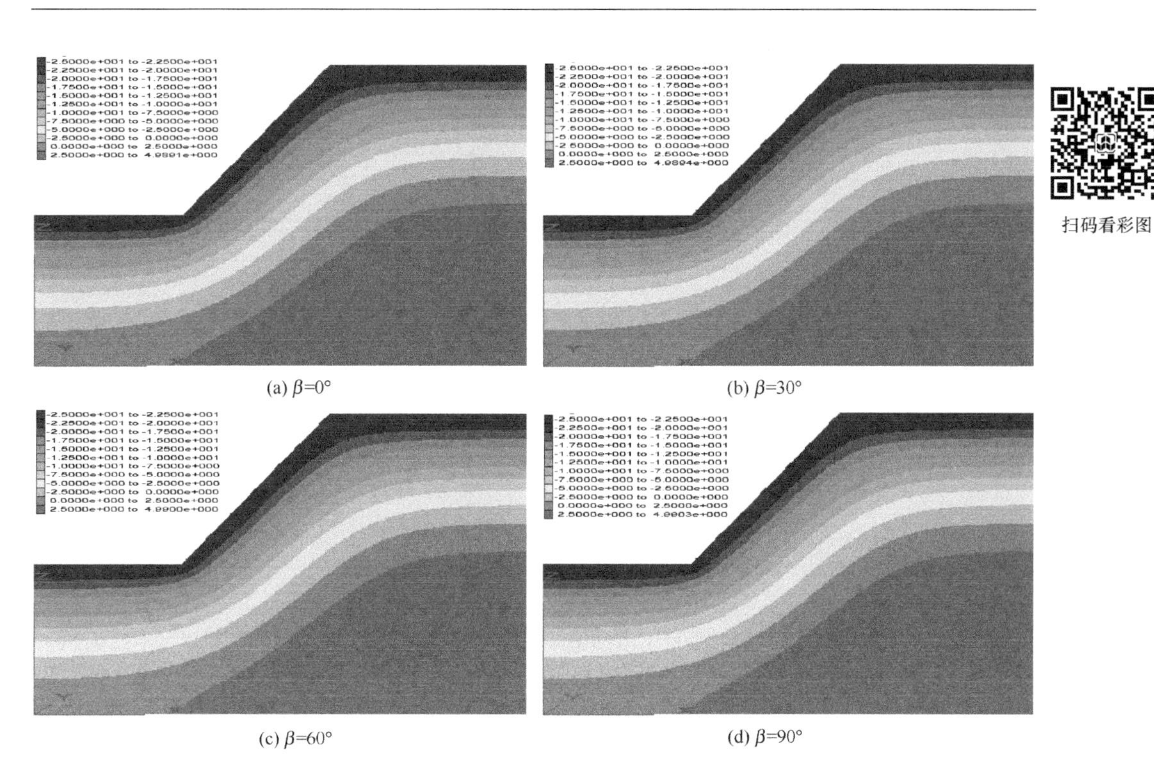

扫码看彩图

(a) β=0° (b) β=30°

(c) β=60° (d) β=90°

图 3-23 含非贯通裂隙边坡温度场分布图

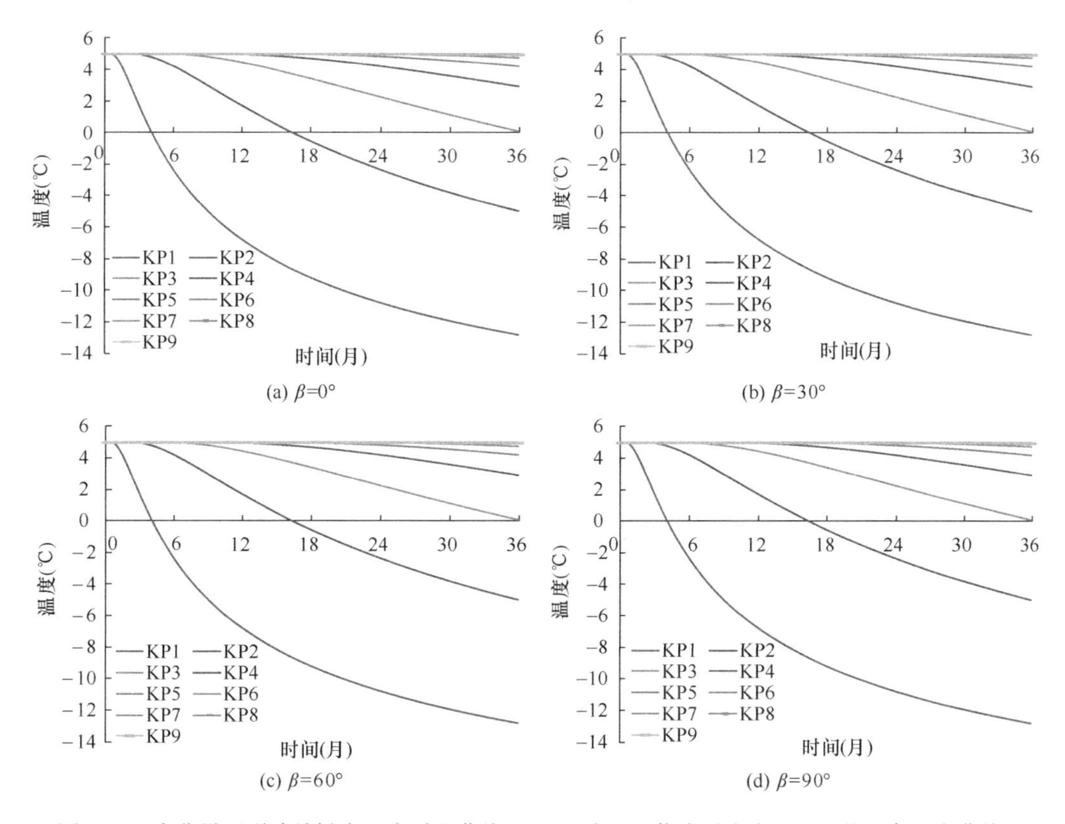

(a) β=0° (b) β=30°

(c) β=60° (d) β=90°

图 3-24 含非贯通裂隙关键点温度时程曲线（KP1 到 KP9 依次对应由下至上的 9 条温度曲线）

开度较小，因此其传热特性的各向异性不明显。随着裂隙倾角的不断增大，各关键点的最终温度值仅略微增大，这也从另一个角度证明了前文的研究成果（即对于非贯通裂隙岩体，当裂隙开度较小时其传热特性的各向异性特性不明显）。

2. 含贯通裂隙（a=1.0m）

当裂隙长度为 1.0m 即裂隙的连通率为 1.0 时，RVE 的初始裂隙率为

$$\phi = a\delta(1-\omega) = 1.0\times 5\times 10^{-3}\times(1-0.2) = 0.004 \tag{3-104}$$

则根据混合物理论可得特征体元的等效体积热容和密度分别为：

$$\begin{cases} c_{\mathrm{e}} = \phi\chi c_{\mathrm{w}} + \phi(1-\chi)c_i + (1-\phi)c_{\mathrm{r}} \\ \rho_{\mathrm{e}} = \phi\chi\rho_{\mathrm{w}} + \phi(1-\chi)\rho_i + (1-\phi)\rho_{\mathrm{r}} \end{cases} \tag{3-105}$$

$$\begin{cases} c_{\mathrm{e}} = 0.0091\times 10^3\chi + 0.7547\times 10^3 \\ \rho_{\mathrm{e}} = 0.3328\chi + 2921.9472 \end{cases} \tag{3-106}$$

根据式（3-62）和式（3-70）可得该边坡的等效热传导系数分别为

$$\lambda_{\mathrm{n}} = \frac{1.2738-0.9617\chi}{0.4261-0.3190\chi} - 0.00327\chi^{0.8} \tag{3-107}$$

$$\lambda_{\mathrm{s}} = 2.985 + \frac{100.8\chi^2 - 0.0202\chi + 0.0356}{3.00} \tag{3-108}$$

代入式（3-51），可得

$$\begin{Bmatrix} \lambda_{xx} \\ \lambda_{yy} \\ \lambda_{xy} \end{Bmatrix} = \begin{bmatrix} \cos^2\beta & \sin^2\beta & \sin 2\beta \\ \sin^2\beta & \cos^2\beta & -\sin 2\beta \\ -\sin\beta\cos\beta & \sin\beta\cos\beta & -\cos 2\beta \end{bmatrix} \begin{Bmatrix} \lambda_{\mathrm{n}} \\ \lambda_{\mathrm{s}} \\ 0 \end{Bmatrix} \tag{3-109}$$

式中，β 为裂隙倾角，分别为 0°、30°、60°和 90°。

冻结过程中裂隙岩体的热学参数随温度和相变情况发生动态变化，按照前文所述通过编写 Fish 文件对其进行动态调整。经过三年后不同裂隙倾角条件下边坡的温度场，如图 3-25所示。

扫码看彩图

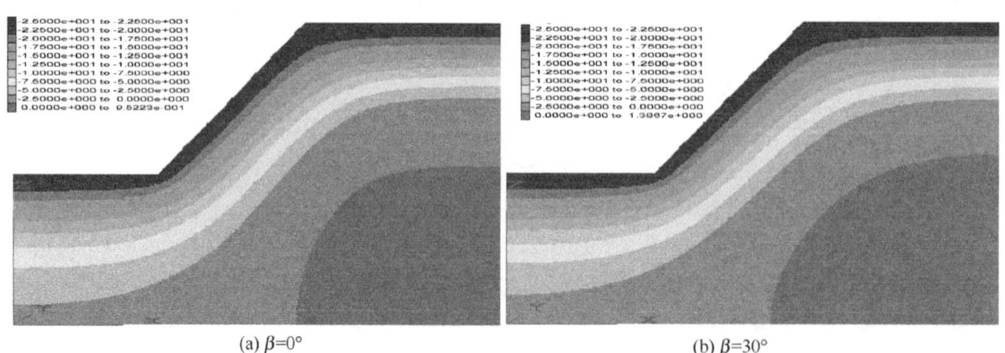

(a) β=0°　　(b) β=30°

图 3-25　含贯通裂隙边坡温度场分布图（一）

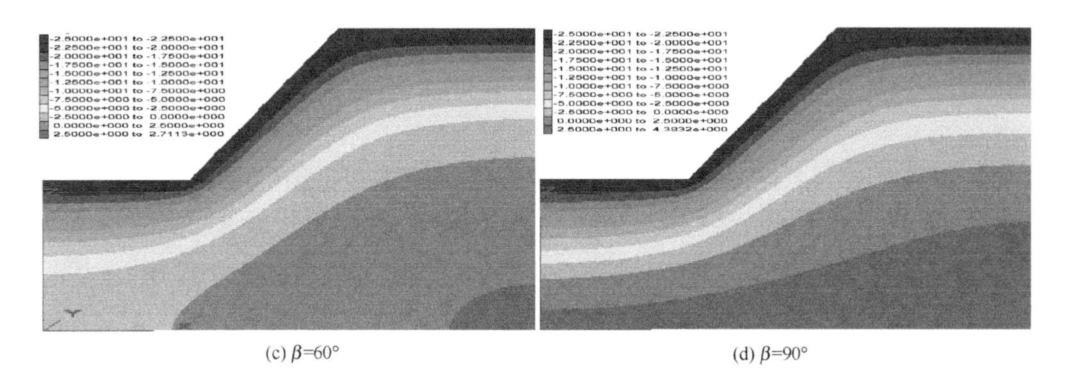

(c) β=60°　　(d) β=90°

图 3-25　含贯通裂隙边坡温度场分布图（二）

从图 3-25 可以明显看出，含贯通裂隙岩体的温度场随着裂隙倾角的改变而改变。由于给定的边界条件是由边坡表面（地面）的恒定负温向边坡内部传播，所以在各裂隙倾角方案下三年后边坡的温度场等温线均近似平行于地表。为了进一步说明裂隙倾角对传热的影响情况，在模型中选取了 9 个关键点，并绘制了温度时程曲线，如图 3-26 所示。

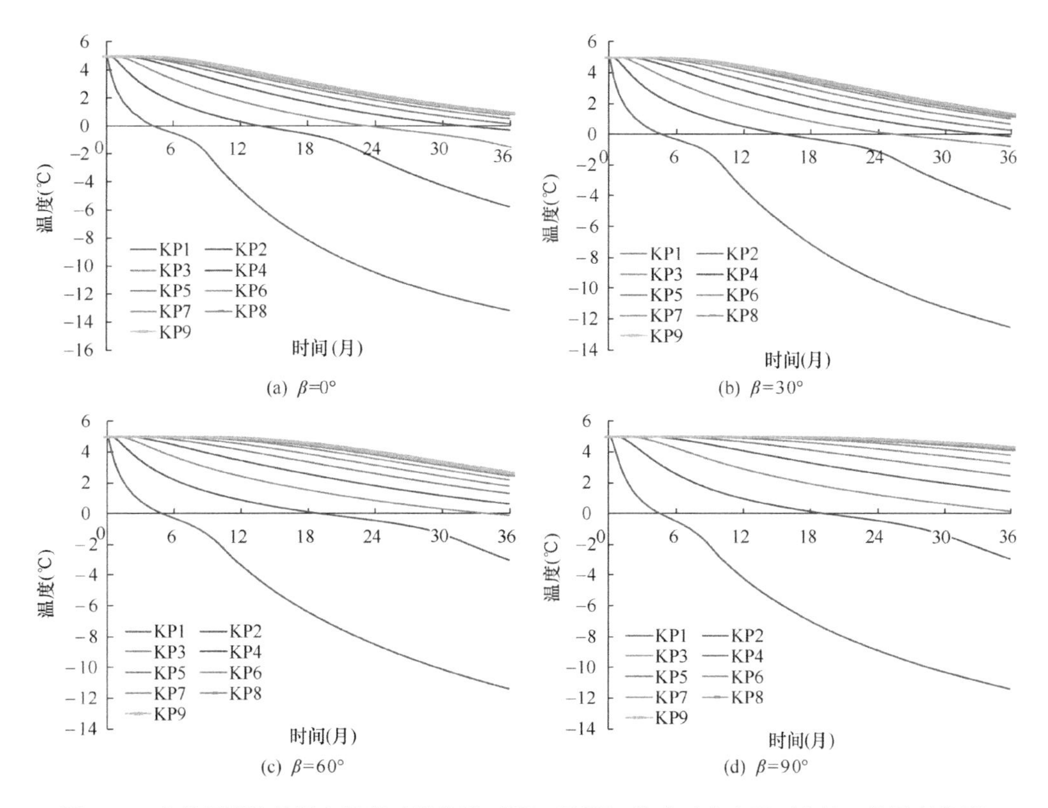

(a) β=0°　　(b) β=30°

(c) β=60°　　(d) β=90°

图 3-26　含贯通裂隙关键点温度时程曲线（KP1 到 KP9 依次对应由下至上的 9 条温度曲线）

从图 3-26 可以看出，各方案条件下各关键点的温度时程曲线反映出来的温度分布规律和温度场云图一致。随着关键点位置距地表距离的增加其温度逐渐增大。不同于非贯通裂隙边坡，贯通裂隙边坡中各关键点的温度值均表现出不同程度的降低趋势。越靠近坡表，关键点温度降低幅度越大。此外，从图中还可以看出裂隙倾角越大，温度传递得越慢。这也符合人们的经验，裂隙垂直时阻热作用明显。三年后不同裂隙倾角条件下关键点 KP1、KP5 和 KP9 的温度值为：①裂隙倾角为 0°时，三个关键的温度分别为－13.16、0.19 和 0.94℃；② 裂隙倾角为 30°时，三个关键的温度分别为－12.56、0.31 和 1.34℃；③ 裂隙倾角为 60°时，三个关键的温度分别为－11.36、1.26 和 2.65℃；④裂隙倾角为 90°时，三个关键的温度分别为－11.39、2.46 和 4.33℃。

综合图 3-25、图 3-26 可知本章所构建的低温裂隙岩体各向异性传热模型能够反映裂隙岩体导热的各向异性特性且精度较高，可用于构建低温裂隙岩体变形-水分-热质-化学四场耦合模型。

3.8 本章小结

工程岩体总是处于一定的低温场条件下，尤其是对于低温或寒区工程，温度场对其安全施工和长期运营起着至关重要的作用。本章从传热学的基本原理出发，首先推导了低温单裂隙岩体的传热模型，然后基于传热性能的可叠加性，构建了含多组裂隙岩体的各向异性传热模型，从而实现了传热性能的等效连续化处理。研究内容及成果可以概括如下：

（1）建立了裂隙介质热阻的物理模型（串、并联模型）及单裂隙切向和法向热阻模型，以此为基础，进一步建立了无水裂隙、含静水裂隙、含饱和静水裂隙以及含动水裂隙热阻模型。

（2）基于裂隙介质的热阻模型，根据能量守恒原理，推导了含单组裂隙岩体的代表性体元 RVE 的法向和切向等效热传导系数公式，并考虑了对流换热作用对裂隙岩体等效传热特性的影响，从而构建了单裂隙低温岩体的传热模型。此外还研究了无水贯通裂隙岩体、含静水贯通裂隙岩体、含饱和静水贯通裂隙岩体、含动水贯通裂隙岩体以及无水非贯通裂隙岩体的传热特性。

（3）通过坐标变换，推导了裂隙岩体等效导热系数和任意坐标下等效导热系数的关系，并通过裂隙的产状和几何参数，进一步推导了含单组裂隙岩体的各向异性的传热模型。根据含单组裂隙岩体的传热模型并基于传热性能的可叠加性，推导了含多组优势节理裂隙岩体的各向异性传热模型，该模型能够全面反映裂隙几何参数和流速引起的传热特性的各向异性特性，从而实现了低温裂隙岩体传热性能的等效连续化处理。

（4）研究了各因素（裂隙开度、长度、接触率以及未冻水含量和流速）对非贯通裂隙岩体传热特性的影响。在各因素条件下，随着裂隙长度的增加，法向等效热传导系数减小而切向等效热传导系数增大。对于非贯通饱水裂隙岩体，各因素对法向等效热传导系数的影响均大于切向等效热传导系数，即法向等效热传导系数更敏感。由于裂隙接触热阻和对流换热作用的存在，法向等效热传导系数均小于完整岩块。而由于对流作用的存在，切向等效热传导系数均大于完整岩块。特别需要指出的是，裂隙水流速对非贯通裂隙岩体切向导热性能影响不大，但对法向导热特性影响显著。

（5）研究了各因素（裂隙开度、长度、接触率以及未冻水含量和流速）对贯通裂隙岩体传热特性的影响。各因素对饱水贯通裂隙岩体的影响程度显著大于非贯通裂隙岩体。各因素下（除面积接触率 ω 外），饱水贯通裂隙岩体的法向等效热传导系数均呈单调递减趋势，而切向热传导系数呈单调递增趋势。各因素下切向等效热传导系数增大了几十倍甚至几百倍。由于两侧岩桥的栓塞作用，流速对非贯通裂隙岩体切向热传导系数的影响很小。

（6）最后基于 FLAC3D 有限差分软件，通过两个算例（含水平裂隙岩样和含多组优势裂隙岩体边坡）全面验证了含水/冰相变低温裂隙岩体的各向异性传热模型。由于存在水/冰相变现象，冻结过程中低温裂隙岩体的热学参数需要动态调整，因此分析时专门编制了 Fish 程序来控制相变过程。

4 低温裂隙岩体化学损伤模型

已有不少学者开展了冻土水-盐-热-力四场耦合理论的研究，但关于低温裂隙岩体四场耦合方面的研究却鲜有报道。因此，本章拟开展化学溶蚀作用对低温裂隙岩体影响的研究。地下水中含有的离子主要有：Na^{+}、Mg^{2+}、Ca^{2+}、SO_4^{2-}、Cl^{-}、HCO_3^{-}，这些离子会与岩土体发生化学反应进而威胁工程安全。因此，开展裂隙岩体化学溶蚀方面的研究至关重要。本章拟在前人研究的基础上，从岩体的化学损伤和化学溶蚀对水力开度的影响两个方面开展研究。特别是考虑水/冰相变作用、流体流速和温度对化学反应速率的影响，从而构建低温裂隙岩体的代表性体元 RVE 的化学损伤模型和裂隙的水力隙宽演化模型。

4.1 化学溶液对岩石的劣化作用

为了研究岩石在水化学环境下的损伤劣化情况，课题组李宁和朱运明以及霍润科等开展了大量的试验研究工作并建立了酸性环境中钙质胶结砂岩的化学损伤模型。图 4-1～图 4-4 所示是部分代表性试验结果。

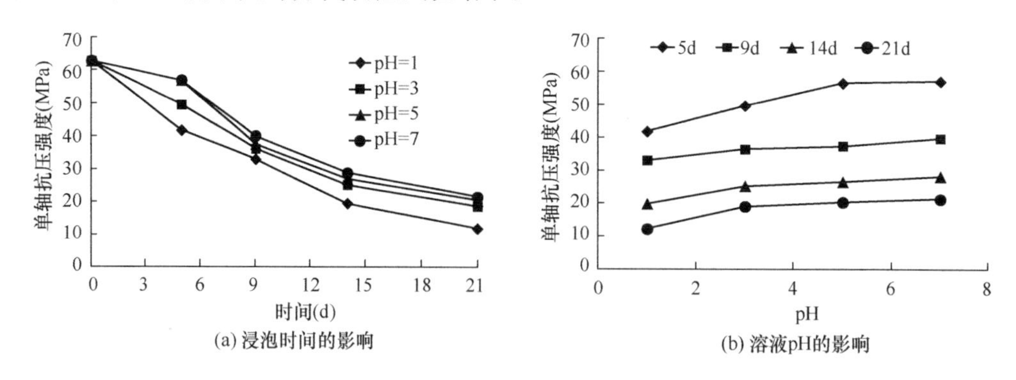

图 4-1 化学腐蚀对砂岩单轴抗压强度的影响（李宁等，2003）

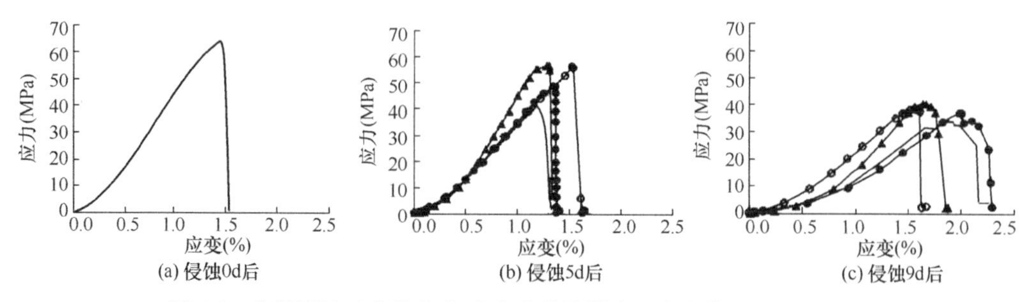

图 4-2 化学腐蚀对砂岩应力-应变曲线的影响（李宁等，2003）（一）

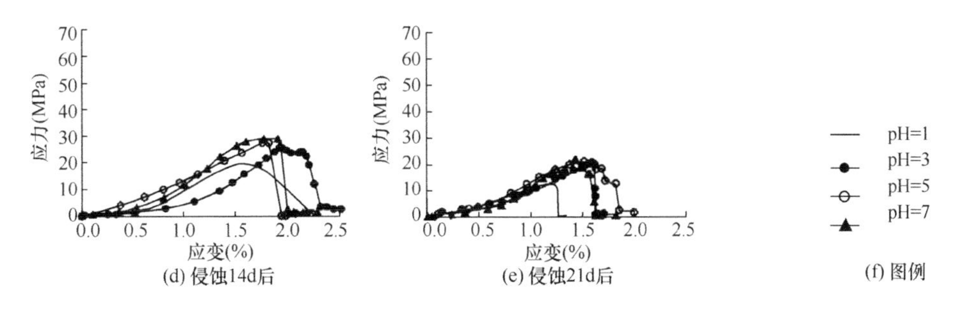

图 4-2　化学腐蚀对砂岩应力-应变曲线的影响（李宁等，2003）（二）

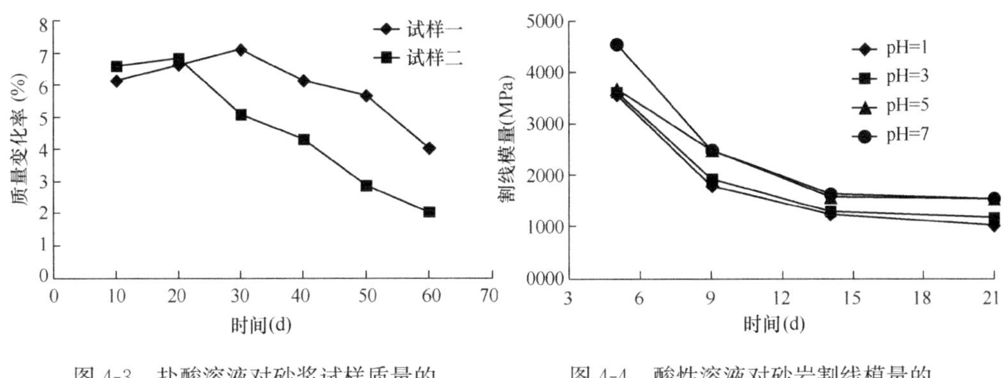

图 4-3　盐酸溶液对砂浆试样质量的影响（霍润科等，2006）

图 4-4　酸性溶液对砂岩割线模量的影响（李宁等，2003）

由图 4-1 可以看出，砂岩试样单轴饱和抗压强度随浸泡时间的增加持续降低，变化趋势近似呈二次曲线；在同一侵蚀时间下，pH 越大砂岩试样的单轴饱和抗压强度越大。从图 4-2 砂岩不同时刻的应力应变曲线可以看出，侵蚀时间越长，经受 pH 越小溶液侵蚀的岩样其初始压密段、屈服段越长、弹性阶段越短。不同溶液中的砂岩样破坏应变峰值点出现的时间不一样，溶液的 pH 越大，岩石破坏应变的峰值出现越滞后。过峰值后，破坏应变尽管有下降的趋势，但其下降速度越来越慢。姚华彦也得到了类似的结果，并指出酸性环境对灰岩的腐蚀作用强于碱性环境。由图 4-3 和图 4-4 可以看出随着浸泡时间的增加酸性溶液会不断降低试样的质量和割线模量。姚华彦的研究也表明化学腐蚀作用下岩石的内聚力 c、内摩擦角 φ 和弹性模量 E 均有不同程度的降低，而泊松比则变大。此外，汤连生等通过试验研究表明在相同的化学溶液条件下，同一种岩石在不同流速的水溶液作用下，化学损伤值是不同的。化学损伤值随流速呈如下趋势：高速溶液＞低速溶液＞静止溶液。

可见地下水或化学溶液对岩体的腐蚀受到温度、水流速度以及压力的共同影响。因此，应基于现有试验成果，综合考虑温度、水分和应力等对化学侵蚀的影响，建立低温裂隙岩体的代表性体元 RVE 的受水、热影响的化学损伤模型。

4.2　多孔介质的化学损伤模型

处于地下水环境中的岩体或被化学溶液浸泡的岩石试样会与溶液中的各种离子发

生化学反应和溶蚀，致使岩石的空隙率增大而有效承载面积减小，在宏观上表现为岩石质量的流失。经等效连续化处理的含裂隙岩体同样会受到地下水的侵蚀。本节拟通过改进课题组李宁和朱运明等建立的化学损伤模型，建立低温裂隙岩体的代表性体元 RVE 的化学损伤模型。

4.2.1 常温岩石化学损伤模型

课题组李宁和朱运明等将砂岩试样划分为可溶、不可溶和气相三部分并假定各项均匀分布，根据胶结物的有效承载面积定义了如下损伤变量：

$$D=\frac{\Delta S^{\mathrm{d}}}{(S^{\mathrm{d}})_0}=\left[\frac{\Delta r^{\mathrm{d}}}{(r^{\mathrm{d}})_0}\right]^2=\left[\frac{\Delta V^{\mathrm{d}}}{(V^{\mathrm{d}})_0}\right]^{2/3}=\left[\frac{\Delta\omega^{\mathrm{d}}}{(\omega^{\mathrm{d}})_0}\right]^{2/3}=\left[1-\frac{\omega^{\mathrm{d}}}{(\omega^{\mathrm{d}})_0}\right]^{2/3} \tag{4-1}$$

式中，$(S^{\mathrm{d}})_0$、$(r^{\mathrm{d}})_0$、$(V^{\mathrm{d}})_0$ 分别为初始时刻岩样可溶胶结物有效承载面积、承载面半径、承载体体积；ΔS^{d}、Δr^{d}、ΔV^{d} 分别为溶液与岩样可溶胶结物反应后岩样的有效承载面积、承载面半径、承载体体积；ω^{d} 为任意时刻可溶胶结物的摩尔数；$(\omega^{\mathrm{d}})_0$ 为初始时刻的可溶胶结物摩尔数。

根据化学反应速率的定义可将 ω^{d} 表示为化学反应速率的函数，即

$$\omega^{\mathrm{d}}=(\omega^{\mathrm{d}})_0-vt \tag{4-2}$$

将式（4-2）代入式（4-1）即可得到岩石的化学损伤演化方程：

$$\frac{\mathrm{d}D}{\mathrm{d}t}=\frac{\mathrm{d}\left[1-\frac{\omega^{\mathrm{d}}}{(\omega^{\mathrm{d}})_0}\right]^{2/3}}{\mathrm{d}t}=\frac{2}{3}\left[\frac{v}{(\omega^{\mathrm{d}})_0}\right]^{2/3}\cdot t^{-1/3} \tag{4-3}$$

根据式（4-3）所定义的损伤变量，任意时刻岩石损伤后的变形模量 E 可表示为

$$E=E_{\mathrm{d}}+E_{\mathrm{s}}=E_{\mathrm{d}}(1-D)+E_{\mathrm{s}} \tag{4-4}$$

式中，E_{d} 为初始时刻可溶胶结物的面积等效变形模量；E_{s} 为可溶胶结物耗尽时岩样的面积等效变形模量。

4.2.2 低温岩体化学损伤模型

本书拟在课题组前期（李宁和朱运明等，2003）建立的岩石化学损伤模型的基础上，进一步考虑溶液温度变化（含水/冰相变）和地下水（或化学溶液）流动对化学反应速率的影响，推导低温裂隙岩体的代表性体元 RVE 的化学损伤模型。

1. 温度对化学反应速率的影响

化学反应速率是温度的函数，根据 Arrhenius 公式化学反应速率常数 k 可表示为温度的函数，以反映温度对化学反应的影响。

$$k=k_0\exp\left(\frac{-E_{\mathrm{c}}}{R_{\mathrm{g}}T}\right) \tag{4-5}$$

式中，k_0 为频率因子；E_{c} 为化学反应活化能；R_{g}为气体常数；T 为绝对温度。

则对于一个常规的化学反应方程式

$$a\mathrm{A}+b\mathrm{B}=c\mathrm{C}+d\mathrm{D} \tag{4-6}$$

式中，A 为化学溶液或地下水中的溶质；B 为岩石中能与溶质发生反应的矿物质；C

和 D 为化学反应的生成物；a、b、c、d 为化学反应平衡系数。

考虑温度影响的化学反应速率可表示为

$$v = k_0 \exp\left(\frac{-E_c}{R_g T}\right) C_A^{\alpha} C_B^{\beta} \tag{4-7}$$

式中，v 为化学反应速率；k_0 为反应速率常数；C_A 为溶质的浓度；C_B 为岩石中发生反应的反应物的浓度；α、β 为化学反应级数。

2. 流速对化学反应速率的影响

同一岩石在相同的化学溶液下，当流速不同时，会引起溶液中离子浓度的变化进而导致其化学损伤程度不同。可见当地下水或化学溶液发生流动时，会影响化学反应速率，致使化学反应速率不再等于溶质浓度的变化率，即

$$v \neq -\frac{dC_A}{dt} \tag{4-8}$$

因为此时溶液浓度的变化由两部分组成：一部分是由化学反应引起的；另一部分是由水分运移引起的。若假定岩石基质处于饱和状态（即反应前后体积不变），则根据溶质运移方程（忽略弥散影响），Δt 时间内化学反应引起的溶质物质的量的变化量为

$$\Delta n = C_{A0}V - C_A V + v_{f1} S_1 C_{f1} \Delta t - v_{f2} S_2 C_{f2} \Delta t \tag{4-9}$$

式中，C_{A0} 为初始时刻的化学溶液溶质的浓度；S_1 为入流面积；S_2 为出流面积；C_{f1} 为溶液流入时的浓度；$C_{f2} = C_A$ 为溶液流出时的浓度；v_{f1} 为溶液流入时的速度；v_{f2} 为溶液流出时的速度，且 $v_{f1} S_1 = v_{f2} S_2$。

则当化学溶液或地下水以速度 v_f 发生流动时，根据定义可得到用溶质浓度消耗率表示的修正的化学反应速率，即

$$\begin{aligned} v &= \frac{C_{A0}V - C_A V + v_{f1} S_1 C_{f1} \Delta t - v_{f2} S_2 C_{f2} \Delta t}{V \cdot \Delta t} \\ &= -\frac{dC_A}{dt} + (v_{f1} S_1 C_{f1} - v_{f2} S_2 C_{f2})/V \end{aligned} \tag{4-10}$$

当 $S_1 = S_2 = S$ 时，则 $v_{f1} = v_{f1} = v_f$。对于室内试验，化学溶液的浓度通常维持恒定，则 $C_{f1} = C_{A0}$，故上式可以改写为

$$\begin{aligned} v &= -\frac{dC_A}{dt} + v_f S (C_{A0} - C_A)/V \\ &= -(v_f S \Delta t / V + 1) \frac{dC_A}{dt} \end{aligned} \tag{4-11}$$

联立式（4-10）和式（4-11）并整理得

$$-(v_f S \Delta t / V + 1) \frac{dC_A}{dt} = k_0 \exp\left(\frac{-E_c}{R_g T}\right) C_A^{\alpha} C_B^{\beta} \tag{4-12}$$

采用分部积分法可得同时受水分迁移和化学反应影响（包括温度）的溶液浓度的表达式为

$$C_A = \left\{ C_{A0}^{1-\alpha} - \left[(1-\alpha) k_0 \exp\left(\frac{-E_c}{R_g T}\right) C_B^{\beta} V t \right] / (v_f S t + V) \right\}^{\frac{1}{1-\alpha}} \tag{4-13}$$

3. 相变对化学反应速率的影响

当温度降低至溶液或地下水的冰点时，溶液就会发生相变。假定地下水相变为冰时盐分会全部析出，则 Δt 时间内引起化学溶质的浓度变化的原因包括三部分：① 参加化学反应损耗的部分；② 外界补充进来的部分（水分迁移）；③ 相变析出的部分。其中，参加化学反应的部分使得溶质的溶度降低，而相变析出的部分使得溶质的浓度提高；水分迁移引起的溶液浓度变化方向待定（若外来溶液的浓度较大则会提高溶液的浓度，反之则会降低原溶液的浓度）。因此，根据溶质的质量守恒原理可得

$$C_{A0}V_0 - \int_0^{\Delta t} vV_t \mathrm{d}t + v_f S\Delta t(C_{A0} - C_A) = C_A V_t \tag{4-14}$$

式中，V_0 为初始时刻溶液的体积；V_t 为经过时间 Δt 后溶液的体积，且 $V_t = \chi V_0$；χ 为未冻水含量。

在 Δt 时间内若假定相变析出和化学反应互不影响，则不考虑相变时上式退化为

$$C_{A0}V_0 - \int_0^{\Delta t} vV_0 \mathrm{d}t + v_f S\Delta t(C_{A0} - C_A) = C_A V_0 \tag{4-15}$$

整理得

$$\begin{aligned} -\bar{v}\Delta t &= (C_A - C_{A0})(1 + v_f S\Delta t/V_0) \\ &= \Delta C_A(1 + v_f S\Delta t/V_0) \end{aligned} \tag{4-16}$$

式中，$\int_0^{\Delta t} v\mathrm{d}t = \bar{v}\Delta t$，$\bar{v}$ 为 Δt 时间的平均化学反应速率。

单独考虑冰水相变时，式（4-14）退化为

$$C_{A0}V_0 = C_A \chi V_0 \tag{4-17}$$

若将溶液浓度变化的复杂过程分解为如下两个独立的过程：首先在溶液流动条件下发生化学反应，然后在化学溶液保持静止条件时发生冰水相变，则根据式（4-13）、式（4-16）和式（4-17）可以推导得到同时考虑化学反应和冰水相变的化学溶液的溶质浓度为

$$C_A = \frac{1}{\chi}\left\{C_{A0}^{1-\alpha} - \left[(1-\alpha)k_0 \exp\left(\frac{-E_c}{R_g T}\right)C_B^{\beta}Vt\right]/(v_f St + V)\right\}^{\frac{1}{1-\alpha}} \tag{4-18}$$

则不同温度条件下化学溶液的溶质 A 的浓度为

$$C_A = \begin{cases} \dfrac{1}{\chi}\left\{C_{A0}^{1-\alpha} - \left[(1-\alpha)k_0 \exp\left(\dfrac{-E_c}{R_g T}\right)C_B^{\beta}Vt\right]/(v_f St + V)\right\}^{\frac{1}{1-\alpha}} & T \leqslant T_L \\ \left\{C_{A0}^{1-\alpha} - \left[(1-\alpha)k_0 \exp\left(\dfrac{-E_c}{R_g T}\right)C_B^{\beta}Vt\right]/(v_f St + V)\right\}^{\frac{1}{1-\alpha}} & T > T_L \end{cases} \tag{4-19}$$

对于单位体积裂隙岩体的代表性体元 RVE（即 $V=1$），若将未冻水含量表示为温度的函数，则上式可改写为

$$C_A=\begin{cases}e^{(T-T_L)^2}\left\{C_{A0}^{1-\alpha}-\left[(1-\alpha)k_0\exp\left(\dfrac{-E_c}{R_g T}\right)C_B^{\beta}t\right]/(v_f St+1)\right\}^{\frac{1}{1-\alpha}} & T\leqslant T_L\\ \left\{C_{A0}^{1-\alpha}-\left[(1-\alpha)k_0\exp\left(\dfrac{-E_c}{R_g T}\right)C_B^{\beta}t\right]/(v_f St+1)\right\}^{\frac{1}{1-\alpha}} & T>T_L\end{cases}\tag{4-20}$$

4. 低温岩体 RVE 的化学损伤模型

前文分别研究了温度、溶液或地下水流速以及冰/水相变作用对化学反应速率的影响并得到了同时考虑温度、流速以及相变作用的溶液浓度公式，将其代入式（4-7）可得化学反应速率，将考虑各因素的化学反应速率代入式（4-3），可得低温岩体的代表性体元 RVE 的化学损伤模型：

$$\frac{\mathrm{d}D}{\mathrm{d}t}=\frac{2}{3}\left[\frac{k_0 e^{-E_c/(R_g T)}C_A^{\alpha}C_B^{\beta}}{(\omega^d)_0}\right]^{2/3}t^{-1/3}\tag{4-21}$$

因为岩石矿物质大多为微溶物，因此其在溶液中的浓度近似为定值，若令 $K=k_0 e^{-1/T}C_B^{\beta}$，则上式可改写为

$$\frac{\mathrm{d}D}{\mathrm{d}t}=\frac{2}{3}\left[\frac{K\ (C_A)^{\alpha}}{(\omega^d)_0}\right]^{2/3}t^{-1/3}\tag{4-22}$$

式（4-22）即为本书建立的全面考虑流速和温度影响（含水/冰相变）的低温裂隙岩体的代表性体元的化学损伤模型。

4.3 化学损伤对水力开度的影响

第 4.2 节构建了低温裂隙岩体的代表性体元 RVE 的化学损伤模型，而本节则主要研究含腐蚀性地下水对裂隙水力隙宽的影响。岩体裂隙部位的化学溶蚀分为两部分：压力溶蚀和表面溶蚀。所谓压力溶蚀是指裂隙的闭合处在压力的驱动作用下，裂隙的壁面会发生较快的溶蚀。所谓表面溶蚀是指在裂隙的空隙部位，水流通过时对裂隙壁面溶蚀的作用。裂隙部位的溶蚀会导致裂隙开度变化，进而影响裂隙中的水流运动。因此，关于化学损伤对水力开度影响的研究应该从压力溶蚀和表面溶蚀两个方面入手。

4.3.1 压力溶蚀

根据 Yasuhara（2003）的研究成果，压力溶蚀的数学模型为

$$\frac{\mathrm{d}M_{diss}}{\mathrm{d}t}=\frac{3\pi\rho V_m^2 k_+ d_c^2}{4RT}(\sigma_a-\sigma_c)\tag{4-23}$$

式中，$\mathrm{d}M_{diss}/\mathrm{d}t$ 为压力溶蚀的质量通量；ρ 为溶蚀物的密度；d_c 为接触面的直径；V_m 为摩尔体积；k_+ 为溶蚀速率常数；R 为气体常数；T 为绝对温度；σ_a 为接触体承担的实际压力；σ_c 为临界压力。

4.3.2 表面溶蚀

Liu Jishan（2005）综合前人的研究成果指出裂隙界面在正温下溶蚀的质量通量

可以表示为

$$\frac{\mathrm{d}M_{\mathrm{diss}}^{\mathrm{FF}}}{\mathrm{d}t}=k_{+}A_{\mathrm{pore}}\rho V_{\mathrm{m}}\left(1-\frac{C_{\mathrm{pore}}}{C_{\mathrm{eq}}}\right)^{n} \tag{4-24}$$

式中，$\mathrm{d}M_{\mathrm{diss}}^{\mathrm{FF}}/\mathrm{d}t$ 为裂隙表面溶蚀的质量通量；k_{+} 为溶蚀速率常数；A_{pore} 为裂隙空腔的面积；ρ 为岩石溶质的密度；V_{m} 为岩石溶质的摩尔体积；C_{pore} 为裂隙流体中岩石溶质的浓度；C_{eq} 为岩石矿物（溶质）在溶液中的平衡溶蚀度；n 为化学反应级数。

笔者认为当温度降低至溶液或地下水的冰点时，溶液就会发生相变。假定地下水相变为冰时盐分会全部析出，因此 Δt 时间内引起化学溶质的浓度变化的原因同样包括三部分：① 参加化学反应损耗的部分；② 相变析出的部分；③ 流体流动引起的部分。其中，参加化学反应损耗的部分使得溶质的溶度降低而相变析出的部分使得溶质的浓度提高。采用前文类似的推导方式可得

$$C_{\mathrm{pore}}=e^{(T-T_{\mathrm{L}})^{2}}\left\{C_{0}^{1-\beta}-\left[(1-\beta)k_{0}\exp\left(\frac{-E_{\mathrm{c}}}{R_{\mathrm{g}}T}\right)C_{\mathrm{A}}^{\alpha}t\right]/(v_{\mathrm{f}}St+1)\right\}^{\frac{1}{1-\beta}} \tag{4-25}$$

式中，C_0 为裂隙流体中岩石溶质的初始浓度，T_{L}为流体的冰点。

将式（4-25）代入式（4-24）可得

$$\frac{\mathrm{d}M_{\mathrm{diss}}^{\mathrm{FF}}}{\mathrm{d}t}=k_{+}A_{\mathrm{pore}}\rho V_{\mathrm{m}}\left\{1-\frac{e^{(T-T_{\mathrm{L}})^{2}}}{C_{\mathrm{eq}}}\left\{C_{0}^{1-\beta}-\left[(1-\beta)k_{0}\exp\left(\frac{-E_{\mathrm{c}}}{R_{\mathrm{g}}T}\right)C_{\mathrm{A}}^{\alpha}Vt\right]\Big/(v_{\mathrm{f}}St+V)\right\}^{\frac{1}{1-\beta}}\right\}^{n} \tag{4-26}$$

式中，T_{L} 为溶液中水的相变冰点；C_{eq} 为温度的函数，大多数矿物质的平衡溶蚀随着温度的升高而增大。

4.3.3 水力开度演化模型

裂隙部位的水力开度同时受到裂隙接触体界面的压力溶蚀和裂隙壁面的表面溶蚀的影响。压力溶蚀使得裂隙的水力开度降低而表面溶蚀使得裂隙的水力开度增大。根据式（4-23）可以近似推导得到裂隙隙宽在压力溶蚀作用下的变化速率

$$\frac{\mathrm{d}b}{\mathrm{d}t}=\frac{\mathrm{d}M_{\mathrm{diss}}}{\mathrm{d}t}\cdot\frac{1}{\rho A_{\mathrm{c}}}=\frac{3V_{\mathrm{m}}^{2}k_{+}}{RT}(\sigma_{\mathrm{a}}-\sigma_{\mathrm{c}}) \tag{4-27}$$

式中，b 为实际隙宽；ρ 为接触体矿物的密度；A_{c} 为接触体接触界面的面积，$A_{\mathrm{c}}=(\pi/4)d_{\mathrm{c}}^{2}$。

式（4-27）即为压力溶蚀引起的裂隙隙宽减小速率，但却不是水力隙宽的减小速率，因为压力溶蚀不仅使得裂隙实际隙宽减小，同时导致空隙率显著降低，因此水力隙宽的减小速率远大于实际隙宽的减小速率。

为了研究裂隙在含溶蚀性水流中隙宽的变化情况，本节借鉴 Jishan Liu（2005）采用的沟槽形裂隙简化模型（裂隙断面包含空隙高度 h_{f}、边壁倾角 θ、空隙长度 l_{f} 和空隙间距 l_{c}，见图 4-5），通过裂隙空隙率的变化来研究裂隙水力隙宽的变化情况。

根据图 4-5 和式（4-27）可得

$$\frac{\mathrm{d}G_{\mathrm{a}}}{\mathrm{d}t}=\frac{\mathrm{d}b}{\mathrm{d}t}=\frac{3V_{\mathrm{m}}^{2}k_{+}}{RT}(\sigma_{\mathrm{a}}-\sigma_{\mathrm{c}}) \tag{4-28}$$

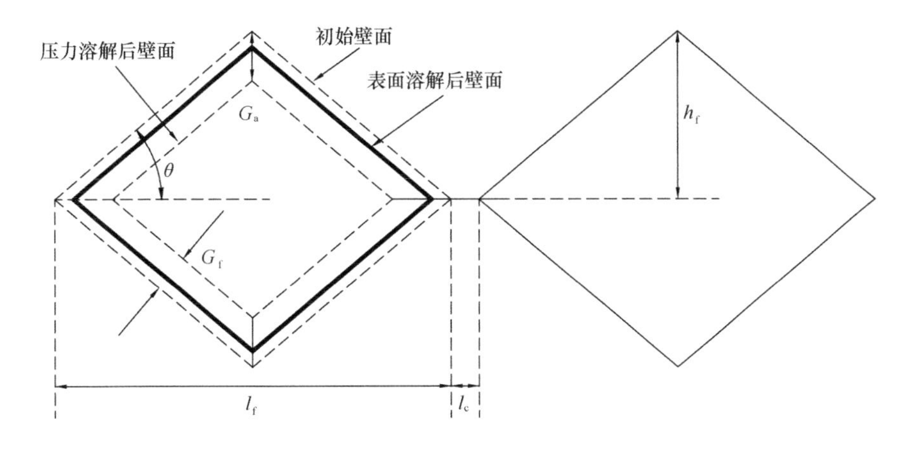

图 4-5 裂隙溶蚀简图

式中，G_a 表示压力溶蚀作用下裂隙宽度的闭合量。

同理，根据式（4-26）和式（4-27）可得裂隙表面溶蚀条件引起的空隙壁面后退速率表达式：

$$\frac{\mathrm{d}G_f}{\mathrm{d}t} = k_+ V_m \left\{1 - \frac{1}{\chi C_{eq}} \left\{C_0^{1-\beta} - \left[(1-\beta)k_0 \exp\left(\frac{-E_c}{R_g T}\right) C_A^{\alpha} Vt\right] \Big/ (v_f St + V)\right\}^{\frac{1}{1-\beta}}\right\}^n \tag{4-29}$$

式中，G_f 为裂隙表面溶蚀条件下空隙壁面后退变化量。

许孝臣（2009）指出，在开始阶段压力溶蚀占优而后续阶段表面溶蚀占优，据此可以将裂隙的溶蚀分解为互不干扰的两个阶段：第一阶段为压力溶蚀；第二阶段为表面溶蚀。因此，根据式（4-22）和式（4-24）即可得到裂隙岩体在压力溶蚀和表面溶蚀联合作用下裂隙高度和宽度的变化量：

$$\Delta h_f = G_a - \frac{G_f}{\cos\theta} \tag{4-30}$$

$$\Delta l_c = \frac{G_a}{\tan\theta} - \frac{G_f}{\sin\theta} \tag{4-31}$$

根据上两式就可以得到压力溶蚀作用下导致的裂隙空隙体积的变化 ΔV_{press} 为

$$\begin{aligned}\Delta V_{press} &= l_c \cdot h_f - \left(l_c - 2\frac{G_a}{\tan\theta}\right) \cdot (h_f - 2G_a) \\ &= 2G_a\left(l_c + \frac{h_f}{\tan\theta} - 2\frac{G_a}{\tan\theta}\right)\end{aligned} \tag{4-32}$$

表面溶蚀作用下导致的裂隙空隙体积的变化 ΔV_{pore} 为

$$\begin{aligned}\Delta V_{pore} &= \left(l_c - 2\frac{G_a}{\tan\theta}\right) \cdot (h_f - 2G_a) - \left(l_c - 2\frac{G_a}{\tan\theta} + 2\frac{G_f}{\sin\theta}\right) \cdot \left(h_f - 2G_a + 2\frac{G_f}{\cos\theta}\right) \\ &= -\left(l_c - 2\frac{G_a}{\tan\theta}\right) \cdot 2\frac{G_f}{\cos\theta} - 2\frac{G_f}{\sin\theta} \cdot (h_f - 2G_a) - 2\frac{G_f}{\sin\theta} \cdot 2\frac{G_f}{\cos\theta} \\ &= -2\frac{G_f}{\cos\theta} l_c + 4\frac{G_a}{\tan\theta}\frac{G_f}{\cos\theta} - 2\frac{G_f}{\sin\theta} h_f + 4G_a\frac{G_f}{\sin\theta} - 4\frac{G_f}{\sin\theta}\frac{G_f}{\cos\theta}\end{aligned}$$

$$=-2\frac{G_{\mathrm{f}}l_{\mathrm{c}}}{\cos\theta}-2\frac{G_{\mathrm{f}}h_{\mathrm{f}}}{\sin\theta}+8\frac{G_{\mathrm{a}}G_{\mathrm{f}}}{\sin\theta}-8\frac{G_{\mathrm{f}}^{2}}{\sin2\theta}$$

$$=-2G_{\mathrm{f}}\left(\frac{l_{\mathrm{c}}}{\cos\theta}+\frac{h_{\mathrm{f}}}{\sin\theta}-\frac{4G_{\mathrm{a}}}{\sin\theta}+\frac{4G_{\mathrm{f}}}{\sin2\theta}\right) \tag{4-33}$$

根据式（4-32）和式（4-33）可以得到岩体裂隙在水化学作用下减小的空隙体积 ΔV_{p} 为

$$\Delta V_{\mathrm{p}}=2G_{\mathrm{a}}\left(l_{\mathrm{c}}+\frac{h_{\mathrm{f}}}{\tan\theta}-2\frac{G_{\mathrm{a}}}{\tan\theta}\right)-2G_{\mathrm{f}}\left(\frac{l_{\mathrm{c}}}{\cos\theta}+\frac{h_{\mathrm{f}}}{\sin\theta}-\frac{4G_{\mathrm{a}}}{\sin\theta}+\frac{4G_{\mathrm{f}}}{\sin2\theta}\right) \tag{4-34}$$

式（4-34）表示的是单个裂隙空腔在水化学作用下其体积的变化量，对于含有 m 种不同大小的裂隙空腔时其总的体积变化 ΔV 可以表示为

$$\begin{aligned}\Delta V&=\sum_{i=1}^{m}\Delta V_{\mathrm{p}i}[n_{i}r_{i}]\\&=\sum_{i=1}^{m}2n_{i}r_{i}\left[G_{\mathrm{a}i}\left(l_{\mathrm{c}i}+\frac{h_{\mathrm{f}i}}{\tan\theta_{i}}-2\frac{G_{\mathrm{a}i}}{\tan\theta_{i}}\right)-G_{\mathrm{f}i}\left(\frac{l_{\mathrm{c}i}}{\cos\theta_{i}}+\frac{h_{\mathrm{f}i}}{\sin\theta_{i}}-\frac{4G_{\mathrm{a}i}}{\sin\theta_{i}}+\frac{4G_{\mathrm{f}i}}{\sin2\theta_{i}}\right)\right]\end{aligned} \tag{4-35}$$

式中，i 表示裂隙的空腔大小的种类编号；n_{i} 表示长度为 W 的裂隙包含的编号为 i 空隙的最大数量；r_{i} 表示编号为 i 的空隙在长度为 W 的裂隙中的权重。二者的定义式为

$$n_{i}=\frac{W}{l_{\mathrm{f}i}+l_{\mathrm{c}i}} \tag{4-36}$$

$$r_{i}=\frac{W}{W_{i}} \tag{4-37}$$

式中，$l_{\mathrm{f}i}$ 和 $l_{\mathrm{c}i}$ 分别表示编号为 i 的空隙的长度和间距；W_{i} 表示所有编号为 i 的空隙总长度（包含间距）。

则地下水溶蚀腐蚀引起的裂隙变化比率可表示为

$$\zeta=\frac{\Delta V}{V_{\mathrm{p}0}} \tag{4-38}$$

式中，$V_{\mathrm{p}0}$ 表示裂隙初始空隙体积。

将式（4-35）代入上式得

$$\zeta=\frac{1}{V_{\mathrm{p}0}}\left\{\sum_{i=1}^{m}2n_{i}r_{i}\left[G_{\mathrm{a}i}\left(l_{\mathrm{c}i}+\frac{h_{\mathrm{f}i}}{\tan\theta_{i}}-2\frac{G_{\mathrm{a}i}}{\tan\theta_{i}}\right)-G_{\mathrm{f}i}\left(\frac{l_{\mathrm{c}i}}{\cos\theta_{i}}+\frac{h_{\mathrm{f}i}}{\sin\theta_{i}}-\frac{4G_{\mathrm{a}i}}{\sin\theta_{i}}+\frac{4G_{\mathrm{f}i}}{\sin2\theta_{i}}\right)\right]\right\} \tag{4-39}$$

据此可将化学溶蚀作用引起的裂隙水力隙宽的演化模型表示为

$$b_{\mathrm{h}}=(1+\zeta)b_{\mathrm{h}0}=\xi b_{\mathrm{h}0} \tag{4-40}$$

式中，b_{h} 为最终的水力隙宽；$b_{\mathrm{h}0}$ 为不考虑化学溶蚀时裂隙的等效水力隙宽；ξ 为溶蚀对水力隙宽的修正系数。

式（4-40）即为本书建立的化学溶蚀作用引起的裂隙水力隙宽演化模型，根据此模型即可得到化学损伤对裂隙岩体变形、水分迁移以及传热特性的影响（通过隙宽反应）。

4.4 本章小结

本章基于课题组2003年提出的化学损伤模型，进一步提出了考虑温度和流速对低温裂隙岩体化学损伤机制和化学损伤对裂隙开度的影响两个方面的研究思路与方法。

通过考虑冰/水相变作用、流体流速以及温度对化学反应的影响，建立了含相变低温裂隙岩体的代表性体元RVE的化学损伤模型。

反过来，从压力溶解和表面溶解等化学损伤机制，进一步研究了化学损伤对裂隙岩体变形、水分迁移和传热特性的影响，基于空隙变化率的概念研究了溶蚀作用对等效水力隙宽的影响，并提出了水力隙宽演化模型。

5 低温裂隙岩体四场耦合模型及有限元解析

随着科技水平的高速发展，施工机械设备也发生着日新月异的变化，使得在条件极其恶劣的极地或高海拔区域施工成为可能。这就不可避免地使工程和科研人员遇到有别于冻土的冻结岩体工程问题。由于冻结裂隙岩体是由岩石基质、冰、未冻水以及空气四相成分组成的综合体，对其进行变形-水分-热质-化学四场耦合分析时不仅需要考虑各组成成分本身的热力学特性，而且还需要考虑各组分之间的相互影响和水/冰相变问题。冻结裂隙岩体与冻土的本质区别就是裂隙的存在引起的各向异性特性。近年来，虽然冻结岩体问题逐渐引起了人们的关注（杨更社、徐光苗、谭贤君和康永水等），但以往关于低温裂隙岩体多场耦合方面的研究，大多直接采用冻土的研究成果，无法反映裂隙岩体的各向异性特性。康永水博士通过采用双重孔隙介质理论，构建了冻结岩体水热力三场耦合方程，但在具体应用中需建立专门的裂隙单元，局限了其在实际工程的推广（若优势节理全部建立界面单元，工作量太大，且该模型没有考虑传热特性的各向异性）。

本章将研究主体定为可进行等效连续化处理的裂隙岩体，拟在前人研究的基础上，并结合前文第 2～4 章建立的低温裂隙岩体的水分迁移模型、传热模型以及化学损伤模型，初步构建能够考虑低温裂隙岩体各向异性特性的变形-水分-热质-化学四场耦合模型并对其进行有限元解析。最后基于 FINAL 软件和 3G2012 程序，开发低温裂隙岩体的变形-水分-热质-化学四场耦合分析程序 4G2017。

5.1 低温裂隙岩体变形-水分-热质-化学耦合模型

低温裂隙岩体多场耦合与常温裂隙岩体多场耦合的最大区别是水/冰相变的参与，与冻土多场耦合的最大区别是裂隙存在引起的各向异性特性。因此，本节拟借鉴前人的研究成果，立足低温裂隙岩体多场耦合的特性，推导经等效连续化处理的低温裂隙岩体在耦合条件下的应力平衡方程、连续性方程、能量守恒方程以及溶质运移方程，并构建低温裂隙岩体的变形-水分-热质-化学四场耦合模型。

5.1.1 基本假定

由于实际的岩土工程问题异常复杂，根本不可能建立起不作任何简化的数学模型。对于具体的工程问题或研究课题，人们关心的往往是某一个或某几个方面而会忽略掉一些次要的因素，再加上当前计算机内存及运算速度的限制，因此在建立数学模型时需进行一些简化以确保求解的可能性。针对低温裂隙岩体的四场耦合问题，在反映主要矛盾的前提下，作了如下基本假定：

(1) 研究对象为可进行等效连续化处理的裂隙岩体，散体状或块体状的岩体不在本书研究范围。

(2) 等效连续化处理后裂隙岩体作为连续介质处理（包括岩石基质、冰和未冻水）。

(3) 力学响应服从小变形假定。

(4) 表征单元体 REV 内裂隙岩体的各组分在任意给定时间内均保持热学平衡条件，即各组成成分具有相同的温度。

(5) 流体的迁移规律满足广义 Darcy 定律。

(6) 各组分的热传导符合广义 Fourier 定律。

(7) 冰水相变过程用 Clausius-Clapeyron 方程来描述。

(8) 不考虑水分蒸发过程，只考虑水相变为冰的相变并释放/吸收潜热的过程。

(9) 岩体中的能量传输除受温度梯度影响外，还受液态水流动发生的热交换影响。

5.1.2 应力平衡方程

由动量平衡原理可推导出动量平衡方程为

$$\sigma_{ij,j}+\rho_e\vec{X}_i=\rho_e\frac{\mathrm{d}V_t}{\mathrm{d}t} \tag{5-1}$$

式中，$\sigma_{ij,j}$ 为总应力张量，以拉为正；ρ_e 为裂隙岩体代表性体元 RVE 的密度；$\vec{X}_i$ 为裂隙岩体介质的体积力分量，当只考虑重力时 $\vec{X}_i=(0,0,g)^T$；$\mathrm{d}V_t/\mathrm{d}t$ 为 RVE 的加速度，当其为 0 时，上式即为通常所说的静力平衡方程。

当裂隙内存在渗透压力 p 时，由于假定岩石基质不导水，则作用在岩块基质上的力包括裂隙接触体传递的有效应力 σ'_{ij} 和地下水承担的水压力 p_w，当温度低于冰点时还应包括固态冰承担的冰压力 p_i。参照饱和冻土的有效应力原理并对其进行修正，则

$$\sigma'_{ij}=\sigma_{ij}-(\alpha_w p_w-\alpha_i p_i)\delta_{ij} \tag{5-2}$$

式中，σ'_{ij} 为有效应力张量；σ_{ij} 为总应力张量；p_w 为水压力；p_i 为冰压力；α_w 和 α_i 为有效应力系数（和裂隙引起的初始损伤张量有关）；δ_{ij} 为 Kronecker 符号。

移项并整理得

$$\sigma_{ij}=\sigma'_{ij}+(\alpha_w p_w+\alpha_i p_i)\delta_{ij} \tag{5-3}$$

将式 (5-3) 代入式 (5-1) 并令 $\mathrm{d}V_t/\mathrm{d}t=0$，则可得有效应力形式的静力平衡方程：

$$[\sigma'_{ij}+(\alpha_w p_w+\alpha_i p_i)\delta_{ij}]_j+\rho_e\vec{X}_i=0 \tag{5-4}$$

若考虑温度变化引起的热应变并假定温度变化引起的热应变与其他力学应变无关，则总弹性应变应包括力学应变和温度应变两部分，则经等效连续化处理的代表性

体元 RVE 的应变可以表示为

$$\varepsilon_{ij} - \varepsilon_{ij}^{\mathrm{T}} = (C_{ijkl}^{0} + C_{ijkl}^{\mathrm{d}})\sigma'_{kl} \tag{5-5}$$

式中，ε_{ij} 为裂隙岩体的总应变；$\varepsilon_{ij}^{\mathrm{T}}$ 为裂隙岩体的热应变；C_{ijkl}^{0} 为岩石基质的弹性柔度张量，由杨氏模量 E 和泊松比 ν 确定；C_{ijkl}^{d} 为由于裂隙存在而产生的附加柔度张量。令 $C_{ijkl} = C_{ijkl}^{0} + C_{ijkl}^{\mathrm{d}}$ 表示裂隙岩体的初始柔度张量。上式中

$$C_{ijkl}^{0} = \frac{1+\nu}{2E}(\delta_{ik} + \delta_{jl}) - \frac{\nu}{E}\delta_{ij}\delta_{kl} \tag{5-6}$$

$$\begin{aligned} C_{ijkl}^{\mathrm{d}} = \frac{1}{E}\sum_{m=1}^{N}\{(a^{(m)})^{3}\rho_{\mathrm{V}}^{(m)}[2G_{1}^{(m)}(1-C_{\mathrm{V}}^{(m)})^{2}n_{i}^{(m)}n_{j}^{(m)}n_{k}^{(m)}n_{l}^{(m)} + \\ \frac{1}{2}G_{2}^{(m)}(1-C_{\mathrm{S}}^{(m)})^{2}(\delta_{il}n_{j}^{(m)}n_{k}^{(m)} + \delta_{ik}n_{j}^{(m)}n_{i}^{(m)} + \delta_{jl}n_{i}^{(m)}n_{k}^{(m)} + \\ \delta_{jk}n_{i}^{(m)}n_{i}^{(m)} - 4n_{i}^{(m)}n_{j}^{(m)}n_{k}^{(m)}n_{l}^{(m)})]\} \end{aligned} \tag{5-7}$$

式中，a 为圆形裂隙的半径；ρ_{V} 为裂隙的密度；N 为优势节理裂隙的组数；G_1、G_2 是和裂隙形状及相互干扰有关的无量纲因子；δ_{ij} 为 Kronecker 符号，$i=j$ 时 $\delta_{ij}=1$，$i \neq j$ 时 $\delta_{ij}=0$。

式（5-5）中

$$\varepsilon_{ij}^{\mathrm{T}} = \beta_{\mathrm{r}}(T_{\mathrm{r}} - T_{\mathrm{r0}}) \tag{5-8}$$

式中，β_{r} 为岩石基质的热膨胀系数；T_{r} 为岩石基质的温度；T_{r0} 为岩石基质的参考温度。

将式（5-5）和式（5-8）联立可得

$$\begin{aligned} \sigma'_{ij} &= (C_{ijkl}^{0} + C_{ijkl}^{\mathrm{d}})^{-1}(\varepsilon_{kl} - \varepsilon_{kl}^{\mathrm{T}}) \\ &= C_{ijkl}^{-1}[\varepsilon_{kl} - \beta_{\mathrm{r}}(T_{\mathrm{r}} - T_{\mathrm{r0}})\delta_{kl}] \end{aligned} \tag{5-9}$$

$$\sigma'_{ij} = K_{ijkl}[\varepsilon_{kl} - \beta_{\mathrm{r}}(T_{\mathrm{r}} - T_{\mathrm{r0}})\delta_{kl}] \tag{5-10}$$

式中，K_{ijkl} 为裂隙岩体的初始刚度张量，为 C_{ijkl} 的逆张量，满足如下关系式：

$$C_{klmn}K_{mnij} = (\delta_{ki}\delta_{lj} + \delta_{kj}\delta_{li})/2 \tag{5-11}$$

将式（5-10）代入式（5-4），可得考虑热弹性影响的低温裂隙岩体各向异性应力平衡方程：

$$\{K_{ijkl}[\varepsilon_{kl} - \beta_{\mathrm{r}}(T_{\mathrm{r}} - T_{\mathrm{r0}})\delta_{kl}] + (\alpha_{\mathrm{w}}p_{\mathrm{w}} + \alpha_{i}p_{i})\delta_{ij}\}_{,j} + \rho_{\mathrm{e}}\vec{X}_{i} = 0 \tag{5-12}$$

式中，δ_{ij} 为 Kronecker 符号，$i=j$ 时 $\delta_{ij}=1$，$i \neq j$ 时 $\delta_{ij}=0$；α_{w} 和 α_{i} 为有效应力系数。

1. 冻结区的静力平衡方程

冻结区内温度极低，根据相关试验研究可知，冻结区内的未冻水含量很少，因此可认为冻结区内未冻水的有效应力系数 α_{w} 为 0。因此，冻结区的静力平衡方程可表示为

$$\{K_{ijkl}[\varepsilon_{kl} - \beta_{\mathrm{r}}(T_{\mathrm{r}} - T_{\mathrm{r0}})\delta_{kl}] + \alpha_{i}p_{i}\delta_{ij}\}_{,j} + \rho_{\mathrm{e}}\vec{X}_{i} = 0 \tag{5-13}$$

2. 正冻区的静力平衡方程

正冻区内温度低于冻结区，处于相变温度阶段，因此正冻区的代表性体元 RVE

内岩石基质、未冻水和固态冰三相共存。因此，正冻区的静力平衡方程可表示为

$$\{K_{ijkl}[\varepsilon_{kl}-\beta_{r}(T_{r}-T_{r0})\delta_{kl}]+(\alpha_{w}p_{w}+\alpha_{i}p_{i})\delta_{ij}\}_{j}+\rho_{e}\vec{X}_{i}=0 \tag{5-14}$$

3. 未冻区的静力平衡方程

未冻区内温度高于冰点，因此未冻区的代表性体元 RVE 内不存在冰，冰的有效应力系数 α_i 为 0。因此，未冻区的静力平衡方程可表示为

$$\{K_{ijkl}[\varepsilon_{kl}-\beta_{r}(T_{r}-T_{r0})\delta_{kl}]+\alpha_{w}p_{w}\delta_{ij}\}_{j}+\rho_{e}\vec{X}_{i}=0 \tag{5-15}$$

5.1.3 连续性方程

冻结裂隙岩体的变形主要由于承担外荷载或内部温度变化而产生。而冻结裂隙岩体由于温度变化产生的变形也包括了两部分：① 当温度低于冰点时，特征体元 RVE 内的未冻水相变为冰，引起体积膨胀，$\rho_w/\rho_i\approx 1.09$；② 冻结裂隙岩体各组分发生的热胀冷缩变形。

1. 水分迁移引起的各组分体积含量变化

在 t 时刻任意取单位体积的微元体 Ω（能够包含特征体元 RVE），各组分的体积含量分别为 n_r、n_w、n_i（下标 r、w 和 i 分别表示岩石基质、未冻水和冰，下同），则 Δt 时间内从外界迁移进来的未冻水为 $\Delta V_1=-\nabla\cdot\vec{v}_w\cdot\Delta t\cdot 1$。则在 $t+\Delta t$ 时刻，各组分的体积含量变为 n'_r、n'_w、n'_i，总体积变为 $1+\Delta V_1$。根据冻结裂隙岩体各部分的质量守恒有

$$\begin{cases}1\cdot n_r=(1+\Delta V_1)\cdot n'_r\\1\cdot n_w=(1+\Delta V_1)\cdot n'_w-\Delta V_1\\1\cdot n_i=(1+\Delta V_1)\cdot n'_i\end{cases} \tag{5-16}$$

对上式进行整理可得各组分体积含量的变化率

$$\begin{cases}\dot{n}_r=\dfrac{\partial n_r}{\partial t}=\lim\limits_{\Delta t\to 0}\dfrac{n'_r-n_r}{\Delta t}=\lim\limits_{\Delta t\to 0}\dfrac{-\nabla\cdot\vec{v}_w\cdot\Delta t\cdot n_r}{\Delta t}=n_r\nabla\cdot\vec{v}_w\\\dot{n}_w=\dfrac{\partial n_w}{\partial t}=\lim\limits_{\Delta t\to 0}\dfrac{n'_w-n_w}{\Delta t}=\lim\limits_{\Delta t\to 0}\dfrac{-\nabla\cdot\vec{v}_w\cdot\Delta t\cdot(1-n_w)}{\Delta t}=-(1-n_w)\nabla\cdot\vec{v}_w\\\dot{n}_i=\dfrac{\partial n_i}{\partial t}=\lim\limits_{\Delta t\to 0}\dfrac{n'_i-n_i}{\Delta t}=\lim\limits_{\Delta t\to 0}\dfrac{-\nabla\cdot\vec{v}_w\cdot\Delta t\cdot n_i}{\Delta t}=n_i\nabla\cdot\vec{v}_w\end{cases} \tag{5-17}$$

根据上式可得

$$\dot{n}_r+\dot{n}_w+\dot{n}_i=n_r\nabla\cdot\vec{v}_w-(1-n_w)\nabla\cdot\vec{v}_w+n_i\nabla\cdot\vec{v}_w=(n_r+n_w+n_i-1)\nabla\cdot\vec{v}_w=0 \tag{5-18}$$

上式中水分迁移速度 $\vec{v}_w$ 根据第 2 章的低温裂隙岩体水分迁移特性的等效连续化处理结果和水分迁移模型获得。

2. 水/冰相变引起的各组分体积含量变化

在 t 时刻任取单位体积的微元体 Ω，则 Δt 时间内未冻水相变为冰引起的体积增

量为

$$\Delta V_2=\frac{\Delta n_{wi}\cdot 1\cdot \rho_w}{\rho_i}-\Delta n_{wi}\cdot 1=\frac{\rho_w-\rho_i}{\rho_i}\Delta n_{wi} \tag{5-19}$$

式中，Δn_{wi} 表示 Δt 时间发生相变的未冻水体积含量。

若假定在 Δt 时间内未冻水以相同的速率 $\dot{n}_{wi}$ 发生相变，则根据各组分的质量守恒可得

$$\begin{cases}1\cdot n_r=(1+\Delta V_2)\cdot n'_r\\1\cdot n_w=(1+\Delta V_2)\cdot n'_w+\Delta n_{wi}\\1\cdot n_i=(1+\Delta V_2)\cdot n'_i-\Delta n_{wi}\rho_w/\rho_i\end{cases} \tag{5-20}$$

对上式进行整理可得各组分体积含量的变化率

$$\begin{cases}\dot{n}_r=\dfrac{\partial n_r}{\partial t}=\lim\limits_{\Delta t\to 0}\dfrac{n'_r-n_r}{\Delta t}=\lim\limits_{\Delta t\to 0}\dfrac{-(\rho_w-\rho_i)/\rho_i\cdot\Delta n_{wi}\cdot n_r}{\Delta t}=-\dfrac{\rho_w-\rho_i}{\rho_i}n_r\dot{n}_{wi}\\ \dot{n}_w=\dfrac{\partial n_w}{\partial t}=\lim\limits_{\Delta t\to 0}\dfrac{n'_w-n_w}{\Delta t}=\lim\limits_{\Delta t\to 0}\dfrac{-(\rho_w-\rho_i)/\rho_i\cdot\Delta n_{wi}\cdot n_w-\Delta n_{wi}}{\Delta t}=-\left(1+\dfrac{\rho_w-\rho_i}{\rho_i}n_w\right)\dot{n}_{wi}\\ \dot{n}_i=\dfrac{\partial n_i}{\partial t}=\lim\limits_{\Delta t\to 0}\dfrac{n'_i-n_i}{\Delta t}=\lim\limits_{\Delta t\to 0}\dfrac{-(\rho_w-\rho_i)/\rho_i\cdot\Delta n_{wi}\cdot n_i+\Delta n_{wi}\rho_w/\rho_i}{\Delta t}=\left(\dfrac{\rho_w}{\rho_i}-\dfrac{\rho_w-\rho_i}{\rho_i}n_i\right)\dot{n}_{wi}\end{cases} \tag{5-21}$$

根据上式可得

$$\begin{aligned}\dot{n}_r+\dot{n}_w+\dot{n}_i&=-\frac{\rho_w-\rho_i}{\rho_i}n_r\dot{n}_{wi}-(1+\frac{\rho_w-\rho_i}{\rho_i}n_w)\dot{n}_{wi}+\left(\frac{\rho_w}{\rho_i}-\frac{\rho_w-\rho_i}{\rho_i}n_i\right)\dot{n}_{wi}\\&=\left[-\frac{\rho_w}{\rho_i}(n_r+n_w+n_i)+\frac{\rho_w}{\rho_i}+(n_r+n_w+n_i)-1\right]\dot{n}_{wi}\\&=0\end{aligned} \tag{5-22}$$

3. 热胀冷缩引起的各组分体积含量变化

在 t 时刻任取单位体积的微元体 Ω，则 Δt 时间内由于热胀冷缩引起的体积增量为

$$\Delta V_3=n_r\cdot\beta_r\cdot(T'_r-T_r)+n_w\cdot\beta_w\cdot(T'_w-T_w)+n_i\cdot\beta_i\cdot(T'_i-T_i) \tag{5-23}$$

式中，β_r、β_w、β_i 分别表示岩石基质、未冻水和冰的热膨胀系数；T_r、T_w、T_i 分别表示岩石基质、未冻水和冰在 t 时刻的温度；T'_r、T'_w、T'_i 分别表示岩石基质、未冻水和冰在 $t+\Delta t$ 时刻的温度。

根据局部热平衡假定 $T_r=T_w=T_i=T$，$T'_r=T'_w=T'_i=T'$，其中 T 和 T' 表示特征体元 RVE 在 t 时刻和 $t+\Delta t$ 时刻的温度。若假定在 Δt 时间内 RVE 的温度以相同的速率 $\dot{T}$ 发生变化，则 $T'-T=\dot{T}\cdot\Delta t$，则式（5-23）可改写为

$$\Delta V_3=(n_r\beta_r+n_w\beta_w+n_i\beta_i)\dot{T}\Delta t \tag{5-24}$$

若假定 t 时刻和 $t+\Delta t$ 时刻各组分的密度分别用 ρ_r、ρ_w、ρ_i 和 ρ'_r、ρ'_w、ρ'_i 表示，则根据各组分的质量守恒可得

$$\begin{cases}\rho_{\mathrm{r}}\cdot 1\cdot n_{\mathrm{r}}=\rho'_{\mathrm{r}}\cdot(1+\Delta V_3)\cdot n'_{\mathrm{r}}\\ \rho_{\mathrm{w}}\cdot 1\cdot n_{\mathrm{w}}=\rho'_{\mathrm{w}}\cdot(1+\Delta V_3)\cdot n'_{\mathrm{w}}\\ \rho_i\cdot 1\cdot n_i=\rho'_i\cdot(1+\Delta V_3)\cdot n'_i\end{cases} \tag{5-25}$$

若忽略压力的影响，则式中低温裂隙岩体各组分的密度可表示为温度的函数：

$$\begin{cases}\rho'_{\mathrm{r}}=\rho_{\mathrm{r}}(1-\beta_{\mathrm{r}}\dot{T}\Delta t)\\ \rho'_{\mathrm{w}}=\rho_{\mathrm{w}}(1-\beta_{\mathrm{w}}\dot{T}\Delta t)\\ \rho'_i=\rho_i(1-\beta_i\dot{T}\Delta t)\end{cases} \tag{5-26}$$

将式（5-26）代入式（5-25）并在整理可得各组分体积含量的变化率：

$$\begin{cases}\dot{n}_{\mathrm{r}}=\dfrac{\partial n_{\mathrm{r}}}{\partial t}=\lim\limits_{\Delta t\to 0}\dfrac{n'_{\mathrm{r}}-n_{\mathrm{r}}}{\Delta t}=\lim\limits_{\Delta t\to 0}\dfrac{\beta_{\mathrm{r}}\dot{T}\Delta t(1+\Delta V_3)n'_{\mathrm{r}}-\Delta V_3 n'_{\mathrm{r}}}{\Delta t}=\beta_{\mathrm{r}}\dot{T}n_{\mathrm{r}}-\dfrac{\Delta V_3}{\Delta t}n_{\mathrm{r}}\\ \dot{n}_{\mathrm{w}}=\dfrac{\partial n_{\mathrm{w}}}{\partial t}=\lim\limits_{\Delta t\to 0}\dfrac{n'_{\mathrm{w}}-n_{\mathrm{w}}}{\Delta t}=\lim\limits_{\Delta t\to 0}\dfrac{\beta_{\mathrm{w}}\dot{T}\Delta t(1+\Delta V_3)n'_{\mathrm{w}}-\Delta V_3 n'_{\mathrm{w}}}{\Delta t}=\beta_{\mathrm{w}}\dot{T}n_{\mathrm{w}}-\dfrac{\Delta V_3}{\Delta t}n_{\mathrm{w}}\\ \dot{n}_i=\dfrac{\partial n_i}{\partial t}=\lim\limits_{\Delta t\to 0}\dfrac{n'_i-n_i}{\Delta t}=\lim\limits_{\Delta t\to 0}\dfrac{\beta_i\dot{T}\Delta t(1+\Delta V_3)n'_i-\Delta V_3 n'_i}{\Delta t}=\beta_i\dot{T}n_i-\dfrac{\Delta V_3}{\Delta t}n_i\end{cases} \tag{5-27}$$

整理得

$$\dot{n}_{\mathrm{r}}+\dot{n}_{\mathrm{w}}+\dot{n}_i=(\beta_{\mathrm{r}}n_{\mathrm{r}}+\beta_{\mathrm{w}}n_{\mathrm{w}}+\beta_i n_i)\dot{T}-(\beta_{\mathrm{r}}\dot{T}n_{\mathrm{r}}+\beta_{\mathrm{w}}\dot{T}n_{\mathrm{w}}+\beta_i\dot{T}n_i)=0 \tag{5-28}$$

4. 各组分总体积含量变化

综上所述，低温裂隙岩体特征体元 RVE 由于水分迁移、水/冰相变以及热胀冷缩效应引起的各组分体积含量的总的变化量为

$$\begin{cases}\dot{n}_{\mathrm{r}}=n_{\mathrm{r}}\nabla\cdot v_{\mathrm{w}}-\dfrac{\rho_{\mathrm{w}}-\rho_i}{\rho_i}n_{\mathrm{r}}\dot{n}_{\mathrm{w}i}\\ \qquad+[-(n_{\mathrm{r}}\beta_{\mathrm{r}}+n_{\mathrm{w}}\beta_{\mathrm{w}}+n_i\beta_i)+\beta_{\mathrm{r}}]\dot{T}n_{\mathrm{r}}\\ \dot{n}_{\mathrm{w}}=-(1-n_{\mathrm{w}})\nabla\cdot v_{\mathrm{w}}-(1+\dfrac{\rho_{\mathrm{w}}-\rho_i}{\rho_i}n_{\mathrm{w}})\dot{n}_{\mathrm{w}i}\\ \qquad+[-(n_{\mathrm{r}}\beta_{\mathrm{r}}+n_{\mathrm{w}}\beta_{\mathrm{w}}+n_i\beta_i)+\beta_{\mathrm{w}}]\dot{T}n_{\mathrm{w}}\\ \dot{n}_i=n_i\nabla\cdot v_{\mathrm{w}}+\left(\dfrac{\rho_{\mathrm{w}}}{\rho_i}-\dfrac{\rho_{\mathrm{w}}-\rho_i}{\rho_i}n_i\right)\dot{n}_{\mathrm{w}i}\\ \qquad+[-(n_{\mathrm{r}}\beta_{\mathrm{r}}+n_{\mathrm{w}}\beta_{\mathrm{w}}+n_i\beta_i)+\beta_i]\dot{T}n_i\end{cases} \tag{5-29}$$

5. 岩石基质的连续性方程

综合前文 1～4 的研究成果可知，在 Δt 时间内单位体积的微元体 Ω 由于水分迁移、水/冰相变和热胀冷缩效应引起的体积增量 ΔV 可表示为

$$\Delta V=\left[-\nabla\cdot\vec{v}_{\mathrm{w}}+\frac{\rho_{\mathrm{w}}-\rho_i}{\rho_i}\dot{n}_{\mathrm{w}i}+(n_{\mathrm{r}}\beta_{\mathrm{r}}+n_{\mathrm{w}}\beta_{\mathrm{w}}+n_i\beta_i)\dot{T}\right]\Delta t \tag{5-30}$$

则根据岩石基质的质量守恒可得（忽略化学腐蚀带走的矿物质质量）

$$\rho_{\mathrm{r}}\cdot 1\cdot n_{\mathrm{r}}=\rho'_{\mathrm{r}}\cdot(1+\Delta V)\cdot n'_{\mathrm{r}} \tag{5-31}$$

整理得

$$\Delta V=\frac{\rho_{\mathrm{r}}n_{\mathrm{r}}}{\rho'_{\mathrm{r}}n'_{\mathrm{r}}}-1=-\frac{\rho'_{\mathrm{r}}n'_{\mathrm{r}}-\rho_{\mathrm{r}}n_{\mathrm{r}}}{\rho'_{\mathrm{r}}n'_{\mathrm{r}}} \tag{5-32}$$

则

$$\frac{\partial\varepsilon}{\partial t}=\lim_{\Delta t\to 0}\frac{\Delta V}{\Delta t}=-\lim_{\Delta t\to 0}\frac{\rho'_{\mathrm{r}}n'_{\mathrm{r}}-\rho_{\mathrm{r}}n_{\mathrm{r}}}{\Delta t}\frac{1}{\rho'_{\mathrm{r}}n'_{\mathrm{r}}}=\frac{1}{\rho_{\mathrm{r}}n_{\mathrm{r}}}\frac{\partial(\rho_{\mathrm{r}}n_{\mathrm{r}})}{\partial t} \tag{5-33}$$

将式（5-30）代入式（5-33）可得由岩石基质推导得到的低温裂隙岩体的连续性方程：

$$\frac{\partial\varepsilon}{\partial t}=\lim_{\Delta t\to 0}\frac{\Delta V}{\Delta t}=-\nabla\cdot\vec{v}_{\mathrm{w}}+\frac{\rho_{\mathrm{w}}-\rho_i}{\rho_i}\dot{n}_{\mathrm{w}i}+(n_{\mathrm{r}}\beta_{\mathrm{r}}+n_{\mathrm{w}}\beta_{\mathrm{w}}+n_i\beta_i)\dot{T} \tag{5-34}$$

6. 未冻水的连续性方程

水分迁移和水/冰相变会引起未冻水质量的变化，因此根据未冻水的质量守恒可得

$$\rho_{\mathrm{w}}\cdot 1\cdot n_{\mathrm{w}}=\rho'_{\mathrm{w}}\cdot[(1+\Delta V)\cdot n'_{\mathrm{w}}+\nabla\cdot\vec{v}_{\mathrm{w}}\cdot\Delta t+\dot{n}_{\mathrm{w}i}\cdot\Delta t] \tag{5-35}$$

整理得

$$\Delta V=\frac{\rho_{\mathrm{w}}n_{\mathrm{w}}-\rho'_{\mathrm{w}}\nabla\cdot\vec{v}_{\mathrm{w}}\Delta t-\rho'_{\mathrm{w}}\dot{n}_{\mathrm{w}i}\Delta t}{\rho'_{\mathrm{w}}n'_{\mathrm{w}}}-1 \tag{5-36}$$

则

$$\begin{aligned}\frac{\partial\varepsilon}{\partial t}&=\lim_{\Delta t\to 0}\frac{\Delta V}{\Delta t}=-\lim_{\Delta t\to 0}\left(\frac{\rho_{\mathrm{w}}n_{\mathrm{w}}-\rho'_{\mathrm{w}}n'_{\mathrm{w}}}{\rho'_{\mathrm{w}}n'_{\mathrm{w}}\Delta t}-\frac{\rho'_{\mathrm{w}}\nabla\cdot\vec{v}_{\mathrm{w}}\Delta t}{\rho'_{\mathrm{w}}n'_{\mathrm{w}}\Delta t}-\frac{\rho'_{\mathrm{w}}\dot{n}_{\mathrm{w}i}\Delta t}{\rho'_{\mathrm{w}}n'_{\mathrm{w}}\Delta t}\right)\\&=\frac{1}{\rho_{\mathrm{w}}n_{\mathrm{w}}}\left[-\frac{\partial(\rho_{\mathrm{w}}n_{\mathrm{w}})}{\partial t}-\rho_{\mathrm{w}}\nabla\cdot\vec{v}_{\mathrm{w}}-\rho_{\mathrm{w}}\dot{n}_{\mathrm{w}i}\right]\end{aligned} \tag{5-37}$$

将式（5-30）代入式（5-37）可得由未冻水推导得到的低温裂隙岩体的连续性方程：

$$\frac{\partial\varepsilon}{\partial t}=\lim_{\Delta t\to 0}\frac{\Delta V}{\Delta t}=-\nabla\cdot\vec{v}_{\mathrm{w}}+\frac{\rho_{\mathrm{w}}-\rho_i}{\rho_i}\dot{n}_{\mathrm{w}i}+(n_{\mathrm{r}}\beta_{\mathrm{r}}+n_{\mathrm{w}}\beta_{\mathrm{w}}+n_i\beta_i)\dot{T} \tag{5-38}$$

7. 固态冰的连续性方程

水/冰相变会引起固态冰质量的变化，因此根据固态冰的质量守恒可得

$$\rho_i\cdot 1\cdot n_i=\rho'_i\cdot\left[(1+\Delta V)\cdot n'_i-\frac{\rho_{\mathrm{w}}-\rho_i}{\rho_i}\dot{n}_{\mathrm{w}i}\cdot\Delta t\right] \tag{5-39}$$

整理得

$$\Delta V=\frac{\rho_i n_i+[(\rho_{\mathrm{w}}-\rho_i)\rho'_i\dot{n}_{\mathrm{w}i}\Delta t]/\rho_i}{\rho'_i n'_i}-1 \tag{5-40}$$

则

$$\begin{aligned}\frac{\partial \varepsilon}{\partial t} &= \lim_{\Delta t \to 0}\frac{\Delta V}{\Delta t} = -\lim_{\Delta t \to 0}\left(\frac{\rho_i n_i - \rho'_i n'_i}{\rho'_i n'_i \Delta t} + \frac{\rho_w - \rho_i}{\rho_i}\frac{\rho'_i \dot{n}_{wi} \Delta t}{\rho'_i n'_i \Delta t}\right) \\ &= \frac{1}{\rho_i n_i}\left[-\frac{\partial(\rho_i n_i)}{\partial t} + (\rho_w - \rho_i)\dot{n}_{wi}\right]\end{aligned} \tag{5-41}$$

将式（5-30）代入式（5-41）可得由固态冰推导得到的低温裂隙岩体的连续性方程：

$$\frac{\partial \varepsilon}{\partial t} = \lim_{\Delta t \to 0}\frac{\Delta V}{\Delta t} = -\nabla \cdot \vec{v}_w + \frac{\rho_w - \rho_i}{\rho_i}\dot{n}_{wi} + (n_r\beta_r + n_w\beta_w + n_i\beta_i)\dot{T} \tag{5-42}$$

8. 低温裂隙岩体的连续性方程

综合前文5～7的研究成果可知，从低温裂隙岩体各组分（岩石基质、未冻水和固态冰）推导得到的低温裂隙岩体的连续性方程具有如下统一的形式：

$$\frac{\partial \varepsilon}{\partial t} + \nabla \cdot \vec{v}_w - \frac{\rho_w - \rho_i}{\rho_i}\dot{n}_{wi} - (n_r\beta_r + n_w\beta_w + n_i\beta_i)\dot{T} = 0 \tag{5-43}$$

则式（5-43）表示的低温裂隙岩体连续性方程的物理意义是：单位时间内冻岩微元体的变形等于通过水分迁移迁入的水分的体积、微元体内未冻水相变为冰增加的体积以及热胀冷缩效应引起的体积增加三者之和。

上式中的水相变体积含量速率可通过联立式（5-29）中的任意两式得到，即

$$\begin{aligned}\dot{n}_{wi} &= \frac{\rho_i}{\rho_w}\left[\left(1 + \frac{n_i}{n_r}\right)\dot{n}_i + \frac{n_i}{n_r}\dot{n}_w - \frac{n_i}{n_r}\beta'_w n_w \dot{T} + \frac{n_w - 1}{n_r}\beta'_i n_i \dot{T}\right] \\ &= \frac{\rho_i}{\rho_w}\left[\left(1 + \frac{n_i}{n_r}\right)\dot{n}_i + \frac{n_i}{n_r}\dot{n}_w + \left(\beta'_i - \beta'_w\right)\frac{n_i}{n_r}n_w \dot{T} - \frac{n_i}{n_r}\beta'_i \dot{T}\right]\end{aligned} \tag{5-44}$$

式中，$\beta'_w = -(n_r\beta_r + n_w\beta_w + n_i\beta_i) + \beta_w$，$\beta'_i = -(n_r\beta_r + n_w\beta_w + n_i\beta_i) + \beta_i$。

若忽略热胀冷缩的影响，则上式退化为

$$\dot{n}_{wi} = \frac{\rho_i}{\rho_w}\left[\left(1 + \frac{n_i}{n_r}\right)\dot{n}_i + \frac{n_i}{n_r}\dot{n}_w\right] \tag{5-45}$$

将式（5-44）代入式（5-43）得

$$\begin{aligned}&\rho_w\frac{\partial \varepsilon}{\partial t} + \rho_w \nabla \cdot \vec{v}_w - (\rho_w - \rho_i)\left[\left(1 + \frac{n_i}{n_r}\right)\dot{n}_i + \frac{n_i}{n_r}\dot{n}_w - \frac{n_i}{n_r}\beta'_w n_w \dot{T} + \frac{n_w - 1}{n_r}\beta'_i n_i \dot{T}\right] \\ &- \rho_w(n_r\beta_r + n_w\beta_w + n_i\beta_i)\dot{T} = 0\end{aligned} \tag{5-46}$$

若忽略热胀冷缩的影响，则上式退化为

$$\rho_w\frac{\partial \varepsilon}{\partial t} + \rho_w \nabla \cdot \vec{v}_w - (\rho_w - \rho_i)\left(1 + \frac{n_i}{n_r}\right)\dot{n}_i - (\rho_w - \rho_i)\frac{n_i}{n_r}\dot{n}_w = 0 \tag{5-47}$$

在上式基础上若假定 $\dot{n}_s = 0$，即总体积没有变化，则 $\dot{n}_i + \dot{n}_w = 0$，上式进一步退化为

$$\rho_w\frac{\partial \varepsilon}{\partial t} + \rho_w \nabla \cdot \vec{v}_w + \rho_w \dot{n}_w + \rho_i \dot{n}_i = 0 \tag{5-48}$$

式（5-46）是笔者推导的低温裂隙岩体的连续性方程，式（5-47）是忽略低温裂隙岩体各组分（岩石基质、未冻水和固态冰）的热胀冷缩效应时的连续性方程，式（5-48）是一般岩土体的连续性方程。

5.1.4 能量守恒方程

根据第3章中低温裂隙岩体的传热模式可知，低温裂隙岩体热能的传递方式主要有：岩石基质和流体的热传导、裂隙水的热对流，此外水/冰相变和化学反应也会引起裂隙岩体热能的变化。本书忽略化学反应引起的热能变化，主要考虑热对流、热传导以及水/冰相变来建立低温裂隙岩体的能量守恒方程。

1. 岩石基质的能量守恒方程

$$n_{r}\rho_{r}c_{r}\left(\frac{\partial T_{r}}{\partial t}+\vec{v}_{r}\cdot\nabla T_{r}\right)=-\nabla\cdot(-n_{r}\lambda_{r}\nabla T_{r})-n_{r}\beta_{r}T_{r}\frac{\partial\varepsilon_{s}}{\partial t}-\nabla\cdot\left(n_{r}\sigma'_{r}\cdot\frac{\partial\vec{u}_{s}}{\partial t}\right)+Q_{1}\tag{5-49}$$

2. 未冻水的能量守恒方程

$$n_{w}\rho_{w}c_{w}\left(\frac{\partial T_{w}}{\partial t}+\vec{v}_{w}\cdot\nabla T_{w}\right)=-\nabla\cdot(-n_{w}\lambda_{w}\nabla T_{w})-n_{w}T_{w}\frac{\partial p_{w}}{\partial T_{w}}\nabla\cdot\vec{v}_{w}+Q_{2}\tag{5-50}$$

3. 固态冰的能量守恒方程

$$n_{i}\rho_{i}c_{i}\left(\frac{\partial T_{i}}{\partial t}+\vec{v}_{i}\cdot\nabla T_{i}\right)=-\nabla\cdot(-n_{i}\lambda_{i}\nabla T_{i})-n_{i}\beta_{i}T_{i}\frac{\partial\varepsilon_{i}}{\partial t}-\nabla\cdot\left(n_{i}p_{i}\cdot\frac{\partial\vec{u}_{i}}{\partial t}\right)+Q_{3}\tag{5-51}$$

4. 内部能量交换条件

$$Q_{1}+Q_{2}+Q_{3}=L\rho_{i}\frac{\partial n_{wi}}{\partial t}\tag{5-52}$$

式中，下标 r、w、i 代表低温裂隙岩体的各组分；n 表示各组分的体积含量；ρ 表示各组分的密度；c 表示各组分的比热；T 表示各组分的温度；$\vec{v}$ 表示各组分的运动速度；λ 表示各组分的热传导系数；ε 表示各组分的应变；p_{w} 表示液态水承担的压力；p_{i} 表示固态冰承担的压力；$\vec{u}$ 表示各组分的变形；L 为水/冰相变潜热；n_{wi} 为相变水体积含量。

在式（5-49）～式（5-52）中，左边第一项分别表示低温裂隙岩体各组分（岩石基质、未冻水和固态冰）的内能变化量；左边第二项分别表示岩石基质和固态冰变形及未冻水流动对能量的影响（通常所说的对流项）；右边第一项分别表示各组分热传导对能量的影响；右边第二项分别表示岩石基质和固态冰热胀冷缩所做的功和未冻水所承担的压力随温度变化所做的功；1和3中的第三项表示岩石基质和固态冰的应变能；Q_{1}、Q_{2}、Q_{3} 分别表示低温裂隙岩体各组分分别从系统内其他相吸收的能量。

由于本书第2～4章分别对低温裂隙岩体的水分迁移性能、传热性能和化学损伤性能进行了等效连续化处理并构建了相应的模型，确定了低温裂隙岩体的代表性体元

RVE。因此，可假定 RVE 内各组分的变形保持一致，即 $\varepsilon=\varepsilon_{r}=\varepsilon_{i}$、$\vec{v}_{r}=\vec{v}_{i}$，且各组分的温度等于 RVE 的混合温度，即 $T_{r}=T_{w}=T_{i}=T$。据此可将式（5-49）～式（5-52）合并为

$$
\begin{aligned}
&(n_{r}\rho_{r}c_{r}+n_{w}\rho_{w}c_{w}+n_{i}\rho_{i}c_{i})\frac{\partial T}{\partial t}+(n_{r}\rho_{r}c_{r}+n_{i}\rho_{i}c_{i})\vec{v}_{s}\cdot\nabla T+n_{w}\rho_{w}c_{w}\vec{v}_{w}\cdot\nabla T\\
&=-\nabla\cdot[-(n_{r}\lambda_{r}+n_{w}\lambda_{w}+n_{i}\lambda_{i})\nabla T]-(n_{r}\beta_{r}+n_{i}\beta_{i})T\frac{\partial\varepsilon}{\partial t}\\
&\quad-n_{w}T_{w}\frac{\partial p_{w}}{\partial T_{w}}\nabla\cdot\vec{v}_{w}-\nabla\cdot\left[(n_{r}\sigma'_{r}+n_{i}p_{i})\frac{\partial\vec{u}}{\partial t}\right]+L\rho_{i}\frac{\partial n_{wi}}{\partial t}
\end{aligned}
\tag{5-53}
$$

令

$$
\begin{cases}
C_{1}=n_{r}\rho_{r}c_{r}+n_{i}\rho_{i}c_{i} \quad C_{2}=n_{w}\rho_{w}c_{w} \quad C_{3}=C_{1}+C_{2}\\
\beta=n_{r}\beta_{r}+n_{i}\beta_{i} \quad \lambda=n_{r}\lambda_{r}+n_{w}\lambda_{w}+n_{i}\lambda_{i}
\end{cases}
\tag{5-54}
$$

则式（5-53）可改写为

$$
\begin{aligned}
&C_{3}\frac{\partial T}{\partial t}+C_{1}\vec{v}_{s}\cdot\nabla T+C_{2}\vec{v}_{w}\cdot\nabla T=\nabla\cdot(\lambda\nabla T)-\beta T\frac{\partial\varepsilon}{\partial t}\\
&\quad-n_{w}T_{w}\frac{\partial p_{w}}{\partial T_{w}}\nabla\cdot\vec{v}_{w}-\nabla\cdot\left[(n_{r}\sigma'_{r}+n_{i}p_{i})\frac{\partial\vec{u}}{\partial t}\right]+L\rho_{i}\frac{\partial n_{wi}}{\partial t}
\end{aligned}
\tag{5-55}
$$

式中，RVE 的各向异性未冻水流速根据第 2 章的水分迁移模型式（2-58）获得，热传导系数根据第 3 章的传热模型式（3-97）获得。式（5-55）即为低温裂隙岩体的能量守恒方程，主要包括对流项、传导性、相变项、应变能项以及热胀冷缩做功项。

5.1.5 溶质运移方程

岩体溶蚀的过程中，裂隙水（或化学溶液）中各组分服从质量守恒定律，也就是任意 RVE 中溶质浓度的变化等于弥散、对流和反应消耗或生成三项之和。此外，当温度降到冰点以下时，部分水会相变为冰，溶质会析出，因此也会引起浓度的变化。第 4 章在构建低温裂隙岩体的化学损伤模型时考虑了化学反应、流速和相变的影响，本节拟在此基础上进一步考虑弥散的影响建立溶质运移方程。

Δt 时间内进出微元体的溶质质量变化量可表示为

$$
-\left\{\left[\frac{\partial(C_{i}v_{x})}{\partial x}+\frac{\partial(C_{i}v_{y})}{\partial y}+\frac{\partial(C_{i}v_{z})}{\partial z}\right]-\left(\frac{\partial q_{cx}}{\partial x}+\frac{\partial q_{cy}}{\partial y}+\frac{\partial q_{cz}}{\partial z}\right)-Rate_{i}\right\}\Delta y\Delta x\Delta z\Delta t
\tag{5-56}
$$

式中，q_{cx}、q_{cy}、q_{cz} 为 y 方向溶质弥散通量；C_{i} 为溶质的浓度；$Rate_{i}=-\sum_{j=1}^{N}\eta_{ij}R_{j}$ 用来反映化学反应对溶质浓度的影响，η_{ij} 为岩体矿物 j 与溶质 i 反应的化学计量系数，R_{j} 为矿物 j 的溶蚀或生成速率，关于矿物质与溶质的化学反应详见第 4 章。

Δt 时间内微元体溶质含量变化为（χ 为未冻水体积含量）

$$\frac{\partial(\chi C_i)}{\partial t}\Delta x\Delta y\Delta z\Delta t \tag{5-57}$$

则根据质量守恒定律可得

$$\frac{\partial(\chi C_i)}{\partial t}=-\left[\frac{\partial(C_iv_x)}{\partial x}+\frac{\partial(C_iv_y)}{\partial y}+\frac{\partial(C_iv_z)}{\partial z}\right]+\left(\frac{\partial q_{cx}}{\partial x}+\frac{\partial q_{cy}}{\partial y}+\frac{\partial q_{cz}}{\partial z}\right)+Rate_i \tag{5-58}$$

引入水动力弥散系数 D，并将上式用张量形式表示得

$$\frac{\partial(\chi C_i)}{\partial t}=-\nabla(C_i\vec{v})+D\nabla^2C_i+Rate_i \tag{5-59}$$

式中各向异性的未冻水流速根据第 2 章水分迁移模型式（2-58）获得，式（5-59）即为本书建立的低温裂隙岩体的溶质运移方程。

5.1.6 控制微分方程组

由第 5.1.2 节的应力平衡方程、第 5.1.3 节的连续性方程、第 5.1.4 节的能量守恒方程和第 5.1.5 节的溶质运移方程就构成了低温裂隙岩体的耦合模型的控制微分方程组，即

（1）应力平衡方程

$$\{K_{ijkl}[\varepsilon_{kl}-\beta_r(T_r-T_{r0})\delta_{kl}]+(\alpha_w p_w+\alpha_i p_i)\delta_{ij}\}_{,j}+\rho_e\vec{X}_i=0 \tag{5-60}$$

（2）连续性方程

$$\begin{aligned}\rho_w\frac{\partial\varepsilon}{\partial t}+\rho_w\nabla\cdot\vec{v}_w-(\rho_w-\rho_i)\left[\left(1+\frac{n_i}{n_r}\right)\dot{n}_i+\frac{n_i}{n_r}\dot{n}_w-\frac{n_i}{n_r}\beta_w n_w\dot{T}+\frac{n_w-1}{n_r}\beta_i n_i\dot{T}\right]\\-\rho_w(n_r\beta_r+n_w\beta_w+n_i\beta_i)\dot{T}=0\end{aligned} \tag{5-61}$$

（3）能量守恒方程

$$\begin{aligned}C_3\frac{\partial T}{\partial t}+C_1\vec{v}_s\cdot\nabla T+C_2\vec{v}_w\cdot\nabla T=\nabla\cdot(\lambda\nabla T)-\beta T\frac{\partial\varepsilon}{\partial t}\\-n_wT_w\frac{\partial p_w}{\partial T_w}\nabla\cdot\vec{v}_w-\nabla\cdot\left[(n_r\sigma'_r+n_ip_i)\frac{\partial\vec{u}}{\partial t}\right]+L\rho_i\frac{\partial n_{wi}}{\partial t}\end{aligned} \tag{5-62}$$

（4）溶质运移方程

$$\frac{\partial(\chi C_i)}{\partial t}=-\nabla(C_i\vec{v})+D\nabla^2C_i+Rate_i \tag{5-63}$$

以上四式构成的控制微分方程组并不是一个封闭的微分方程组，求解低温裂隙岩体的变形-水分-热质-化学四场耦合问题时还需要补充各个变量之间的关系，如应力-应变关系、水分迁移模型、传热模型以及几何方程等。

对于小变形问题，存在以下关系

$$\varepsilon_{ij}=\frac{1}{2}\left(\frac{\partial u_i}{\partial x_j}+\frac{\partial u_j}{\partial x_i}\right) \tag{5-64}$$

$$\vec{u}_s = \frac{\partial \vec{u}}{\partial t} \tag{5-65}$$

应力应变关系为

$$\sigma'_{ij} = K_{ijkl}[\varepsilon_{kl} - \beta_r(T_r - T_{r0})\delta_{kl}] \tag{5-66}$$

根据第 2 章的水分迁移模型

$$\vec{v}_w = -k\nabla(\rho_w g\Delta z + \tilde{p}_w - p_{w_f}) \tag{5-67}$$

式中，K 为渗透张量，如果不考虑重力和其他压力势的影响，则

$$\vec{v}_w = -k\nabla p_w \tag{5-68}$$

根据第 2 章水分迁移的研究及式（5-67）知 $p_w = \tilde{p}_w - p_{w_f}$，式中第一项为岩体变形等引起的水分分担的压力，第二项为基于裂隙岩体吸附薄膜理论（详见第 2 章）得到的平衡水压力，即由于温度势产生的水分驱动势。

根据 Clapeyron 方程可得

$$p_w = \frac{\rho_w}{\rho_i}p_i + \frac{L\rho_w}{T_0}T = \frac{\rho_w}{\rho_i}p_i + \tilde{\beta}T \tag{5-69}$$

式中，$\tilde{\beta} = L\rho_w/T_0$，$T_0$ 为用绝对温度表示的 0℃（273K）。

将式（5-64）～式（5-69）代入式（5-60）～式（5-63）可得低温裂隙岩体的控制微分方程组。

（1）应力平衡方程

$$\left\{K_{ijkl}\left[\frac{1}{2}(u_{k,l} + u_{l,k}) - \beta_r(T_r - T_{r0})\delta_{kl}\right] + (\alpha_w p_w + \alpha_i p_i)\delta_{ij}\right\}_{,j} + \rho_e\vec{X}_i = 0 \tag{5-70}$$

（2）连续性方程

$$\rho_w\frac{\partial\varepsilon}{\partial t} + \rho_w\nabla\cdot\vec{v}_w - (\rho_w - \rho_i)\left[\left(1 + \frac{n_i}{n_r}\right)\dot{n}_i + \frac{n_i}{n_r}\dot{n}_w - \frac{n_i}{n_r}\beta_w n_w\dot{T} + \frac{n_w - 1}{n_r}\beta_i n_i\dot{T}\right]$$
$$- \rho_w(n_r\beta_r + n_w\beta_w + n_i\beta_i)\dot{T} = 0 \tag{5-71}$$

（3）能量守恒方程

$$C_3\frac{\partial T}{\partial t} + C_1\vec{v}_s\cdot\nabla T + C_2\vec{v}_w\cdot\nabla T = \nabla\cdot(\lambda\nabla T) - \beta T\frac{\partial\varepsilon}{\partial t}$$
$$- n_w T_w\frac{\partial p_w}{\partial T_w}\nabla\cdot\vec{v}_w - \nabla\cdot\left[(n_r\sigma'_r + n_i p_i)\frac{\partial\vec{u}}{\partial t}\right] + L\rho_i\frac{\partial n_{wi}}{\partial t} \tag{5-72}$$

（4）溶质运移方程

$$\frac{\partial(\chi C_i)}{\partial t} = -\nabla(C_i\vec{v}_w) + D\nabla^2 C_i + Rate_i \tag{5-73}$$

（5）补充方程

$$\begin{cases} \dot{n}_r = n_r \nabla\cdot \vec{v}_w - \dfrac{\rho_w - \rho_i}{\rho_i} n_r \dot{n}_{wi} + \beta_r \dot{T} n_r \\ \dot{n}_w = -(1-n_w)\nabla\cdot \vec{v}_w - \left(1 + \dfrac{\rho_w - \rho_i}{\rho_i} n_w\right)\dot{n}_{wi} + \beta_w \dot{T} n_w \\ \dot{n}_i = n_i \nabla\cdot \vec{v}_w + \left(\dfrac{\rho_w}{\rho_i} - \dfrac{\rho_w - \rho_i}{\rho_i} n_i\right)\dot{n}_{wi} + \beta_i \dot{T} n_i \\ \dot{n}_{wi} = \dfrac{\rho_i}{\rho_w}\left[\left(1 + \dfrac{n_i}{n_r}\right)\dot{n}_i + \dfrac{n_i}{n_r}\dot{n}_w + (\beta_i - \beta_w)\dfrac{n_i}{n_r} n_w \dot{T} - \dfrac{n_i}{n_r}\beta_i \dot{T}\right] \end{cases} \tag{5-74}$$

式中，$\begin{cases} C_1 = n_r \rho_r c_r + n_i \rho_i c_i \quad C_2 = n_w \rho_w c_w \quad C_3 = C_1 + C_2 \\ \beta = n_r \beta_r + n_i \beta_i \quad \lambda = n_r \lambda_r + n_w \lambda_w + n_i \lambda_i \end{cases}$ （5-75）

5.2 耦合模型有限元解析

在前人研究的基础上，并结合第 2～4 章建立的低温裂隙岩体的水分迁移模型、传热模型以及化学损伤和溶质运移模型，第 5.1 节已初步建立了低温裂隙岩体的变形-水分-热质-化学四场耦合模型，但直接对其进行求解几乎是不可能的。故本节拟采用有限元的方法对其进行求解，首先在空间域内离散，然后利用两点递进格式在时间域内离散。

5.2.1 耦合模型的具体化

在式（5-70）～式（5-75）构成的低温裂隙岩体多场耦合控制微分方程组中，忽略热阻冷缩效应及固相（岩石基质和固态冰）变形引起的温度热对流时，控制微分方程组可进一步简化。

1. 应力平衡方程

$$\left\{K_{ijkl}\left[\frac{1}{2}(u_{k,l} + u_{l,k}) - \beta_r (T_r - T_{r0})\delta_{kl}\right] + (\alpha_w p_w + \alpha_i p_i)\delta_{ij}\right\}_{,j} + \rho_e \vec{X}_i = 0 \tag{5-76}$$

在冻结区未冻水含量很少，有效应力系数 $\alpha_w \approx 0$。则式（5-76）可改写为

$$\left\{K_{ijkl}\left[\frac{1}{2}(u_{k,l} + u_{l,k}) - \beta_r (T_r - T_{r0})\delta_{kl}\right] + \alpha_i p_i \delta_{ij}\right\}_{,j} + \rho_e \vec{X}_i = 0 \tag{5-77}$$

正冻区内代表性体元 RVE 内岩石基质、未冻水和固态冰三相共存。因此式（5-76）保持不变。未冻区内温度高于冰点，冰的有效应力系数 α_i 为 0。因此式（5-76）可改写为

$$\left\{K_{ijkl}\left[\frac{1}{2}(u_{k,l} + u_{l,k}) - \beta_r (T_r - T_{r0})\delta_{kl}\right] + \alpha_w p_w \delta_{ij}\right\}_{,j} + \rho_e \vec{X}_i = 0 \tag{5-78}$$

2. 连续性方程

$$\rho_{\mathrm{w}} \frac{\partial \varepsilon}{\partial t}+\rho_{\mathrm{w}} \nabla \cdot \vec{v}_{\mathrm{w}}-(\rho_{\mathrm{w}}-\rho_{i})\left[\left(1+\frac{n_{i}}{n_{\mathrm{r}}}\right)\dot{n}_{i}+\frac{n_{i}}{n_{\mathrm{r}}}\dot{n}_{\mathrm{w}}\right]=0 \tag{5-79}$$

根据应变的定义可由岩石基质的体积含量（n_{r0} 为初始含量）得

$$\begin{cases}\varepsilon=\dfrac{n_{\mathrm{r0}}}{n_{\mathrm{r}}}-1\\[2ex] \dfrac{\partial \varepsilon}{\partial t}=-\dfrac{n_{\mathrm{r0}}}{n_{\mathrm{r}}^{2}}\dot{n}_{\mathrm{r}}\end{cases} \tag{5-80}$$

将式（5-80）代入式（5-79）可以得到分别用应变和岩石基质体积含量变化率表示的连续性方程：

$$\left[1-\frac{\rho_{\mathrm{w}}-\rho_{i}}{\rho_{\mathrm{w}}}\left(1+\frac{n_{i}}{n_{\mathrm{r}}}\right)\frac{n_{\mathrm{r}}^{2}}{n_{\mathrm{r0}}}\right]\frac{\partial \varepsilon}{\partial t}+\nabla \cdot \vec{v}_{\mathrm{w}}-\frac{\rho_{\mathrm{w}}-\rho_{i}}{\rho_{\mathrm{w}}}\dot{n}_{\mathrm{w}}=0 \tag{5-81}$$

$$\frac{1}{\rho_{\mathrm{w}}}\left[\rho_{\mathrm{w}}\frac{n_{\mathrm{r0}}}{n_{\mathrm{r}}^{2}}-(\rho_{\mathrm{w}}-\rho_{i})\left(1+\frac{n_{i}}{n_{\mathrm{r}}}\right)\right]\dot{n}_{\mathrm{r}}-\nabla \cdot \vec{v}_{\mathrm{w}}+\frac{\rho_{\mathrm{w}}-\rho_{i}}{\rho_{\mathrm{w}}}\dot{n}_{\mathrm{w}}=0 \tag{5-82}$$

令

$$C_{4}=\left[1-\frac{\rho_{\mathrm{w}}-\rho_{i}}{\rho_{\mathrm{w}}}\left(1+\frac{n_{i}}{n_{\mathrm{r}}}\right)\frac{n_{\mathrm{r}}^{2}}{n_{\mathrm{r0}}}\right] \quad \bar{\rho}_{\mathrm{r}}=\rho_{\mathrm{w}}\frac{n_{\mathrm{r0}}}{n_{\mathrm{r}}^{2}}-(\rho_{\mathrm{w}}-\rho_{i})\left(1+\frac{n_{i}}{n_{\mathrm{r}}}\right)$$

则式（5-81）和式（5-82）可简化为

$$C_{4}\frac{\partial \varepsilon}{\partial t}+\nabla \cdot \vec{v}_{\mathrm{w}}+\frac{\rho_{\mathrm{w}}-\rho_{i}}{\rho_{\mathrm{w}}}\dot{n}_{\mathrm{w}}=0 \tag{5-83}$$

$$\frac{\bar{\rho}_{\mathrm{r}}}{\rho_{\mathrm{w}}}\dot{n}_{\mathrm{r}}-\nabla \cdot \vec{v}_{\mathrm{w}}-\frac{\rho_{\mathrm{w}}-\rho_{i}}{\rho_{\mathrm{w}}}\dot{n}_{\mathrm{w}}=0 \tag{5-84}$$

3. 能量守恒方程

$$C_{3}\frac{\partial T}{\partial t}+C_{2}\vec{v}_{\mathrm{w}}\cdot \nabla T=\nabla \cdot (\lambda \nabla T)-\nabla \cdot \left[(n_{\mathrm{r}}\sigma'_{\mathrm{r}}+n_{i}p_{i})\frac{\partial \vec{u}}{\partial t}\right]+L\rho_{i}\frac{\partial n_{\mathrm{w}i}}{\partial t} \tag{5-85}$$

将式（5-80）和式（5-84）代入式（5-45）可得

$$\begin{aligned}\frac{\partial n_{\mathrm{w}i}}{\partial t}&=-\frac{\rho_{i}}{\rho_{\mathrm{w}}}\left[\left(1+\frac{n_{i}}{n_{\mathrm{r}}}\right)\frac{\rho_{\mathrm{w}}}{\bar{\rho}_{\mathrm{r}}}\left(\nabla \cdot \vec{v}_{\mathrm{w}}+\frac{\rho_{\mathrm{w}}-\rho_{i}}{\rho_{\mathrm{w}}}\dot{n}_{\mathrm{w}}\right)+\dot{n}_{\mathrm{w}}\right]\\&=-\frac{\rho_{i}}{\bar{\rho}_{\mathrm{r}}}\left(1+\frac{n_{i}}{n_{\mathrm{r}}}\right)\nabla \cdot \vec{v}_{\mathrm{w}}-\frac{\rho_{i}}{\bar{\rho}_{\mathrm{r}}}\left[\left(1+\frac{n_{i}}{n_{\mathrm{r}}}\right)\frac{\rho_{\mathrm{w}}-\rho_{i}}{\rho_{\mathrm{w}}}+\frac{\bar{\rho}_{\mathrm{r}}}{\rho_{\mathrm{w}}}\right]\dot{n}_{\mathrm{w}}\\&=-\frac{\rho_{i}}{\bar{\rho}_{\mathrm{r}}}\left(1+\frac{n_{i}}{n_{\mathrm{r}}}\right)\nabla \cdot \vec{v}_{\mathrm{w}}-\frac{\rho_{i}}{\bar{\rho}_{\mathrm{r}}}\rho_{\mathrm{w}}\frac{n_{\mathrm{r0}}}{n_{\mathrm{r}}^{2}}\dot{n}_{\mathrm{w}}\end{aligned} \tag{5-86}$$

将上式代入式（5-85），得

$$\begin{aligned}C_{3}\frac{\partial T}{\partial t}+C_{2}\vec{v}_{\mathrm{w}}\cdot \nabla T&=\nabla \cdot (\lambda \nabla T)-\nabla \cdot \left[(n_{\mathrm{r}}\sigma'_{\mathrm{r}}+n_{i}p_{i})\frac{\partial \vec{u}}{\partial t}\right]\\&\quad+L\frac{\rho_{i}^{2}}{\bar{\rho}_{\mathrm{r}}}\left(1+\frac{n_{i}}{n_{\mathrm{r}}}\right)\nabla \cdot \vec{v}_{\mathrm{w}}+L\frac{\rho_{i}^{2}\rho_{\mathrm{w}}}{\bar{\rho}_{\mathrm{r}}}\frac{n_{\mathrm{r0}}}{n_{\mathrm{r}}^{2}}\dot{n}_{\mathrm{w}}\end{aligned} \tag{5-87}$$

由于冻结过程中未冻水含量是温度的函数，因此有

$$\frac{\partial n_{\mathrm{w}}}{\partial t}=\frac{\partial n_{\mathrm{w}}}{\partial T}\frac{\partial T}{\partial t} \tag{5-88}$$

将式（5-88）和式（5-78）代入式（5-87）可得

$$\begin{aligned}&\left(C_3-L\frac{\rho_i^2\rho_{\mathrm{w}}}{\bar{\rho}_{\mathrm{r}}}\frac{n_{\mathrm{r0}}}{n_{\mathrm{r}}^2}\frac{\partial n_{\mathrm{w}}}{\partial T}\right)\frac{\partial T}{\partial t}+C_2K\nabla p_{\mathrm{w}}\nabla T=\nabla\cdot(\lambda\nabla T)\\&-\nabla\left[(n_{\mathrm{r}}\sigma'_{\mathrm{r}}+n_ip_i)\frac{\partial\vec{u}}{\partial t}\right]+L\frac{\rho_i^2}{\bar{\rho}_{\mathrm{r}}}\left(1+\frac{n_i}{n_{\mathrm{r}}}\right)\nabla(K\nabla p_{\mathrm{w}})\end{aligned} \tag{5-89}$$

令

$$C_5=L\frac{\rho_i^2}{\bar{\rho}_{\mathrm{r}}}\left(1+\frac{n_i}{n_{\mathrm{r}}}\right)\qquad C_6=L\frac{\rho_i^2\rho_{\mathrm{w}}}{\bar{\rho}_{\mathrm{r}}}\frac{n_{\mathrm{r0}}}{n_{\mathrm{r}}^2}$$

则

$$\begin{aligned}\left(C_3-C_6\frac{\partial n_{\mathrm{w}}}{\partial T}\right)\frac{\partial T}{\partial t}+C_2K\nabla p_{\mathrm{w}}\nabla T=\nabla\cdot(\lambda\nabla T)-\nabla\left[(n_{\mathrm{r}}\sigma'_{\mathrm{r}}+n_ip_i)\frac{\partial\vec{u}}{\partial t}\right]\\+C_5\nabla(K\nabla p_{\mathrm{w}})\end{aligned} \tag{5-90}$$

根据式（5-79）可得

$$\mathrm{d}p_{\mathrm{w}}=\frac{L\rho_{\mathrm{w}}}{T_0}\mathrm{d}T=\tilde{\beta}\mathrm{d}T \tag{5-91}$$

将式（5-91）代入式（5-90）可得

$$\begin{aligned}&\left(C_3-C_6\frac{\partial n_{\mathrm{w}}}{\partial T}\right)\frac{\partial T}{\partial t}+C_2K\tilde{\beta}(\nabla T)^2=\nabla\cdot(\lambda\nabla T)\\&-\nabla\left[(n_{\mathrm{r}}\sigma'_{\mathrm{r}}+n_ip_i)\frac{\partial\vec{u}}{\partial t}\right]+C_5\nabla(K\nabla\tilde{\beta}T)\end{aligned} \tag{5-92}$$

整理得

$$\left(C_3-C_6\frac{\partial n_{\mathrm{w}}}{\partial T}\right)\frac{\partial T}{\partial t}+C_2K\tilde{\beta}(\nabla T)^2=(\lambda+C_5K\tilde{\beta})\cdot\nabla^2T-\nabla\left[(n_{\mathrm{r}}\sigma'_{\mathrm{r}}+n_ip_i)\frac{\partial\vec{u}}{\partial t}\right] \tag{5-93}$$

4. 溶质运移方程

$$\frac{\partial(\chi C_i)}{\partial t}=-\nabla(C_i\vec{v}_{\mathrm{w}})+D\nabla^2C_i+Rate_i \tag{5-94}$$

根据第4章推导得到化学反应速率表示式，$Rate_i$ 可近似表示为

$$Rate_i=Ae^{\frac{B}{T}}C_i \tag{5-95}$$

式中，A和B为与化学反应相关的常数。将式（5-78）和式（5-86）代入式（5-95）得

$$\frac{\partial(\chi C_i)}{\partial t}=-\nabla(C_iK\nabla p_{\mathrm{w}})+D\nabla^2C_i+Ae^{\frac{B}{T}}C_i \tag{5-96}$$

5. 简化的控制微分方程组

由式（5-76）、式（5-83）、式（5-92）、式（5-94）就组成了低温裂隙岩体经简化的控制方程组

$$
\begin{cases}
\left\{\dfrac{1}{2}K_{ijkl}(u_{k,l}+u_{l,k})+(\alpha_w p_w+\alpha_i p_i)\delta_{ij}\right\}_{,j}+\rho_e \vec{X}_i=0 \\
C_4\dfrac{\partial\varepsilon}{\partial t}-\nabla\cdot(k\nabla p_w)+\dfrac{\rho_w-\rho_i}{\rho_w}\dot{n}_w=0 \\
\left(C_3-C_6\dfrac{\partial n_w}{\partial T}\right)\dfrac{\partial T}{\partial t}-C_2k\tilde{\beta}(\nabla T)^2=(\lambda-C_5k\tilde{\beta})\cdot\nabla^2T-\nabla\left(\sigma'_r\dfrac{\partial\vec{u}}{\partial t}\right) \\
\dfrac{\partial(\chi C_i)}{\partial t}=\nabla[C_ik\nabla p_w]+D\nabla^2C_i+Ae^{\frac{B}{T}}C_i
\end{cases}
\tag{5-97}
$$

将上式张量形式展开得（式中 χ 为未冻水含量，是温度 T 的函数）

$$
\begin{cases}
\dfrac{\partial\sigma_x}{\partial x}+\dfrac{\partial\tau_{xy}}{\partial y}+\dfrac{\partial\tau_{xz}}{\partial z}+\dfrac{\partial(\alpha_w p_w)}{\partial x}+\dfrac{\partial(\alpha_i p_i)}{\partial x}+\rho_e X_x=0 \\
\dfrac{\partial\tau_{yx}}{\partial x}+\dfrac{\partial\sigma_y}{\partial y}+\dfrac{\partial\tau_{yz}}{\partial z}+\dfrac{\partial(\alpha_w p_w)}{\partial y}+\dfrac{\partial(\alpha_i p_i)}{\partial y}+\rho_e X_y=0 \\
\dfrac{\partial\tau_{zx}}{\partial x}+\dfrac{\partial\tau_{zy}}{\partial y}+\dfrac{\partial\sigma_z}{\partial z}+\dfrac{\partial(\alpha_w p_w)}{\partial z}+\dfrac{\partial(\alpha_i p_i)}{\partial z}+\rho_e X_z=0 \\
C_4\dfrac{\partial\varepsilon}{\partial t}+\dfrac{\partial^2(k_x p_w)}{\partial x^2}-\dfrac{\partial^2(k_y p_w)}{\partial y^2}-\dfrac{\partial^2(k_z p_w)}{\partial z^2}+\dfrac{\rho_w-\rho_i}{\rho_w}\dot{n}_w=0 \\
\left(C_3-C_6\dfrac{\partial n_w}{\partial T}\right)\dfrac{\partial T}{\partial t}-C_2\tilde{\beta}\left[k_x\left(\dfrac{\partial T}{\partial x}\right)^2+k_y\left(\dfrac{\partial T}{\partial y}\right)^2+k_z\left(\dfrac{\partial T}{\partial z}\right)^2\right] \\
=\left[(\lambda_x-C_5\tilde{\beta}k_x)\dfrac{\partial^2T}{\partial x^2}+(\lambda_y-C_5\tilde{\beta}k_y)\dfrac{\partial^2T}{\partial y^2}+(\lambda_z-C_5\tilde{\beta}k_z)\dfrac{\partial^2T}{\partial z^2}\right]-\nabla\left(\sigma'_r\dfrac{\partial\vec{u}}{\partial t}\right) \\
\dfrac{\partial C_i}{\partial t}\chi+\dfrac{\partial\chi}{\partial T}\dfrac{\partial T}{\partial t}C_i=\left[\dfrac{\partial C_i}{\partial x}\dfrac{\partial(k_x p_w)}{\partial x}+C_i\dfrac{\partial^2(k_x p_w)}{\partial x^2}\right]+\left[\dfrac{\partial C_i}{\partial y}\dfrac{\partial(k_y p_w)}{\partial y}\right. \\
\left.+C_i\dfrac{\partial^2(k_y p_w)}{\partial y^2}\right]+\left[\dfrac{\partial C_i}{\partial z}\dfrac{\partial(k_z p_w)}{\partial z}+C_i\dfrac{\partial^2(k_z p_w)}{\partial z^2}\right]+D\nabla^2C_i+Ae^{\frac{B}{T}}C_i
\end{cases}
\tag{5-98}
$$

对于完全各项异性材料的本构关系，根据广义 Hooke 定律存在如下应力应变关系

$$
\begin{bmatrix}\sigma_x\\\sigma_y\\\sigma_z\\\tau_{yz}\\\tau_{zx}\\\tau_{xy}\end{bmatrix}=[K_{ijkl}]\begin{bmatrix}\varepsilon_x\\\varepsilon_y\\\varepsilon_z\\\gamma_{yz}\\\gamma_{zx}\\\gamma_{xy}\end{bmatrix}=\begin{bmatrix}c_{11}&c_{12}&c_{13}&c_{14}&c_{15}&c_{16}\\c_{21}&c_{22}&c_{23}&c_{24}&c_{25}&c_{26}\\c_{31}&c_{32}&c_{33}&c_{34}&c_{35}&c_{36}\\c_{41}&c_{42}&c_{43}&c_{44}&c_{45}&c_{46}\\c_{51}&c_{52}&c_{53}&c_{54}&c_{55}&c_{56}\\c_{61}&c_{62}&c_{63}&c_{64}&c_{65}&c_{66}\end{bmatrix}\begin{bmatrix}\varepsilon_x\\\varepsilon_y\\\varepsilon_z\\\gamma_{yz}\\\gamma_{zx}\\\gamma_{xy}\end{bmatrix}
\tag{5-99}
$$

式中，$c_{mn}(m,n=1,2,\cdots,6)$ 为弹性常数。本书中低温裂隙岩体的各弹性常数根据式（5-6）和式（5-7）获得。对上式进行整理得

$$\begin{cases}\sigma_x = c_{11}\varepsilon_x + c_{12}\varepsilon_y + c_{13}\varepsilon_z + c_{14}\gamma_{yz} + c_{15}\gamma_{zx} + c_{16}\gamma_{xy}\\ \sigma_y = c_{21}\varepsilon_x + c_{22}\varepsilon_y + c_{23}\varepsilon_z + c_{24}\gamma_{yz} + c_{25}\gamma_{zx} + c_{26}\gamma_{xy}\\ \sigma_z = c_{31}\varepsilon_x + c_{32}\varepsilon_y + c_{33}\varepsilon_z + c_{34}\gamma_{yz} + c_{35}\gamma_{zx} + c_{36}\gamma_{xy}\\ \tau_{yz} = c_{41}\varepsilon_x + c_{42}\varepsilon_y + c_{43}\varepsilon_z + c_{44}\gamma_{yz} + c_{45}\gamma_{zx} + c_{46}\gamma_{xy}\\ \tau_{zx} = c_{51}\varepsilon_x + c_{52}\varepsilon_y + c_{53}\varepsilon_z + c_{54}\gamma_{yz} + c_{55}\gamma_{zx} + c_{56}\gamma_{xy}\\ \tau_{xy} = c_{61}\varepsilon_x + c_{62}\varepsilon_y + c_{63}\varepsilon_z + c_{64}\gamma_{yz} + c_{65}\gamma_{zx} + c_{66}\gamma_{xy}\end{cases} \tag{5-100}$$

将式（5-74）代入上式得

$$\begin{cases}\sigma_x = c_{11}\dfrac{\partial u}{\partial x} + c_{12}\dfrac{\partial v}{\partial y} + c_{13}\dfrac{\partial w}{\partial z} + \dfrac{1}{2}c_{14}\left[\dfrac{\partial v}{\partial z} + \dfrac{\partial w}{\partial y}\right] + \dfrac{1}{2}c_{15}\left[\dfrac{\partial w}{\partial x} + \dfrac{\partial u}{\partial z}\right] + \dfrac{1}{2}c_{16}\left[\dfrac{\partial u}{\partial y} + \dfrac{\partial v}{\partial x}\right]\\ \sigma_y = c_{21}\dfrac{\partial u}{\partial x} + c_{22}\dfrac{\partial v}{\partial y} + c_{23}\dfrac{\partial w}{\partial z} + \dfrac{1}{2}c_{24}\left[\dfrac{\partial v}{\partial z} + \dfrac{\partial w}{\partial y}\right] + \dfrac{1}{2}c_{25}\left[\dfrac{\partial w}{\partial x} + \dfrac{\partial u}{\partial z}\right] + \dfrac{1}{2}c_{26}\left[\dfrac{\partial u}{\partial y} + \dfrac{\partial v}{\partial x}\right]\\ \sigma_z = c_{31}\dfrac{\partial u}{\partial x} + c_{32}\dfrac{\partial v}{\partial y} + c_{33}\dfrac{\partial w}{\partial z} + \dfrac{1}{2}c_{34}\left[\dfrac{\partial v}{\partial z} + \dfrac{\partial w}{\partial y}\right] + \dfrac{1}{2}c_{35}\left[\dfrac{\partial w}{\partial x} + \dfrac{\partial u}{\partial z}\right] + \dfrac{1}{2}c_{36}\left[\dfrac{\partial u}{\partial y} + \dfrac{\partial v}{\partial x}\right]\\ \tau_{yz} = c_{41}\dfrac{\partial u}{\partial x} + c_{42}\dfrac{\partial v}{\partial y} + c_{43}\dfrac{\partial w}{\partial z} + \dfrac{1}{2}c_{44}\left[\dfrac{\partial v}{\partial z} + \dfrac{\partial w}{\partial y}\right] + \dfrac{1}{2}c_{45}\left[\dfrac{\partial w}{\partial x} + \dfrac{\partial u}{\partial z}\right] + \dfrac{1}{2}c_{46}\left[\dfrac{\partial u}{\partial y} + \dfrac{\partial v}{\partial x}\right]\\ \tau_{zx} = c_{51}\dfrac{\partial u}{\partial x} + c_{52}\dfrac{\partial v}{\partial y} + c_{53}\dfrac{\partial w}{\partial z} + \dfrac{1}{2}c_{54}\left[\dfrac{\partial v}{\partial z} + \dfrac{\partial w}{\partial y}\right] + \dfrac{1}{2}c_{55}\left[\dfrac{\partial w}{\partial x} + \dfrac{\partial u}{\partial z}\right] + \dfrac{1}{2}c_{56}\left[\dfrac{\partial u}{\partial y} + \dfrac{\partial v}{\partial x}\right]\\ \tau_{xy} = c_{61}\dfrac{\partial u}{\partial x} + c_{62}\dfrac{\partial v}{\partial y} + c_{63}\dfrac{\partial w}{\partial z} + \dfrac{1}{2}c_{64}\left[\dfrac{\partial v}{\partial z} + \dfrac{\partial w}{\partial y}\right] + \dfrac{1}{2}c_{65}\left[\dfrac{\partial w}{\partial x} + \dfrac{\partial u}{\partial z}\right] + \dfrac{1}{2}c_{66}\left[\dfrac{\partial u}{\partial y} + \dfrac{\partial v}{\partial x}\right]\end{cases} \tag{5-101}$$

若考虑二维情况，则上式退化为

$$\begin{cases}\sigma_x = c_{11}\dfrac{\partial u}{\partial x} + c_{12}\dfrac{\partial v}{\partial y} + \dfrac{1}{2}c_{16}\left[\dfrac{\partial u}{\partial y} + \dfrac{\partial v}{\partial x}\right]\\ \sigma_y = c_{21}\dfrac{\partial u}{\partial x} + c_{22}\dfrac{\partial v}{\partial y} + \dfrac{1}{2}c_{26}\left[\dfrac{\partial u}{\partial y} + \dfrac{\partial v}{\partial x}\right]\\ \tau_{xy} = c_{61}\dfrac{\partial u}{\partial x} + c_{62}\dfrac{\partial v}{\partial y} + \dfrac{1}{2}c_{66}\left[\dfrac{\partial u}{\partial y} + \dfrac{\partial v}{\partial x}\right]\end{cases} \tag{5-102}$$

根据式（5-101）可得

$$\begin{aligned}\frac{\partial\sigma_x}{\partial x} + \frac{\partial\tau_{xy}}{\partial y} + \frac{\partial\tau_{xz}}{\partial z} = {} & E_1\frac{\partial^2 u}{\partial x^2} + E_2\frac{\partial^2 u}{\partial y^2} + E_3\frac{\partial^2 u}{\partial z^2} + E_4\frac{\partial^2 u}{\partial x\partial y} + E_5\frac{\partial^2 u}{\partial y\partial z} + E_6\frac{\partial^2 u}{\partial z\partial x}\\ & + E_7\frac{\partial^2 v}{\partial x^2} + E_8\frac{\partial^2 v}{\partial y^2} + E_9\frac{\partial^2 v}{\partial z^2} + E_{10}\frac{\partial^2 v}{\partial x\partial y} + E_{11}\frac{\partial^2 v}{\partial y\partial z} + E_{12}\frac{\partial^2 v}{\partial z\partial x}\\ & + E_{13}\frac{\partial^2 w}{\partial x^2} + E_{14}\frac{\partial^2 w}{\partial y^2} + E_{15}\frac{\partial^2 w}{\partial z^2} + E_{16}\frac{\partial^2 w}{\partial x\partial y} + E_{17}\frac{\partial^2 w}{\partial y\partial z} + E_{18}\frac{\partial^2 w}{\partial z\partial x}\end{aligned} \tag{5-103}$$

根据式（5-102）可得

$$\frac{\partial \sigma_x}{\partial x}+\frac{\partial \tau_{xy}}{\partial y}=E_1\frac{\partial^2 u}{\partial x^2}+E_2\frac{\partial^2 u}{\partial y^2}+E_4\frac{\partial^2 u}{\partial x \partial y}+E_7\frac{\partial^2 v}{\partial x^2}+E_8\frac{\partial^2 v}{\partial y^2}+E_{10}\frac{\partial^2 v}{\partial x \partial y} \tag{5-104}$$

进一步考虑各向同性，则

$$\frac{\partial \sigma_x}{\partial x}+\frac{\partial \tau_{xy}}{\partial y}=E_1\frac{\partial^2 u}{\partial x^2}++E_8\frac{\partial^2 u}{\partial y^2}+E_{10}\frac{\partial^2 v}{\partial x \partial y} \tag{5-105}$$

式（5-105）即为二维各向同性岩土体经常采用的形式。

低温裂隙岩体的总变形可以分为两部分：相变引起的附加变形（u_a、v_a、w_a）和力学变形（u、v、w），与前二者相比热胀冷缩变形过小，因此忽略不计。则总变形（$\bar{u}$、$\bar{v}$、$\bar{w}$）可以表示为

$$\begin{cases}\bar{u}=u+u_a\\ \bar{v}=v+v_a\\ \bar{w}=w+w_a\end{cases} \tag{5-106}$$

为了便于说明问题，本节将控制微分方程组退化为二维情况，如下式

$$\begin{cases}\dfrac{\partial \sigma_x}{\partial x}+\dfrac{\partial \tau_{xy}}{\partial y}+\dfrac{\partial(\alpha_w p_w)}{\partial x}+\dfrac{\partial(\alpha_i p_i)}{\partial x}+\rho_e X_x=0\\ \dfrac{\partial \tau_{yx}}{\partial x}+\dfrac{\partial \sigma_y}{\partial y}+\dfrac{\partial(\alpha_w p_w)}{\partial y}+\dfrac{\partial(\alpha_i p_i)}{\partial y}+\rho_e X_y=0\\ C_4\dfrac{\partial \epsilon}{\partial t}-\dfrac{\partial^2(k_x p_w)}{\partial x^2}-\dfrac{\partial^2(k_y p_w)}{\partial y^2}+\dfrac{\rho_w-\rho_i}{\rho_w}\dot{n}_w=0\\ \left(C_3-C_6\dfrac{\partial n_w}{\partial T}\right)\dfrac{\partial T}{\partial t}-C_2\tilde{\beta}\left[k_x\left(\dfrac{\partial T}{\partial x}\right)^2+k_y\left(\dfrac{\partial T}{\partial y}\right)^2\right]\\ =\left[(\lambda_x-C_5\tilde{\beta}k_x)\dfrac{\partial^2 T}{\partial x^2}+(\lambda_y-C_5\tilde{\beta}k_y)\dfrac{\partial^2 T}{\partial y^2}\right]-\nabla\left(\sigma_r'\dfrac{\partial \vec{u}}{\partial t}\right)\dfrac{\partial C_i}{\partial t}\chi+\dfrac{\partial \chi}{\partial T}\dfrac{\partial T}{\partial t}C_i\\ =\left[\dfrac{\partial C_i}{\partial x}\dfrac{\partial(k_x p_w)}{\partial x}+C_i\dfrac{\partial^2(k_x p_w)}{\partial x^2}\right]+\left[\dfrac{\partial C_i}{\partial y}\dfrac{\partial(k_y p_w)}{\partial y}+C_i\dfrac{\partial^2(k_y p_w)}{\partial y^2}\right]\\ \quad+D\nabla^2 C_i+Ae^{\frac{B}{T}}C_i\end{cases} \tag{5-107}$$

将各向异性裂隙岩体的本构关系式（5-102）和式（5-104）以及式（5-106）代入式（5-108），并对各弹性系数重新进行编号（各弹性参数根据式（5-102）获得），整理得二维各向异性低温裂隙岩体控制微分方程组：

$$
\begin{cases}
E_{11}\dfrac{\partial^2 u}{\partial x^2}+E_{12}\dfrac{\partial^2 u}{\partial y^2}+(E_{13}+E_{14})\dfrac{\partial^2 u}{\partial x\partial y}+E_{15}\dfrac{\partial^2 v}{\partial x^2}+E_{16}\dfrac{\partial^2 v}{\partial y^2}+(E_{17}+E_{18})\dfrac{\partial^2 v}{\partial x\partial y} \\
\quad +\left(\alpha_{wx}+\dfrac{\rho_i}{\rho_w}\alpha_{ix}\right)\dfrac{\partial p_w}{\partial x}-\dfrac{\rho_i}{\rho_w}\tilde{\beta}\alpha_{ix}\dfrac{\partial T}{\partial x}+\rho_e X_x=0 \\
E_{21}\dfrac{\partial^2 u}{\partial x^2}+E_{22}\dfrac{\partial^2 u}{\partial y^2}+(E_{23}+E_{24})\dfrac{\partial^2 u}{\partial x\partial y}+E_{25}\dfrac{\partial^2 v}{\partial x^2}+E_{26}\dfrac{\partial^2 v}{\partial y^2}+(E_{27}+E_{28})\dfrac{\partial^2 v}{\partial x\partial y} \\
\quad +\left(\alpha_{wy}+\dfrac{\rho_i}{\rho_w}\alpha_{iy}\right)\dfrac{\partial p_w}{\partial y}-\dfrac{\rho_i}{\rho_w}\tilde{\beta}\alpha_{iy}\dfrac{\partial T}{\partial y}+\rho_e X_y=0 \\
C_4\dfrac{\partial}{\partial t}\left[\dfrac{\partial(u+u_a)}{\partial x}+\dfrac{\partial(v+v_a)}{\partial y}\right]-\dfrac{\partial^2(k_x p_w)}{\partial x^2}-\dfrac{\partial^2(k_y p_w)}{\partial y^2}=-\dfrac{\rho_w-\rho_i}{\rho_w}\dfrac{\partial n_w}{\partial T}\dfrac{\partial T}{\partial t} \\
\left(C_3-C_6\dfrac{\partial n_w}{\partial T}\right)\dfrac{\partial T}{\partial t}-C_2\tilde{\beta}\left[k_x\left(\dfrac{\partial T}{\partial x}\right)^2+k_y\left(\dfrac{\partial T}{\partial y}\right)^2\right] \\
\quad =\left[(\lambda_x-C_5\tilde{\beta}k_x)\dfrac{\partial^2 T}{\partial x^2}+(\lambda_y-C_5\tilde{\beta}k_y)\dfrac{\partial^2 T}{\partial y^2}\right]-\nabla\left(\sigma'_r\dfrac{\partial\vec{u}}{\partial t}\right)\dfrac{\partial C_i}{\partial t}\chi+\dfrac{\partial\chi}{\partial T}\dfrac{\partial T}{\partial t}C_i \\
\quad =\left[\dfrac{\partial C_i}{\partial x}\dfrac{\partial(k_x p_w)}{\partial x}+C_i\dfrac{\partial^2(k_x p_w)}{\partial x^2}\right]+\left[\dfrac{\partial C_i}{\partial y}\dfrac{\partial(k_y p_w)}{\partial y}+C_i\dfrac{\partial^2(k_y p_w)}{\partial y^2}\right] \\
\qquad +D\nabla^2 C_i+Ae^{\frac{B}{T}}C_i
\end{cases}
\tag{5-108}
$$

5.2.2 空间域内离散

本节采用加权余量法中常用的伽辽金法来建立控制微分方程组（5-98）的有限元格式。从式（5-108）可以看出该控制微分方程组中共涉及五个未知变量：两个方向的位移（u 和 v）、水压力（p_w）、温度（T）以及溶质浓度（C_i）。则经等效连续化处理的裂隙岩体内任意代表性单元体 RVE 上每一点均有 5 个自由度。将求解区域 D 划分为 M 个单元，则根据伽辽金法可将微分方程离散化为 $5n$ 个剩余函数的加权积分式。

$$
\begin{cases}
\displaystyle\int_V \bar{N}_i\left[E_{11}\frac{\partial^2 u}{\partial x^2}+E_{12}\frac{\partial^2 u}{\partial y^2}+(E_{13}+E_{14})\frac{\partial^2 u}{\partial x\partial y}+E_{15}\frac{\partial^2 v}{\partial x^2}+E_{16}\frac{\partial^2 v}{\partial y^2}\right. \\
\quad \displaystyle\left.+(E_{17}+E_{18})\frac{\partial^2 v}{\partial x\partial y}\right]\mathrm{d}x\mathrm{d}y+\int_V N_i\left[\left(\alpha_{wx}+\frac{\rho_i}{\rho_w}\alpha_{ix}\right)\frac{\partial p_w}{\partial x}-\frac{\rho_i}{\rho_w}\tilde{\beta}\alpha_{ix}\frac{\partial T}{\partial x}+\rho_e X_x\right]\mathrm{d}x\mathrm{d}y=0 \\
\displaystyle\int_V N_i\left[E_{21}\frac{\partial^2 u}{\partial x^2}+E_{22}\frac{\partial^2 u}{\partial y^2}+(E_{23}+E_{24})\frac{\partial^2 u}{\partial x\partial y}+E_{25}\frac{\partial^2 v}{\partial x^2}+E_{26}\frac{\partial^2 v}{\partial y^2}\right. \\
\quad \displaystyle\left.+(E_{27}+E_{28})\frac{\partial^2 v}{\partial x\partial y}\right]\mathrm{d}x\mathrm{d}y+\int_V N_i\left[\left(\alpha_{wy}+\frac{\rho_i}{\rho_w}\alpha_{iy}\right)\frac{\partial p_w}{\partial y}-\frac{\rho_i}{\rho_w}\tilde{\beta}\alpha_{iy}\frac{\partial T}{\partial y}+\rho_e X_y\right]\mathrm{d}x\mathrm{d}y=0 \\
\displaystyle\int_V N_i\left\{C_4\frac{\partial}{\partial t}\left[\frac{\partial(u+u_a)}{\partial x}+\frac{\partial(v+v_a)}{\partial y}\right]-\frac{\partial^2(k_x p_w)}{\partial x^2}-\frac{\partial^2(k_y p_w)}{\partial y^2}+\frac{\rho_w-\rho_i}{\rho_w}\frac{\partial n_w}{\partial T}\frac{\partial T}{\partial t}\right\}\mathrm{d}x\mathrm{d}y=0 \\
\displaystyle\int_V N_i\left\{\left(C_3-C_6\frac{\partial n_w}{\partial T}\right)\frac{\partial T}{\partial t}-C_2\tilde{\beta}\left[k_x\left(\frac{\partial T}{\partial x}\right)^2+k_y\left(\frac{\partial T}{\partial y}\right)^2\right]-\left[(\lambda_x-C_5\tilde{\beta}k_x)\frac{\partial^2 T}{\partial x^2}\right.\right. \\
\quad \displaystyle\left.\left.+(\lambda_y-C_5\tilde{\beta}k_y)\frac{\partial^2 T}{\partial y^2}\right]\right\}\mathrm{d}x\mathrm{d}y+\int_V N_i\left[\frac{\partial}{\partial x}(\sigma_x\dot{u}+\tau_{xy}\dot{v})+\frac{\partial}{\partial y}(\tau_{xy}\dot{u}+\sigma_y\dot{v})\right]\mathrm{d}x\mathrm{d}y=0 \\
\displaystyle\int_V N_i\left\{\frac{\partial C_i}{\partial t}\chi+\frac{\partial\chi}{\partial T}\frac{\partial T}{\partial t}C_i-\left[\frac{\partial C_i}{\partial x}\frac{\partial(k_x p_w)}{\partial x}+C_i\frac{\partial^2(k_x p_w)}{\partial x^2}\right]\right. \\
\quad \displaystyle\left.-\left[\frac{\partial C_i}{\partial y}\frac{\partial(k_y p_w)}{\partial y}+C_i\frac{\partial^2(k_y p_w)}{\partial y^2}\right]\right\}\mathrm{d}x\mathrm{d}y-\int_V N_i\{D\nabla^2 C_i+Ae^{\frac{B}{T}}C_i\}\mathrm{d}x\mathrm{d}y=0
\end{cases}
\tag{5-109}
$$

式中，$i=1,2,\cdots,n$；V 是满足未知函数的区域。

式（5-109）中的第一式可以变换为

$$
\begin{aligned}
&\oint_{\Gamma} N_i\left(E_{11}\frac{\partial u}{\partial x}l_x+E_{12}\frac{\partial u}{\partial y}l_y+E_{13}\frac{\partial u}{\partial y}l_x+E_{14}\frac{\partial u}{\partial x}l_y+E_{15}\frac{\partial v}{\partial x}l_x+E_{16}\frac{\partial v}{\partial y}l_y+E_{17}\frac{\partial v}{\partial y}l_x\right.\\
&\left.+E_{18}\frac{\partial v}{\partial x}l_y\right\}\mathrm{d}\Gamma+\oint_{\Gamma} N_i\left[(\alpha_{wx}+\frac{\rho_i}{\rho_w}\alpha_{ix})p_w l_x-\frac{\rho_i}{\rho_w}\widetilde{\beta}\alpha_{ix}Tl_x+\rho_e X_x\right]\mathrm{d}\Gamma\\
=&\int_V\left\{E_{11}\frac{\partial N_i}{\partial x}\frac{\partial u}{\partial x}+E_{12}\frac{\partial N_i}{\partial y}\frac{\partial u}{\partial y}+E_{13}\frac{\partial N_i}{\partial x}\frac{\partial u}{\partial y}+E_{14}\frac{\partial N_i}{\partial y}\frac{\partial u}{\partial x}+E_{15}\frac{\partial N_i}{\partial x}\frac{\partial v}{\partial x}\right.\\
&\left.+E_{16}\frac{\partial N_i}{\partial y}\frac{\partial v}{\partial y}+E_{17}\frac{\partial N_i}{\partial x}\frac{\partial v}{\partial y}+E_{18}\frac{\partial N_i}{\partial y}\frac{\partial v}{\partial x}\right\}\mathrm{d}x\mathrm{d}y\\
&+\int_V\left\{\frac{\partial N_i}{\partial x}(\alpha_{wx}+\frac{\rho_i}{\rho_w}\alpha_{ix})p_w-\frac{\partial N_i}{\partial x}\frac{\rho_i}{\rho_w}\widetilde{\beta}\alpha_{ix}T+N_i\rho_e X_x\right\}\mathrm{d}x\mathrm{d}y
\end{aligned}
\tag{5-110}
$$

引入边界上的已知边界条件（应力边界条件）

$$
\begin{aligned}
\widetilde{f}_x&=\sigma'_x l_x+\tau_{xy}l_y+p_w l_x\\
&=\left(E_{11}\frac{\partial u}{\partial x}l_x+E_{12}\frac{\partial u}{\partial y}l_y+E_{13}\frac{\partial u}{\partial y}l_x+E_{14}\frac{\partial u}{\partial x}l_y+E_{15}\frac{\partial v}{\partial x}l_x\right.\\
&\quad\left.+E_{16}\frac{\partial v}{\partial y}l_y+E_{17}\frac{\partial v}{\partial y}l_x+E_{18}\frac{\partial v}{\partial x}l_y\right)+p_w l_x
\end{aligned}
\tag{5-111}
$$

将式（5-111）代入式（5-110）得

$$
\begin{aligned}
&\int_V\left(E_{11}\frac{\partial N_i}{\partial x}\frac{\partial N_j}{\partial x}+E_{12}\frac{\partial N_i}{\partial y}\frac{\partial N_j}{\partial y}+E_{13}\frac{\partial N_i}{\partial x}\frac{\partial N_j}{\partial y}+E_{14}\frac{\partial N_i}{\partial y}\frac{\partial N_j}{\partial x}\right)\mathrm{d}x\mathrm{d}y\cdot u_j\\
&+\int_V\left(E_{15}\frac{\partial N_i}{\partial x}\frac{\partial N_j}{\partial x}+E_{16}\frac{\partial N_i}{\partial y}\frac{\partial N_j}{\partial y}+E_{17}\frac{\partial N_i}{\partial x}\frac{\partial N_j}{\partial y}+E_{18}\frac{\partial N_i}{\partial y}\frac{\partial N_j}{\partial x}\right)\mathrm{d}x\mathrm{d}y\cdot v_j\\
&+\left(\alpha_{wx}+\frac{\rho_i}{\rho_w}\alpha_{ix}\right)\int_V\bar{N}_j\frac{\partial N_i}{\partial x}\mathrm{d}x\mathrm{d}y\cdot p_{wj}-\frac{\rho_i}{\rho_w}\widetilde{\beta}\alpha_{ix}\int_V N_j\frac{\partial N_i}{\partial x}\mathrm{d}x\mathrm{d}y\cdot T_j+\int_V N_i\rho_e X_x\mathrm{d}x\mathrm{d}y\\
=&-\oint_{\Gamma} N_i\widetilde{f}_x\mathrm{d}\Gamma
\end{aligned}
\tag{5-112}
$$

对上式进一步整理可得

$$
\sum_{j=1}^{n}\left[k_{ij}^{11}u_j+k_{ij}^{12}v_j+\left(\alpha_{wx}+\frac{\rho_i}{\rho_w}\alpha_{ix}\right)k_{ij}^{13}p_{wj}-\widetilde{\beta}\alpha_{ix}k_{ij}^{14}T_j\right]=F_i^1 \tag{5-113}
$$

式中，

$$
k_{ij}^{11}=\int_V\left(E_{11}\frac{\partial N_i}{\partial x}\frac{\partial N_j}{\partial x}+E_{12}\frac{\partial N_i}{\partial y}\frac{\partial N_j}{\partial y}+E_{13}\frac{\partial N_i}{\partial x}\frac{\partial N_j}{\partial y}+E_{14}\frac{\partial N_i}{\partial y}\frac{\partial N_j}{\partial x}\right)\mathrm{d}x\mathrm{d}y
$$

$$
k_{ij}^{12}=\int_V\left(E_{15}\frac{\partial N_i}{\partial x}\frac{\partial N_j}{\partial x}+E_{16}\frac{\partial N_i}{\partial y}\frac{\partial N_j}{\partial y}+E_{17}\frac{\partial N_i}{\partial x}\frac{\partial N_j}{\partial y}+E_{18}\frac{\partial N_i}{\partial y}\frac{\partial N_j}{\partial x}\right)\mathrm{d}x\mathrm{d}y
$$

$$
k_{ij}^{13}=\int_V\frac{\partial N_i}{\partial x}\bar{N}_j\mathrm{d}x\mathrm{d}y
$$

$$k_{ij}^{14}=\int_V \frac{\partial N_i}{\partial x}N_j \mathrm{d}x\mathrm{d}y$$

$$F_i^1=-\int_V (N_i\rho_e X_x)\mathrm{d}x\mathrm{d}y-\oint_\Gamma N_i\tilde{f}_x \mathrm{d}\Gamma$$

同理，控制微分方程组式（5-109）中的第二式可以整理为

$$\sum_{j=1}^{n}\left[k_{ij}^{21}u_j+k_{ij}^{22}v_j+\left(\alpha_{wy}+\frac{\rho_i}{\rho_w}\alpha_{iy}\right)k_{ij}^{23}p_{wj}-\tilde{\beta}\alpha_{iy}k_{ij}^{24}T_j\right]=F_i^2 \tag{5-114}$$

式中，

$$k_{ij}^{21}=\int_V\left(E_{21}\frac{\partial N_i}{\partial x}\frac{\partial N_j}{\partial x}+E_{22}\frac{\partial N_i}{\partial y}\frac{\partial N_j}{\partial y}+E_{23}\frac{\partial N_i}{\partial x}\frac{\partial N_j}{\partial y}+E_{24}\frac{\partial N_i}{\partial y}\frac{\partial N_j}{\partial x}\right)\mathrm{d}x\mathrm{d}y$$

$$k_{ij}^{22}=\int_V\left(E_{25}\frac{\partial N_i}{\partial x}\frac{\partial N_j}{\partial x}+E_{26}\frac{\partial N_i}{\partial y}\frac{\partial N_j}{\partial y}+E_{27}\frac{\partial N_i}{\partial x}\frac{\partial N_j}{\partial y}+E_{28}\frac{\partial N_i}{\partial y}\frac{\partial N_j}{\partial x}\right)\mathrm{d}x\mathrm{d}y$$

$$k_{ij}^{23}=\int_V \frac{\partial N_i}{\partial x}\bar{N}_j \mathrm{d}x\mathrm{d}y$$

$$k_{ij}^{24}=\int_V \frac{\partial N_i}{\partial x}N_j \mathrm{d}x\mathrm{d}y$$

$$F_i^2=-\int_V (N_i\rho_e X_y)\mathrm{d}x\mathrm{d}y-\oint_\Gamma N_i\tilde{f}_y \mathrm{d}\Gamma$$

将式（5-113）和式（5-114）整理成矩阵形式为

$$[K_{11}]\{u\}+[K_{12}]\{v\}+\alpha_{11}[K_{13}]\{p_w\}-\alpha_{12}[K_{14}]\{T\}=\{F_1\} \tag{5-115}$$

$$[K_{21}]\{u\}+[K_{22}]\{v\}+\alpha_{21}[K_{23}]\{p_w\}-\alpha_{22}[K_{24}]\{T\}=\{F_2\} \tag{5-116}$$

式中，$\alpha_{11}=\alpha_{wx}+\rho_i/\rho_w\alpha_{ix}$、$\alpha_{12}=\tilde{\beta}\alpha_{ix}$、$\alpha_{21}=\alpha_{wy}+\rho_i/\rho_w\alpha_{iy}$、$\alpha_{22}=\tilde{\beta}\alpha_{iy}$。

控制微分方程组式（5-109）中的第三式可以变换为

$$C_4\int_V \bar{N}_j\frac{\partial \bar{N}_i}{\partial x}\mathrm{d}x\mathrm{d}y\cdot(\dot{u}+\dot{u}_a)_j+C_4\int_V \bar{N}_j\frac{\partial \bar{N}_i}{\partial y}\mathrm{d}x\mathrm{d}y\cdot(\dot{v}+\dot{v}_a)_j$$
$$-\int_V\left(k_x\frac{\partial \bar{N}_i}{\partial x}\frac{\partial \bar{N}_j}{\partial x}+k_y\frac{\partial \bar{N}_i}{\partial y}\frac{\partial \bar{N}_j}{\partial y}\right)\mathrm{d}x\mathrm{d}y\cdot p_{wj}+\frac{\rho_w-\rho_i}{\rho_w}\frac{\partial n_w}{\partial T}\int_V(\bar{N}_i\bar{N}_j)\mathrm{d}x\mathrm{d}y\cdot\dot{T}_j=0 \tag{5-117}$$

引入Γ边界上的已知边界条件（水压力边界条件）

$$\tilde{q}_n=-\left(k_x\frac{\partial p_w}{\partial x}l_x+\frac{\partial p_w}{\partial y}l_y\right) \tag{5-118}$$

将式（5-118）代入式（5-117）得

$$C_4\int_V \bar{N}_j\frac{\partial \bar{N}_i}{\partial x}\mathrm{d}x\mathrm{d}y\cdot(\dot{u}+\dot{u}_a)_j+C_4\int_V \bar{N}_j\frac{\partial \bar{N}_i}{\partial y}\mathrm{d}x\mathrm{d}y\cdot(\dot{v}+\dot{v}_a)_j$$
$$-\int_V\left(k_x\frac{\partial \bar{N}_i}{\partial x}\frac{\partial \bar{N}_j}{\partial x}+k_y\frac{\partial \bar{N}_i}{\partial y}\frac{\partial \bar{N}_j}{\partial y}\right)\mathrm{d}x\mathrm{d}y\cdot p_{wj}+\frac{\rho_w-\rho_i}{\rho_w}\frac{\partial n_w}{\partial T}\int_V(\bar{N}_i\bar{N}_j)\mathrm{d}x\mathrm{d}y\cdot\dot{T}_j$$
$$=-\oint_\Gamma N_i\tilde{q}_n\mathrm{d}\Gamma \tag{5-119}$$

对上式进一步整理可得

$$\sum_{j=1}^{n}\left[C_4 k_{ij}^{31}(\dot{u}+\dot{u}_{\mathrm{a}})_j + C_4 k_{ij}^{32}(\dot{v}+\dot{v}_{\mathrm{a}})_j - k_{ij}^{33} p_{\mathrm{w}j} + \frac{\rho_{\mathrm{w}}-\rho_i}{\rho_{\mathrm{w}}}\frac{\partial n_{\mathrm{w}}}{\partial T} k_{ij}^{34}\dot{T}_j\right] = F_i^3 \tag{5-120}$$

式中，

$$k_{ij}^{31} = \int_{\mathrm{V}} \bar{N}_j \frac{\partial \bar{N}_i}{\partial x}\mathrm{d}x\mathrm{d}y$$

$$k_{ij}^{32} = \int_{\mathrm{V}} \bar{N}_j \frac{\partial \bar{N}_i}{\partial x}\mathrm{d}x\mathrm{d}y$$

$$k_{ij}^{33} = \int_{\mathrm{V}} \left(k_{\mathrm{x}} \frac{\partial \bar{N}_i}{\partial x}\frac{\partial \bar{N}_j}{\partial x} + k_{\mathrm{y}} \frac{\partial \bar{N}_i}{\partial y}\frac{\partial \bar{N}_j}{\partial y}\right)\mathrm{d}x\mathrm{d}y$$

$$k_{ij}^{34} = \int_{\mathrm{V}} (\bar{N}_i \bar{N}_j)\mathrm{d}x\mathrm{d}y$$

$$F_i^3 = -\oint_{\Gamma} N_i \tilde{q}_{\mathrm{n}}\mathrm{d}\Gamma$$

令 $C_{\rho\mathrm{n}} = \frac{\rho_{\mathrm{w}}-\rho_i}{\rho_{\mathrm{w}}}\frac{\partial n_{\mathrm{w}}}{\partial T}$，则式（5-120）用矩阵可表示为

$$C_4[K_{31}]\{\dot{u}+\dot{u}_{\mathrm{a}}\} + C_4[K_{32}]\{\dot{v}+\dot{v}_{\mathrm{a}}\} - [K_{33}]\{p_{\mathrm{w}}\} + C_{\rho\mathrm{n}}[K_{34}]\{\dot{T}\} = \{F_3\} \tag{5-121}$$

将式（5-115）、式（5-116）和式（5-121）联立得

$$\begin{cases} [K_{11}]\{u\} + [K_{12}]\{v\} + \alpha_{11}[K_{13}]\{p_{\mathrm{w}}\} - \alpha_{12}[K_{14}]\{T\} = \{F_1\} \\ [K_{21}]\{u\} + [K_{22}]\{v\} + \alpha_{21}[K_{23}]\{p_{\mathrm{w}}\} - \alpha_{22}[K_{24}]\{T\} = \{F_2\} \\ C_4[K_{31}]\{\dot{u}+\dot{u}_{\mathrm{a}}\} + C_4[K_{32}]\{\dot{v}+\dot{v}_{\mathrm{a}}\} - [K_{33}]\{p_{\mathrm{w}}\} + C_{\rho\mathrm{n}}[K_{34}]\{\dot{T}\} = \{F_3\} \end{cases} \tag{5-122}$$

上式中附加变形 ε_{a} 可表示为

$$\frac{\partial \varepsilon_{\mathrm{a}}}{\partial t} = \nabla^2(kp_{\mathrm{w}}) - \frac{\rho_{\mathrm{w}}-\rho_i}{\rho_{\mathrm{w}}}\frac{\partial n_{\mathrm{w}}}{\partial T}\frac{\partial T}{\partial t} \tag{5-123}$$

由以上附加变形所形成的等效节点力为

$$\{F^{\varepsilon_{\mathrm{a}}}\} = \int_{\mathrm{v}} [B]^T[D]\{\varepsilon_{\mathrm{a}}\}\mathrm{d}x\mathrm{d}y \tag{5-124}$$

根据式（5-124）可将式（5-122）改写为

$$\begin{cases} \begin{bmatrix} K_{11} & K_{12} \\ K_{21} & K_{22} \end{bmatrix}\{u+u_{\mathrm{a}}\} + \begin{bmatrix} \alpha_{11}K_{13} \\ \alpha_{21}K_{23} \end{bmatrix}\{p_{\mathrm{w}}\} = \begin{Bmatrix} F_1 \\ F_2 \end{Bmatrix} + \begin{Bmatrix} F_{\mathrm{x}}^{\varepsilon_{\mathrm{a}}} \\ F_{\mathrm{y}}^{\varepsilon_{\mathrm{a}}} \end{Bmatrix} + \begin{bmatrix} \alpha_{12}K_{14} \\ \alpha_{22}K_{24} \end{bmatrix}\{T\} \\ C_4[K_{31}]\{\dot{u}+\dot{u}_{\mathrm{a}}\} + C_4[K_{32}]\{\dot{v}+\dot{v}_{\mathrm{a}}\} - [K_{33}]\{p_{\mathrm{w}}\} = \{F_3\} - C_{\rho\mathrm{n}}[K_{34}]\{\dot{T}\} \end{cases} \tag{5-125}$$

式（5-122）可进一步用总变形表示为

$$\begin{cases}\begin{bmatrix}K_{11} & K_{12}\\ K_{21} & K_{22}\end{bmatrix}\{\bar{u}\}+\begin{bmatrix}\alpha_{11}K_{13}\\ \alpha_{21}K_{23}\end{bmatrix}\{p_{\mathrm{w}}\}=\begin{Bmatrix}F_1\\ F_2\end{Bmatrix}+\begin{Bmatrix}F_{\mathrm{x}}^{\varepsilon_{\mathrm{a}}}\\ F_{\mathrm{y}}^{\varepsilon_{\mathrm{a}}}\end{Bmatrix}+\begin{bmatrix}\alpha_{12}K_{14}\\ \alpha_{22}K_{24}\end{bmatrix}\{T\}\\ C_4[K_{31}]\{\dot{\bar{u}}\}+C_4[K_{32}]\{\dot{\bar{v}}\}-[K_{33}]\{p_{\mathrm{w}}\}=\{F_3\}-C_{\rho n}[K_{34}]\{\dot{T}\}\end{cases} \tag{5-126}$$

控制微分方程组式（5-109）中的第四式能量守恒微分方程可以变换为

$$\begin{aligned}&\int_{\mathrm{V}}\left(C_3-C_6\frac{\partial n_{\mathrm{w}}}{\partial T}\right)N_j\mathrm{d}x\mathrm{d}y\dot{T}_j-\int_{\mathrm{V}}\left\{\left[(C_2\tilde{\beta}k_{\mathrm{x}}+\lambda_{\mathrm{x}}-C_5\tilde{\beta}k_{\mathrm{x}})\frac{\partial N_i}{\partial x}\frac{\partial N_j}{\partial x}\right.\right.\\&\left.\left.+(C_2\tilde{\beta}k_{\mathrm{y}}+\lambda_{\mathrm{y}}-C_5\tilde{\beta}k_{\mathrm{y}})\frac{\partial N_i}{\partial y}\frac{\partial N_j}{\partial y}\right]\right\}\mathrm{d}x\mathrm{d}yT_j+\int_{\mathrm{V}}N_i\left(\frac{\partial\sigma_{\mathrm{x}}}{\partial x}\dot{u}+\frac{\partial\tau_{\mathrm{xy}}}{\partial x}\dot{v}+\frac{\partial\tau_{\mathrm{xy}}}{\partial y}\dot{u}\right.\\&\left.+\frac{\partial\sigma_{\mathrm{y}}}{\partial y}\dot{v}\right)\mathrm{d}x\mathrm{d}y+\int_{\mathrm{V}}N_i\left(\sigma_{\mathrm{x}}\frac{\partial\dot{u}}{\partial x}+\tau_{\mathrm{xy}}\frac{\partial\dot{v}}{\partial x}+\tau_{\mathrm{xy}}\frac{\partial\dot{u}}{\partial y}+\sigma_{\mathrm{y}}\frac{\partial\dot{v}}{\partial y}\right)\mathrm{d}x\mathrm{d}y=0\end{aligned} \tag{5-127}$$

引入热流边界条件，即

$$\tilde{q}_{\mathrm{T}}=-\left[(C_2\tilde{\beta}k_{\mathrm{x}}+\lambda_{\mathrm{x}}-C_5\tilde{\beta}k_{\mathrm{x}})\frac{\partial T}{\partial x}l_{\mathrm{x}}+(C_2\tilde{\beta}k_{\mathrm{y}}+\lambda_{\mathrm{y}}-C_5\tilde{\beta}k_{\mathrm{y}})\frac{\partial T}{\partial y}l_{\mathrm{y}}\right] \tag{5-128}$$

根据式（5-107）第一式和第二式可得

$$\begin{cases}\dfrac{\partial\sigma_{\mathrm{x}}}{\partial x}+\dfrac{\partial\tau_{\mathrm{xy}}}{\partial y}=-\dfrac{\partial(\alpha_{\mathrm{w}}p_{\mathrm{w}})}{\partial x}-\dfrac{\partial(\alpha_i p_i)}{\partial x}-\rho_{\mathrm{e}}X_{\mathrm{x}}\\[2ex] \dfrac{\partial\tau_{\mathrm{yx}}}{\partial x}+\dfrac{\partial\sigma_{\mathrm{y}}}{\partial y}=-\dfrac{\partial(\alpha_{\mathrm{w}}p_{\mathrm{w}})}{\partial y}-\dfrac{\partial(\alpha_i p_i)}{\partial y}-\rho_{\mathrm{e}}X_{\mathrm{y}}\end{cases} \tag{5-129}$$

将式（5-128）和式（5-129）代入式（5-127）则有

$$\begin{aligned}&\int_{\mathrm{V}}\left(C_3-C_6\frac{\partial n_{\mathrm{w}}}{\partial T}\right)N_iN_j\mathrm{d}x\mathrm{d}y\cdot\dot{T}_j-\int_{\mathrm{V}}\left\{\left[(C_2\tilde{\beta}k_{\mathrm{x}}+\lambda_{\mathrm{x}}-C_5\tilde{\beta}k_{\mathrm{x}})\frac{\partial N_i}{\partial x}\frac{\partial N_j}{\partial x}\right.\right.\\&\left.\left.+(C_2\tilde{\beta}k_{\mathrm{y}}+\lambda_{\mathrm{y}}-C_5\tilde{\beta}k_{\mathrm{y}})\frac{\partial N_i}{\partial y}\frac{\partial N_j}{\partial y}\right]\right\}\mathrm{d}x\mathrm{d}y\cdot T_j\\&=-\int_{\Gamma}(N_i\tilde{q}_{\mathrm{T}})\mathrm{d}\Gamma+\int_{\mathrm{V}}\left[\left(\alpha_{\mathrm{wx}}\frac{\partial p_{\mathrm{w}}}{\partial x}+\alpha_{i\mathrm{x}}\frac{\partial p_i}{\partial x}+\rho_{\mathrm{e}}X_{\mathrm{x}}\right)N_iN_j\right]\mathrm{d}x\mathrm{d}y\cdot\dot{u}_j\\&+\int_{\mathrm{V}}\left[\left(\alpha_{\mathrm{wy}}\frac{\partial p_{\mathrm{w}}}{\partial y}+\alpha_{i\mathrm{y}}\frac{\partial p_i}{\partial y}+\rho_{\mathrm{e}}X_{\mathrm{y}}\right)N_iN_j\right]\mathrm{d}x\mathrm{d}y\cdot\dot{v}_j-\int_{\mathrm{V}}\left(\sigma_{\mathrm{x}}N_i\frac{\partial N_j}{\partial x}\right.\\&\left.+\tau_{\mathrm{xy}}N_i\frac{\partial N_j}{\partial y}\right)\mathrm{d}x\mathrm{d}y\cdot\dot{u}_j-\int_{\mathrm{V}}\left(\tau_{\mathrm{xy}}N_i\frac{\partial N_j}{\partial x}+N_i\sigma_{\mathrm{y}}\frac{\partial N_j}{\partial y}\right)\mathrm{d}x\mathrm{d}y\cdot\dot{v}_j\end{aligned} \tag{5-130}$$

对式（5-130）进一步整理可得

$$\sum_{j=1}^{n}\left[\left(C_3-C_6\frac{\partial n_{\mathrm{w}}}{\partial T}\right)c_{ij}^{T}\dot{T}_j-k_{ij}^{T}T_j\right]=F_i^{T}+\sum_{j=1}^{n}[(k_{ij}^{T1}-k_{ij}^{T3})\dot{u}_j+(k_{ij}^{T2}-k_{ij}^{T4})\dot{v}_j] \tag{5-131}$$

式中，

$$c_{ij}^{T}=\int_{V}N_iN_j\mathrm{d}x\mathrm{d}y$$

$$k_{ij}^{T}=\int_{V}\left\{\left[(C_2\widetilde{\beta}k_x+\lambda_x-C_5\widetilde{\beta}k_x)\frac{\partial N_i}{\partial x}\frac{\partial N_j}{\partial x}+(C_2\widetilde{\beta}k_y+\lambda_y-C_5\widetilde{\beta}k_y)\frac{\partial N_i}{\partial y}\frac{\partial N_j}{\partial y}\right]\right\}\mathrm{d}x\mathrm{d}y$$

$$k_{ij}^{T1}=\left(\alpha_{wx}\frac{\partial p_w}{\partial x}+\alpha_{ix}\frac{\partial p_i}{\partial x}+\rho_e X_x\right)\int_{V}N_iN_j\mathrm{d}x\mathrm{d}y$$

$$k_{ij}^{T2}=\left(\alpha_{wy}\frac{\partial p_w}{\partial y}+\alpha_{iy}\frac{\partial p_i}{\partial y}+\rho_e X_y\right)\int_{V}N_iN_j\mathrm{d}x\mathrm{d}y$$

$$k_{ij}^{T3}=\sigma_x\int_{V}N_i\frac{\partial N_j}{\partial x}\mathrm{d}x\mathrm{d}y+\tau_{xy}\int_{V}N_i\frac{\partial N_j}{\partial y}\mathrm{d}x\mathrm{d}y$$

$$k_{ij}^{T4}=\tau_{xy}\int_{V}N_i\frac{\partial N_j}{\partial x}\mathrm{d}x\mathrm{d}y+\sigma_y\int_{V}N_i\frac{\partial N_j}{\partial y}\mathrm{d}x\mathrm{d}y$$

$$F_i^{T}=-\int_{\Gamma}N_i\widetilde{q}_T\mathrm{d}\Gamma$$

将式（5-131）用矩阵表示为

$$\begin{aligned}&\left(C_3-C_6\frac{\partial n_w}{\partial T}\right)[C_T]\{\dot{T}\}-[K_T]\{T\}\\&=\{F_T\}+\{[K_{T1}]-[K_{T3}]\}\{\dot{u}\}+\{[K_{T2}]-[K_{T4}]\}\{\dot{v}\}\end{aligned}\tag{5-132}$$

控制微分方程组式（5-109）中的第五式溶质运移微分方程可以变换为

$$\begin{aligned}&\chi\int_{V}N_iN_j\mathrm{d}x\mathrm{d}y\{\dot{C}_k\}_j+\frac{\partial\chi}{\partial T}C_k\int_{V}N_iN_j\mathrm{d}x\mathrm{d}y\{\dot{T}\}_j-\frac{\partial(k_xp_w)}{\partial x}\int_{V}N_i\frac{\partial N_j}{\partial x}\mathrm{d}x\mathrm{d}y\{C_k\}_j\\&-C_kk_x\int_{V}\frac{\partial N_i}{\partial x}\frac{\partial N_j}{\partial x}\mathrm{d}x\mathrm{d}y\{p_w\}_j-\frac{\partial(k_yp_w)}{\partial y}\int_{V}N_i\frac{\partial N_j}{\partial y}\mathrm{d}x\mathrm{d}y\{C_k\}_j\\&-C_kk_y\int_{V}\frac{\partial N_i}{\partial y}\frac{\partial N_j}{\partial y}\mathrm{d}x\mathrm{d}y\{p_w\}_j-\int_{V}\left(D_x\frac{\partial N_i}{\partial x}\frac{\partial N_j}{\partial x}+D_y\frac{\partial N_i}{\partial y}\frac{\partial N_j}{\partial y}\right)\mathrm{d}x\mathrm{d}y\{C_k\}_j\\&-\int_{V}(N_iAe^{\frac{B}{T}}C_k)\mathrm{d}x\mathrm{d}y=0\end{aligned}\tag{5-133}$$

引入 Γ 边界上的已知条件（溶质边界 $\widetilde{q}_C$）

$$\widetilde{q}_C=-\left(D_x\frac{\partial C_i}{\partial x}l_x+D_y\frac{\partial C_k}{\partial x}l_y\right)\tag{5-134}$$

将式（5-134）代入式（5-133）并整理得

$$\begin{aligned}&\chi\int_{V}N_iN_j\mathrm{d}x\mathrm{d}y\{\dot{C}_k\}_j-\frac{\partial(k_xp_w)}{\partial x}\int_{V}N_i\frac{\partial N_j}{\partial x}\mathrm{d}x\mathrm{d}y\{C_k\}_j-\frac{\partial(k_yp_w)}{\partial y}\int_{V}N_i\frac{\partial N_j}{\partial y}\mathrm{d}x\mathrm{d}y\{C_k\}_j\\&-\int_{V}\left(D_x\frac{\partial N_i}{\partial x}\frac{\partial N_j}{\partial x}+D_y\frac{\partial N_i}{\partial y}\frac{\partial N_j}{\partial y}\right)\mathrm{d}x\mathrm{d}y\{C_k\}_j=-\oint_{\Gamma}N_i\widetilde{q}_C\mathrm{d}x\mathrm{d}y+\int_{V}(N_iAe^{\frac{B}{T}}C_k)\mathrm{d}x\mathrm{d}y\\&-\frac{\partial\chi}{\partial T}C_i\int_{V}N_iN_j\mathrm{d}x\mathrm{d}y\{\dot{T}\}_j+C_kk_x\int_{V}\frac{\partial N_i}{\partial x}\frac{\partial N_j}{\partial x}\mathrm{d}x\mathrm{d}y\{p_w\}_j+C_kk_y\int_{V}\frac{\partial N_i}{\partial y}\frac{\partial N_j}{\partial y}\mathrm{d}x\mathrm{d}y\{p_w\}_j\end{aligned}\tag{5-135}$$

对式（5-135）进一步整理得

$$\begin{aligned}&\sum_{j=1}^{n}\{c_{ij}^{C}\{\dot{C}_{k}\}_{j}-(k_{ij}^{C1}+k_{ij}^{C2}+k_{ij}^{C3})\{C_{k}\}_{j}\}\\&=F_{i}^{C}-\sum_{j=1}^{n}\{k_{ij}^{T}\dot{T}_{j}-(k_{ij}^{p1}+k_{ij}^{p2})\{p_{w}\}_{j}\}\end{aligned} \tag{5-136}$$

式中，

$$c_{ij}^{C}=\chi\int_{V}N_{i}N_{j}\mathrm{d}x\mathrm{d}y$$

$$k_{ij}^{C1}=\frac{\partial(k_{x}p_{w})}{\partial x}\int_{V}N_{i}\frac{\partial N_{j}}{\partial x}\mathrm{d}x\mathrm{d}y$$

$$k_{ij}^{C2}=\frac{\partial(k_{y}p_{w})}{\partial y}\int_{V}N_{i}\frac{\partial N_{j}}{\partial y}\mathrm{d}x\mathrm{d}y$$

$$k_{ij}^{C3}=\int_{V}\left(D_{x}\frac{\partial N_{i}}{\partial x}\frac{\partial N_{j}}{\partial x}+D_{y}\frac{\partial N_{i}}{\partial y}\frac{\partial N_{j}}{\partial y}\right)\mathrm{d}x\mathrm{d}y$$

$$k_{ij}^{T}=\frac{\partial\chi}{\partial T}C_{i}\int_{V}N_{i}N_{j}\mathrm{d}x\mathrm{d}y$$

$$k_{ij}^{p1}=C_{k}k_{x}\int_{V}\frac{\partial N_{i}}{\partial x}\frac{\partial N_{j}}{\partial x}\mathrm{d}x\mathrm{d}y$$

$$k_{ij}^{p2}=C_{k}k_{y}\int_{V}\frac{\partial N_{i}}{\partial y}\frac{\partial N_{j}}{\partial y}\mathrm{d}x\mathrm{d}y$$

$$F_{i}^{C}=-\oint_{\Gamma}N_{i}\widetilde{q}_{C}\mathrm{d}x\mathrm{d}y+\int_{V}(N_{i}Ae^{\frac{B}{T}}C_{k})\mathrm{d}x\mathrm{d}y$$

将式（5-136）用矩阵表示为

$$\begin{aligned}&[C_{C}]\{\dot{C}_{k}\}-\{[K_{C1}]+[K_{C2}]+[K_{C3}]\}\{C_{k}\}\\&=\{F_{C}\}-[K_{TC}]\{\dot{T}\}+([K_{p1}]+[K_{p2}])\{p_{w}\}\end{aligned} \tag{5-137}$$

式（5-109）～式（5-137）中，l_{x}和l_{y}是边界为外法线与x、y向的方向余弦，积分是沿着所有边界进行的。

将式（5-126）、式（5-132）和式（5-137）组合在一起，即可得到低温裂隙岩体变形-水分-热质-化学四场耦合模型的有限元解析格式，即

$$\begin{cases}\left(C_{3}-C_{6}\dfrac{\partial n_{w}}{\partial T}\right)[C_{T}]\{\dot{T}\}-[K_{T}]\{T\}=\{F_{T}\}+\{[K_{T1}]-[K_{T3}]\}\{\dot{u}\}+\{[K_{T2}]-[K_{T4}]\}\{\dot{v}\}\\ \begin{bmatrix}K_{11}&K_{12}\\K_{21}&K_{22}\end{bmatrix}\{\bar{u}\}+\begin{bmatrix}\alpha_{11}K_{13}\\\alpha_{21}K_{23}\end{bmatrix}\{p_{w}\}=\begin{Bmatrix}F_{1}\\F_{2}\end{Bmatrix}+\begin{Bmatrix}F_{x}^{\varepsilon_{a}}\\F_{y}^{\varepsilon_{a}}\end{Bmatrix}+\begin{bmatrix}\alpha_{12}K_{14}\\\alpha_{22}K_{24}\end{bmatrix}\{T\}\\ C_{4}[K_{31}]\{\dot{\bar{u}}\}+C_{4}[K_{32}]\{\dot{\bar{v}}\}-[K_{33}]\{p_{w}\}=\{F_{3}\}-C_{\rho n}[K_{34}]\{\dot{T}\}\\ [C_{C}]\{\dot{C}_{k}\}-\{[K_{C1}]+[K_{C2}]+[K_{C3}]\}\{C_{k}\}=\{F_{C}\}-[K_{TC}]\{\dot{T}\}+([K_{p1}]+[K_{p2}])\{p_{w}\}\end{cases} \tag{5-138}$$

式（5-138）即为利用伽辽金加权余量法在空间域离散后的低温裂隙岩体变形-水分-热质-化学四场耦合模型。

5.2.3 时间域内离散

由式（5-138）可以看出，控制微分方程组中能量守恒方程、连续性方程和溶质运移方程均和时间有关，因此需将其在时间域内离散。把控制微分方程组式（5-138）中的第一式能量守恒方程利用 Crank-Nicolson 格式进行离散，整理得

$$\left\{\left(C_3-C_6\frac{\partial n_w}{\partial T}\right)[C_T]-\frac{\Delta t}{2}[K_T]\right\}\{T^{n+1}\}=\frac{\Delta t}{2}\{F_T^{n+1}+F_T^n\}+\left\{\left(C_3-C_6\frac{\partial n_w}{\partial T}\right)[C_T]+\frac{\Delta t}{2}[K_T]\right\}\{T^n\}+\{[K_{T1}]-[K_{T3}]\}(u^{n+1}-u^n)+\{[K_{T2}]-[K_{T4}]\}\{v^{n+1}-v^n\} \tag{5-139}$$

把控制微分方程组式（5-138）中的第三式连续性方程利用向后差分进行离散，整理得

$$\begin{aligned}C_4[K_{31}]\{\bar{u}^{n+1}\}+C_4[K_{32}]\{\bar{v}^{n+1}\}-\Delta t[K_{33}]\{p_w\}=\Delta t\{F_3\}\\+C_4[K_{31}]\{\bar{u}^n\}+C_4[K_{32}]\{\bar{v}^n\}-C_{\rho n}[K_{34}]\{T^{n+1}-T^n\}\end{aligned} \tag{5-140}$$

把控制微分方程组式（5-138）中的第四式溶质运移方程利用 Crank-Nicolson 格式进行离散，整理得

$$\begin{aligned}&\left([C_C]-\frac{\Delta t}{2}\{[K_{C1}]+[K_{C2}]+[K_{C3}]\}\right)\{C_k^{n+1}\}=\frac{\Delta t}{2}\{F_C^{n+1}+F_C^n\}\\&+\left\{[C_C]+\frac{\Delta t}{2}\{[K_{C1}]+[K_{C2}]+[K_{C3}]\}\right\}\{C_k^n\}-[K_{TC}]\{T^{n+1}-T^n\}\\&+\frac{\Delta t}{2}([K_{p1}]+[K_{p2}])\{p_w^{n+1}+p_w^n\}\end{aligned} \tag{5-141}$$

将式（5-138）～式（5-141）组合就得到了低温裂隙岩体变形-水分-热质-化学四场耦合模型控制微分方程组在空间域和时间内离散后的有限元格式：

$$\begin{cases}\left\{\left(C_3-C_6\frac{\partial n_w}{\partial T}\right)[C_T]-\frac{\Delta t}{2}[K_T]\right\}\{T^{n+1}\}=\frac{\Delta t}{2}\{F_T^{n+1}+F_T^n\}+\left\{\left(C_3-C_6\frac{\partial n_w}{\partial T}\right)[C_T]\right.\\\left.+\frac{\Delta t}{2}[K_T]\right\}\{T^n\}+\{[K_{T1}]-[K_{T3}]\}(u^{n+1}-u^n)+\{[K_{T2}]-[K_{T4}]\}\{v^{n+1}-v^n\}\\\begin{bmatrix}K_{11}&K_{12}&K_{13}\\K_{21}&K_{22}&K_{23}\\K_{31}&K_{32}&-\Delta tK_{33}/C_4\end{bmatrix}\begin{Bmatrix}\bar{u}\\\bar{v}\\p_w\end{Bmatrix}^{n+1}=\begin{Bmatrix}F_1+F_x^{\varepsilon_a}\\F_2+F_y^{\varepsilon_a}\\\Delta tF_3/C_4\end{Bmatrix}+\begin{Bmatrix}\alpha_{12}K_{14}\{T^n\}\\\alpha_{22}K_{24}\{T^n\}\\-C_{\rho n}[K_{34}]\{T^{n+1}-T^n\}\end{Bmatrix}\\+\begin{Bmatrix}0\\0\\[K_{31}]\{\bar{u}^n\}+[K_{32}]\{\bar{v}^n\}\end{Bmatrix}\\\left([C_C]-\frac{\Delta t}{2}\{[K_{C1}]+[K_{C2}]+[K_{C3}]\}\right)\{C_k^{n+1}\}=\frac{\Delta t}{2}\{F_C^{n+1}+F_C^n\}+([C_C]+\frac{\Delta t}{2}\{[K_{C1}]\\+[K_{C2}]+[K_{C3}]\})\{C_k^n\}-[K_{TC}]\{T^{n+1}-T^n\}+\frac{\Delta t}{2}([K_{p1}]+[K_{p2}])\{p_w^{n+1}+p_w^n\}\end{cases} \tag{5-142}$$

5.3 程序设计与开发

前节建立的低温裂隙岩体变形-水分-热质-化学四场耦合模型的有限元格式异常复杂，无法用现有的有限元软件直接进行计算。本节借助从奥地利引进的大型岩土仿真分析平台 FINAL 的编程思想及课题组陈飞熊等以此为基础开发的饱和冻土三场耦合分析程序 3G2012，开发低温裂隙岩体四场耦合分析程序 4G2017。

5.3.1 程序功能块

参照 FINAL 软件和 3G2012 将程序结构分成了以下七大模块：程序流程控制块(MACRO)、数据输入及检查块(4G1)、等效荷载向量块（4G2）、等效刚度矩阵块（4G3）、质量-阻尼-热容矩阵块（4G4）、方程解法块（4G5）、数据输出或模型参数修正块（4G6）。各模块间采用并行结构并通过程序流程控制块（MACRO）控制。程序结构示意图见图 5-1。

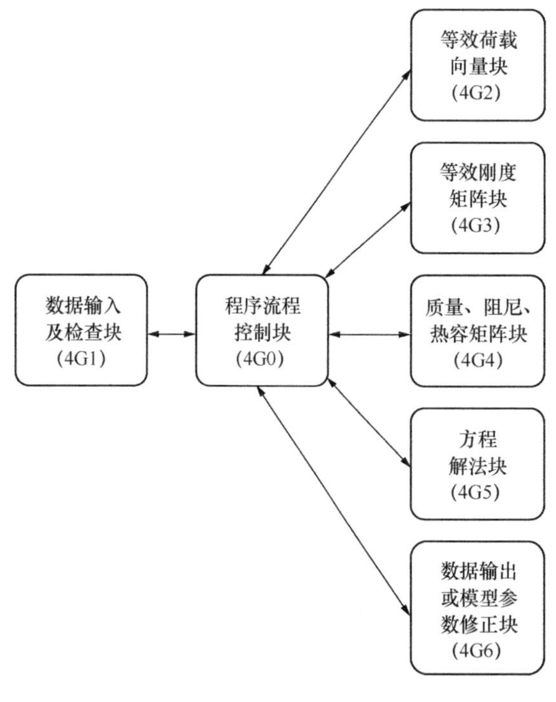

图 5-1　程序结构示意图

低温裂隙岩体四场耦合分析程序 4G2017 中共采用了三种典型循环结构以加快程序的计算速度和分析精度，分别为：①荷载循环，可以模拟施工过程中的分步加/卸载工况；②时步循环，可以模拟非稳定水分迁移及多场耦合问题；③LOOP循环，可以模拟物理非线性和几何非线性循环。此外，本程序还继承了 FINAL 软件特有的数据结构形式，限于篇幅此处不再赘述（详见 FINAL 使用手册）。

5.3.2 控制流程图

根据前节的设计开发思路，制定的低温裂隙岩体四场耦合分析程序 4G2017 的整体控制框图，见图 5-2。

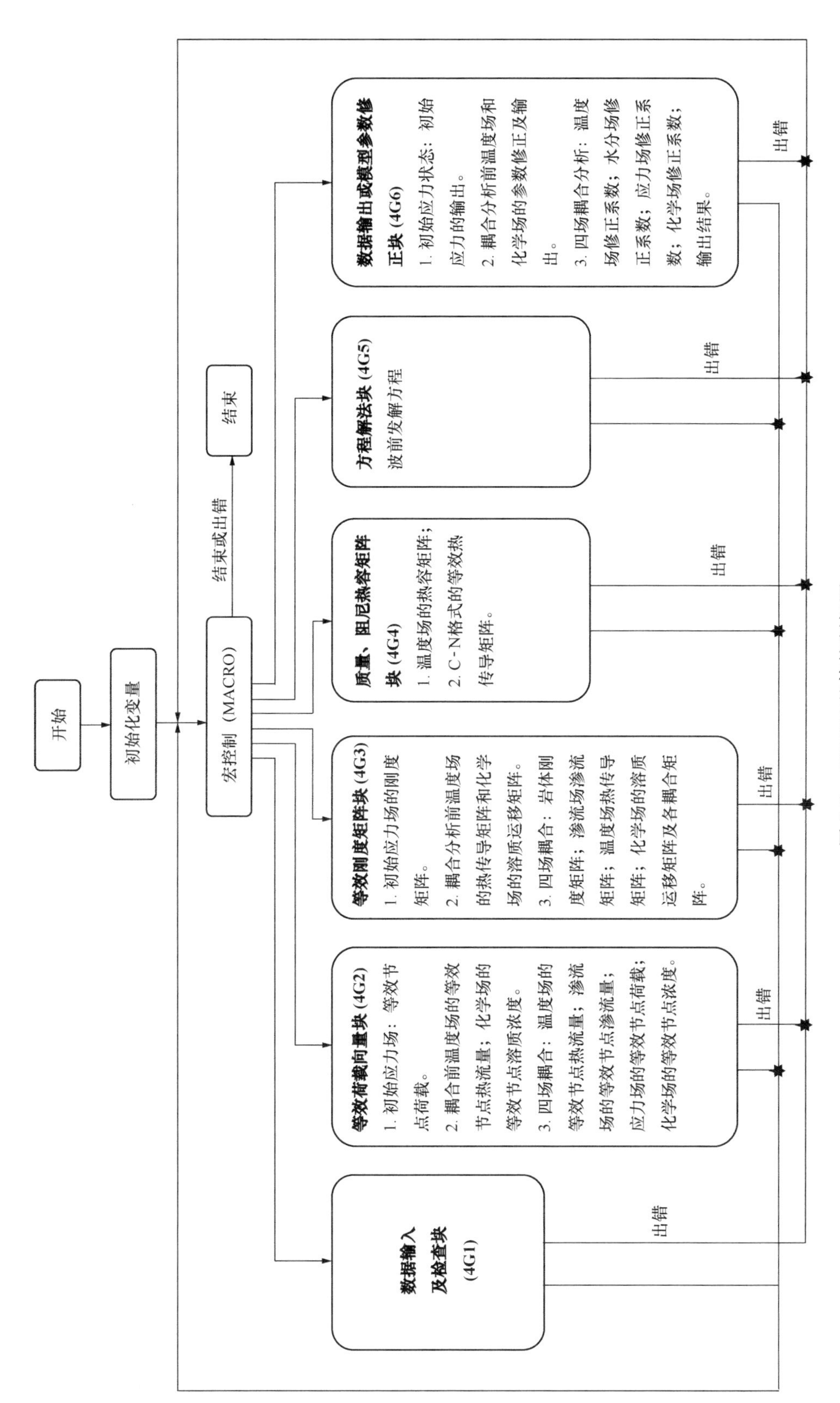

图 5-2 4G2017 整体控制框图

5.4 本章小结

本章以经等效连续化处理的裂隙岩体为研究主体，在前人研究的基础上，并结合前文第 2～4 章建立的低温裂隙岩体的水分迁移模型、传热模型以及化学损伤和溶质运移模型，建立了低温裂隙岩体的应力平衡方程、连续性方程、能量守恒方程以及溶质运移方程。基于上述四个方程，进一步推导了低温裂隙岩体的变形-水分-温度-化学四场耦合模型及控制微分方程组，初步构建了低温裂隙岩体的四场耦合理论构架。

鉴于构建的低温裂隙岩体四场耦合模型过于复杂，无法直接对其进行求解，笔者采用有限元的方法对其进行解析。采用伽辽金加权余量法对其在空间域内离散，利用两点递进格式在时间域内离散，进而推导了低温裂隙岩体四场耦合的有限元格式。

最后借助课题组从奥地利引进的 FINAL 软件的编程思想及陈飞熊博士等开发的饱和冻土三场耦合分析程序 3G2012，开发了低温裂隙岩体四场耦合分析程序 4G2017。

6 低温裂隙岩体耦合模型的应用及验证

由于低温裂隙岩体的复杂性和试验条件的限制，笔者未开展低温裂隙岩体的室内试验研究，国内外文献中也未找到含裂隙低温岩体多场耦合方面的试验成果，因此为了验证前文构建的低温裂隙岩体变形-水分-热质-化学四场耦合模型及其有限元解析和所开发程序的正确性，本章首先采用 Neaupane 的典型室内试验验证了无裂隙条件下上述模型的正确性，并在此基础上选取了两个典型的寒区岩体工程（青海木里露天煤矿边坡和青藏铁路昆仑山隧道）进行模拟分析，并结合温度实测资料（由于现场环境恶劣和限于技术水平，目前仅收集到部分温度数据）、现场踏勘情况和工程经验对其进行验证。

6.1 Neaupane 典型室内试验验证

Neaupane 等在 1999 年开展了 Tuff 试样和 Sandstone 试样的冻融试验。试样为 45cm×30cm×15cm（长×宽×高）的长方体，中部设有上下贯通的圆柱形冷源通道，其直径为 4.6cm。在试样上表面布设了温度和应变传感器，详见图 6-1。试样初始温度为室温+20℃，具体试验过程为：试验前先对试样进行为期 3d 的饱水处理；试验时将试样置于密闭的保温绝热箱且无补水条件，先让试样经历−20℃的恒温冻结，72h 后，切断冷源，使其在+20℃温度条件下融化。

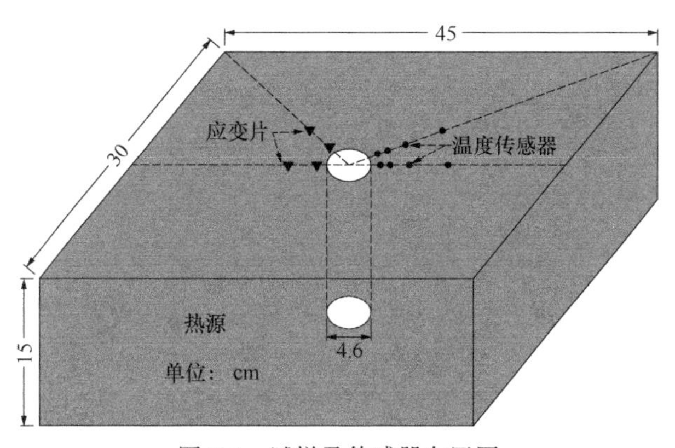

图 6-1　试样及传感器布置图

为了验证前文建立的低温裂隙岩体耦合模型的正确性，采用本模型对 Neaupane 等开展的室内冻融试验进行了数值模拟分析。试验前对试样进行了 3d 饱水处理，表明试样处于饱和状态，满足前文耦合模型的基本假定。数值分析所需试样的初始热力学参数见表 6-1。不同条件下各组分体积含量可根据试样的初始条件及相变情况在计算过程中动态确定，其余各中间参数根据第 2 章、第 3 章中的相关公式确定。

Tuff 试样和 Sandstone 试样的初始热力学参数 **表 6-1**

参数	Tuff	Sandstone	水	冰
弹性模量 E（GPa）	1.00	4.02	—	—
泊松比 υ	0.25	0.37	—	—
密度 ρ（kg/m^3）	1830	2410	1000	917
孔隙率 n（%）	22.4	13.0	—	—
渗透系数 k（m/s）	1.00×10^{-8}	1.42×10^{-11}	—	—
热传导系数 λ [W/(m·℃)]	1.046	0.221	0.54	2.22
比热 C [J/(kg·℃)]	816.27	816.27	4186	1930
热膨胀系数 β (/℃)	9.0×10^{-6}	8.8×10^{-6}	2.08×10^{-4}	5.1×10^{-5}
相变潜热 L（J/m^3）	—	—	3.35×10^8	—

由于试验条件限制，Neaupane 仅收集了部分试验结果：对于 Tuff 试样，试验数据为距热源 1cm 和 4cm 的两组；对于 Sandstone 试样则仅有距热源 1cm 处的一组数据。本章将基于构建低温裂隙岩体耦合模型的计算结果和 Neaupane 的试验数据及模拟值同时绘制于同一张图中进行对比分析，见图 6-2～图 6-5。

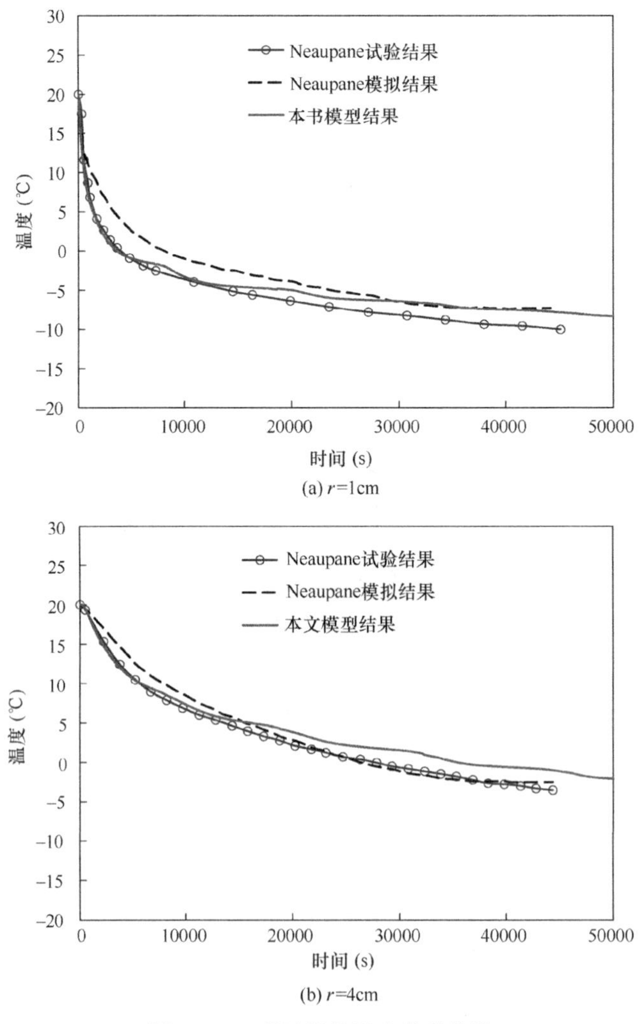

(a) r=1cm

(b) r=4cm

图 6-2 Tuff 试样的温度传递曲线

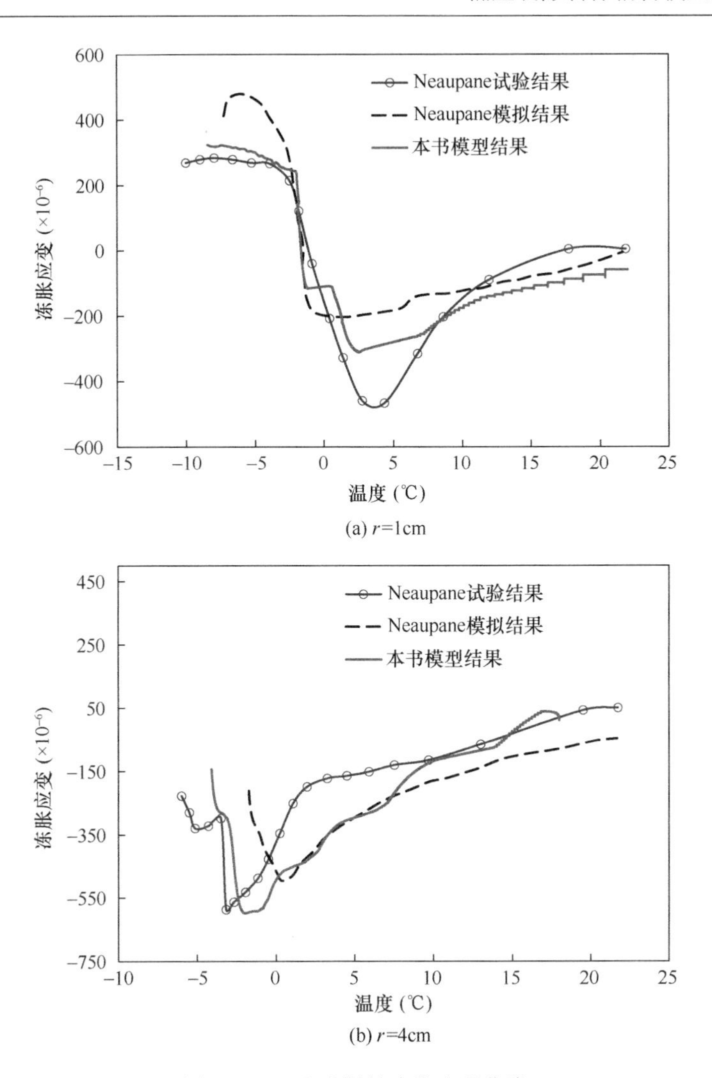

图 6-3 Tuff 试样的冻胀变形曲线

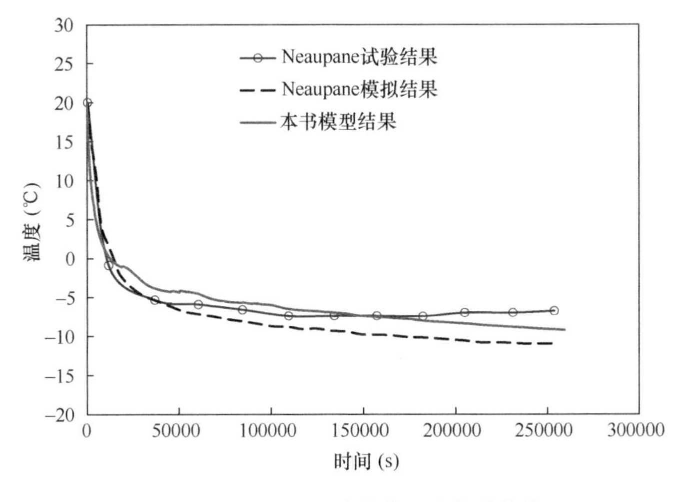

图 6-4 Sandstone 试样的温度传递曲线

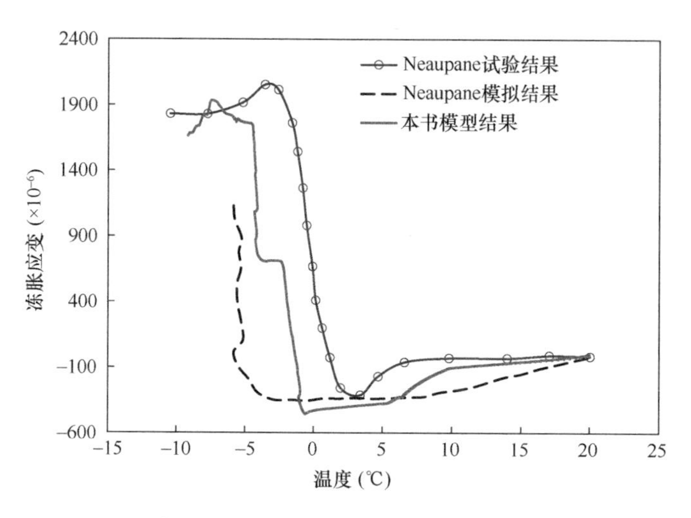

图 6-5　Sandstone 试样的冻胀变形曲线

由图 6-2～图 6-5 可知，无论是温度的传递过程还是应变的发展过程，模拟值均与试验值吻合较好。采用本书模型模拟得到的应变值较 Neaupane 的模拟值更好，这是因为本书模型全面考虑了岩体各组分热胀冷缩效应对应变的影响，表明本书模型能较好地模拟无裂隙岩体的冻融过程。此外，文中还给出了冻结过程中不同时刻试样的温度场分布情况（图 6-6 和图 6-7），可以看出随着时间的推移试样的温度逐渐下降，但 Sandstone 试样较 Tuff 试样下降得更快，这是因为前者的热传导系数更大所致。

扫码看彩图

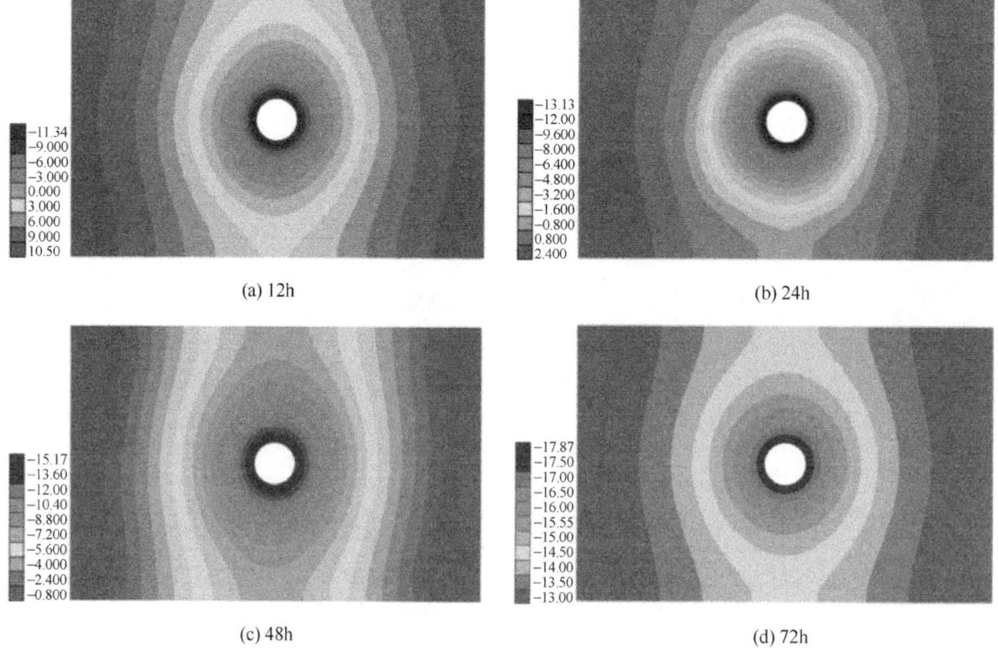

图 6-6　Tuff 试样随时间变化的温度分布图（℃）

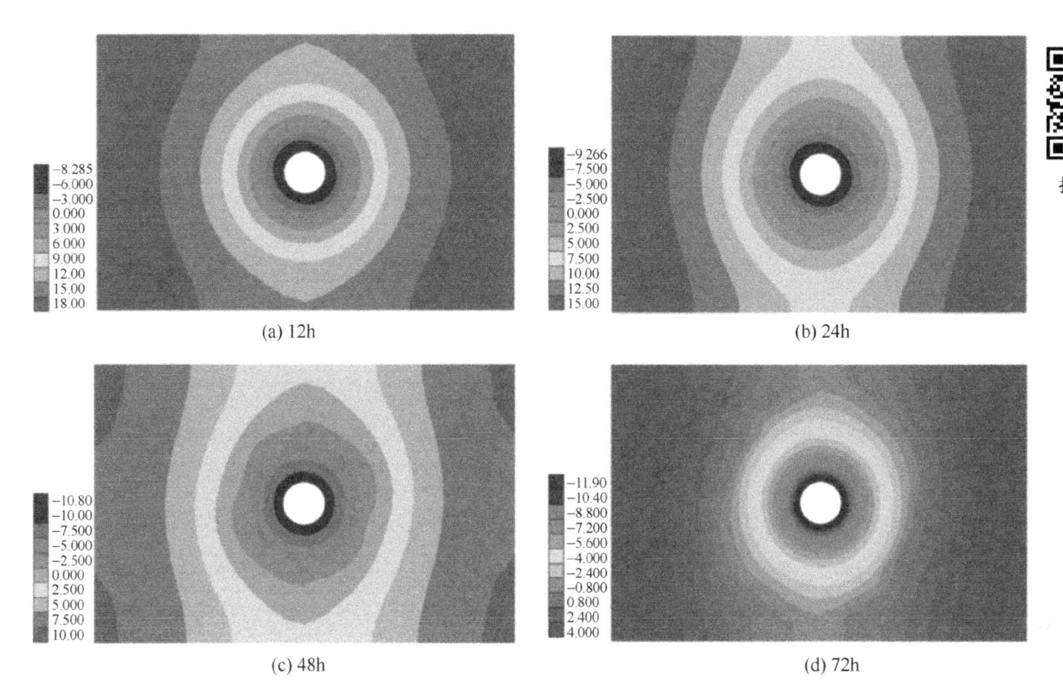

(a) 12h　(b) 24h　(c) 48h　(d) 72h

扫码看彩图

图 6-7　Sandstone 试样随时间变化的温度分布图（℃）

6.2　青海木里露天煤矿边坡

6.2.1　工程概况

青海木里煤田位于青海省海北与海西交界处的大通河上游盆地中，属于青藏高原冻土大区中的阿尔金山－祁连山高寒带山地多年冻土区，海拔 4043～4300m 之间。矿区气候寒冷，昼夜温差大，年平均气温为－5.1～－4.2℃，年平均地温－3.5～－1.0℃。最低气温集中在 1—2 月，最低达到－36℃，最高气温在 7—8 月，最高可达 19.5℃。多年冻土（岩）在平面上连续分布，厚度 40～150m，最大融化深度 5m。

首采区地质构造总体是南西向倾斜的单斜构造，岩层倾角起伏较大，从平缓时的 2°到较陡时的 33°，岩层分界面较为明显；岩层多数呈交错层理、平行层理，节理裂隙较发育，倾角约 30°～45°，局部地层如图 6-8 所示。

图 6-8　开挖揭露的局部地层结构

露天开采不仅会改变原地层的应力场，还会改变坡表一定深度地层的温度场和水分场，致使边坡的稳定性遭到扰动和破坏。可见露天矿边坡的稳定性是由变形/应力场、水分场和温度场耦合作用的结果，因此本节拟采用前文构建的低温裂隙岩体四场耦合分析程序对其进行模拟并分析开挖坡角和岩层倾角对露天矿边坡稳定性的影响。

6.2.2 计算模型

根据中煤集团西安研究院编制的《中铁资源集团海西煤业聚乎更矿区四井田露天矿（首采区）边坡工程地质勘察与稳定性评价报告》，本节拟对露天矿最为关注的非工作帮边坡进行模拟。由勘察报告知，所选模型的地层为：第四纪 Q（第四系土、草甸覆盖层，厚度约在 3.5m；第四系砂砾石层，厚度约在 5.0m）；侏罗系 J2（分为上下两含煤段）；砂岩段（分布于煤层顶底板）。根据勘察报告确定的数值模型，高为 60m、宽为 150m、马道宽 4m。图 6-9 即为木里露天边坡的分析模型及地层简化情况。

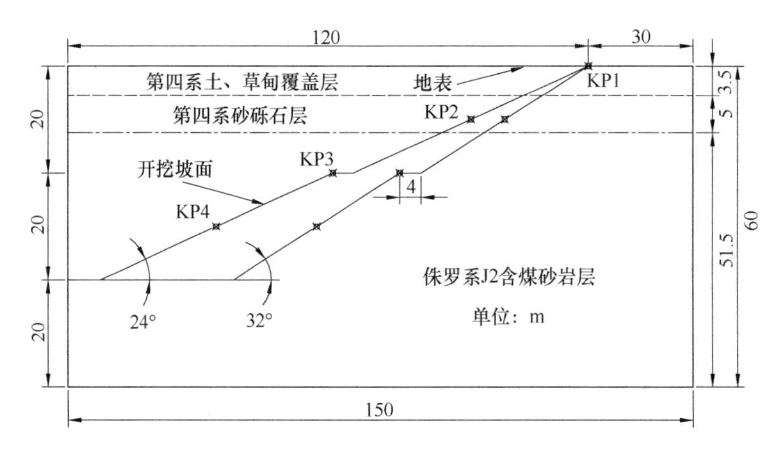

图 6-9 木里露天矿边坡分析模型及地层简图

根据地质勘察报告笔者选取了开挖坡角分别为 24°和 32°，岩层的倾角为 30°和施工期为两年（每年 5—9 月份）的两个方案来研究开挖坡角对露天矿边坡稳定性的影响；选取了岩层倾角分别为 10°和 30°，开挖坡角为 32°和施工期为两年（每年 5—9 月份）的两个开挖方案来研究岩层倾角对露天矿边坡稳定性的影响。此外，根据地质勘察报告优势节理的倾角约为 40°。岩层层理间距为 0.20m，优势节理的间距为 0.50m。由于项目区域地下水含盐量较小，因此本次模拟不考虑化学场的影响。

6.2.3 分析参数

根据中煤集团西安研究院编制的《中铁资源集团海西煤业聚乎更矿区四井田露天矿（首采区）边坡工程地质勘察与稳定性评价报告》，木里露天矿非工作帮边坡的计算分析参数选取如表 6-2 所示。

木里露天矿非工作帮边坡的计算分析参数 **表 6-2**

参数	粉砂质泥岩	细砂岩	泥质粉砂岩	第四纪土	砂卵石层
比热容 C[J/(kg·℃)]	0.875×10^3	0.851×10^3	0.884×10^3	1.497×10^3	1.18×10^3
热传导系数 λ[W/(m·℃)]	3.27	3.31	3.15	0.49	1.58
弹性模量 E(GPa)	3.25	5.48	2.78	0.035	0.98
泊松比 ν(融/冻)	0.23/0.20	0.20/0.174	0.25/0.22	0.3/0.25	0.22/0.20
黏聚力 C(MPa)(融/冻)	1.55/2.02	2.60/3.38	1.86/2.42	0.22/1.25	0.0453/0.45
内摩擦角 φ(°)(融/冻)	27.49/30.79	23.97/26.85	28.32/31.72	19.5/25.5	32.3/35.6
密度 ρ(kg/m^3)	2730	2390	2630	1540	2285

煤层的参数采用泥质粉砂岩的参数。此外，层理的面积接触率取 0.4，优势节理的面积接触率取 0.2；层理的裂隙宽度取为 1mm，优势节理的裂隙宽度取为 2mm。裂隙岩体的柔度张量、渗透张量和等效传热张量等分别根据式（5-5）、式（2-47）和式（3-96）由程序 4G2017 自动计算。裂隙岩体的比热、热传导系数、膨胀系数和密度根据混合物理论采用加权平均值［详见式（5-54）］，由程序计算，各参数均随温度发生变化。泊松比、黏聚力和内摩擦角变化幅度较小，根据徐光苗（2006）等的试验成果分冻结和融化两种情况选取（见表 6-2）。弹性模量则根据杨更社（2012）等的研究成果拟合为指数函数，当温度低于冰点时 $E=E_0\times e^{-0.033T}$，其中 E_0 为裂隙岩体正温时的弹性模量。水和冰的比热分别为 4.20×10^3 J/(kg·℃) 和 1.93×10^3 J/(kg·℃)，热传导系数分别为 0.54W/(m·℃) 和 2.22W/(m·℃)，密度分别为 1000kg/m^3 和 916.8kg/m^3。岩石的热膨胀系数统一取为 10.8×10^{-6}/℃，冰的膨胀系数为 51×10^{-6}/℃，水的热膨胀系数为 0.21×10^{-6}/℃。

6.2.4 初/边值条件

根据勘察报告提供的气温及地温资料，矿区年平均气温为－5.1～－4.2℃，年平均地温－3.5～－1.0℃。最低气温集中在 1—2 月，最低达到－36℃，最高气温在 7—8 月，最高可达 19.5℃。多年冻土（岩）在平面上连续分布，厚度 40～150m，最大融化深度 5m。每年 4 月下旬正温季节开始融化，到 9 月底至 10 月中旬达到最大深度，9 月末开始气温下降，进入负温季节季融层自上而下回冻迅速，12 月初季融层全部冻结。据此可将气温随时间的变化规律表示为以 2011 年 10 月 20 日作为起始时刻的三角函数形式，即

$$T_a=-6.0+\frac{1.5}{30\times12\times30}t-26.7\cos\left[\frac{2\pi}{12\times30}(t+270)\right] \qquad (6\text{-}1)$$

式中，T_a 表示气温；t 表示时间。考虑气候变暖，30 年升温 1.5℃。

根据勘察报告中矿区的实测地温资料（图 6-10）来反演模型的初始地温场，空气与地面的对流换热系数取为 $h=15.0$W/(m^2·℃)。模型两侧为绝热边界，模型下边界取为热流边界，热流密度为 0.06W/m^2。

根据地质勘察报告，假定水分场是饱和的并有外界水分补给（上边界和下边界）。

扫码看彩图

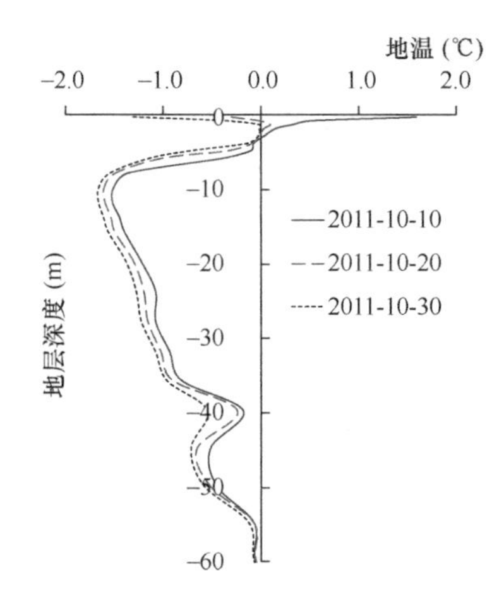

图 6-10　木里露天矿实测地温资料

变形场的边界条件是：下边界为固定约束，两侧边界为法向约束，上边界为自由边界。由于该地区构造应力较小，因此应力场取为自重应力。

6.2.5　计算结果分析

1. 温度场反演结果分析

本节根据西安煤炭研究院提供的矿区在 2011 年 10 月份的地温资料对露天矿边坡的初始温度场进行了反演，反演得到的温度场及监测点地温随深度的变化情况如图 6-11、图 6-12 所示。

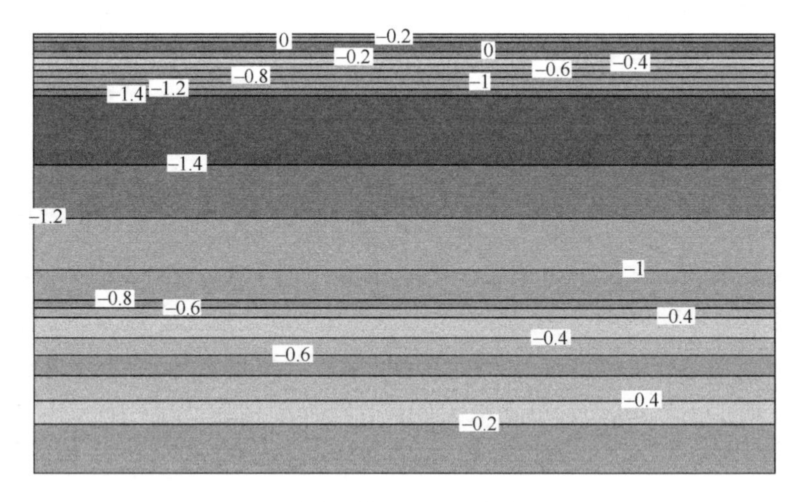

图 6-11　反演得到的矿区地温分布云图（℃）

由图 6-11 可以看出反演所得的初始温度场呈水平状分布，地表的温度约为－0.2℃，模型的最大融化深度约为 4.8m。而根据勘察报告中实测的最大融化深度为 5.0m，可见采用本书模型及程序模拟得到的初始温度场和实测情况吻合较好。此外，图 6-12 还给出了温度监测点模拟值和实测值对比曲线。从图 6-12 可以看出，反演得到的关键点在 2011 年 10 月份的温度随深度变化情况与实测值吻合良好。从图中可以

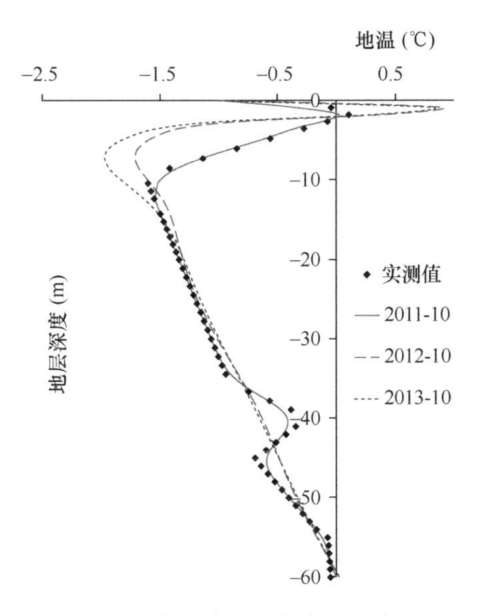

图 6-12　监测点反演温度与实测温度对比图

看出，10 月份地表已经开始回冻，地表温度略低于 0℃，0.5～2.0m 深度范围为正温区域，其余均为负温区。在埋深 40m 处实测温度和反演所得温度均出现了“z”形分布。经过两年开挖施工后，关键点浅层部位的温度较初始温度出现了降低现象，这主要是由于边坡开挖使原地层暴露于外部环境，从而增加了对流换热面积，经过两个冬季的冻结后其温度显著降低。

2. 开挖坡角对露天矿边坡的影响

木里露天矿边坡开挖完成时，各开挖坡角（α＝24°和 α＝32°）情况下边坡的温度场如图 6-13 所示。

扫码看彩图

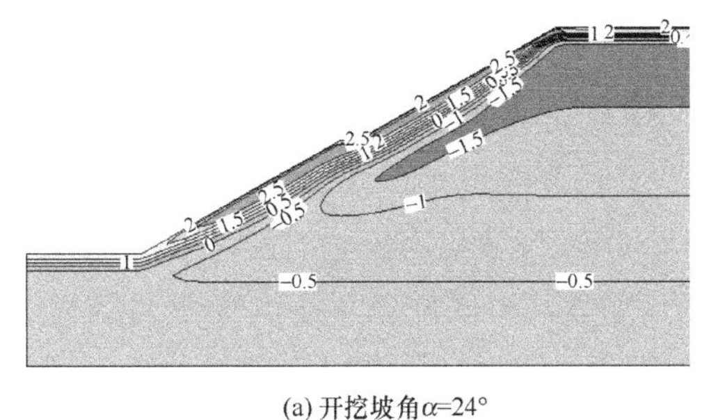

(a) 开挖坡角 α=24°

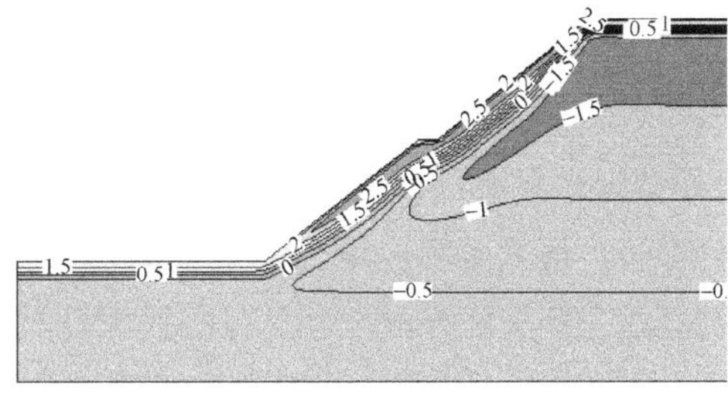

(b) 开挖坡角 α=32°

图 6-13　木里露天矿边坡的温度场云图（℃）

由图 6-13 可以看出，两种开挖坡角条件下，露天矿岩质边坡的温度场分布规律基本一致，开挖后在坡表形成了新的冻融活动层。从图中还可以看出，边坡的最大融化深度约为 4～6m，该值与勘察报告中的最大融深吻合较好。图 6-13 中的等温线沿坡表近似呈平行分布，且靠近坡表的温度等值线较内部岩体更加密集。由于开挖坡角较小（α＝24°）时，坡表的对流换热面积大于开挖坡角较大的情况，因此开挖坡角较小时，近坡表的永冻区温度略小于开挖坡角较大的情况。

木里露天矿边坡开挖完成时，各开挖坡角（$\alpha=24°$和$\alpha=32°$）情况下边坡的水平和垂直方向的变形场如图 6-14、图 6-15 所示（由于边坡局部的变形达数米，而其余部位仅为几个毫米，因此为了出图的整体效果，图中隐掉了大变形的等值线，详见关键点变形曲线）。

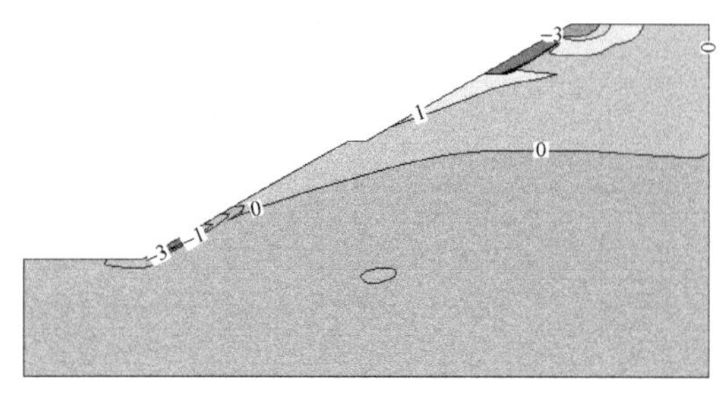

(a) 开挖坡角α=24°

(b) 开挖坡角α=32°

图 6-14　木里露天矿边坡水平方向变形云图（mm）

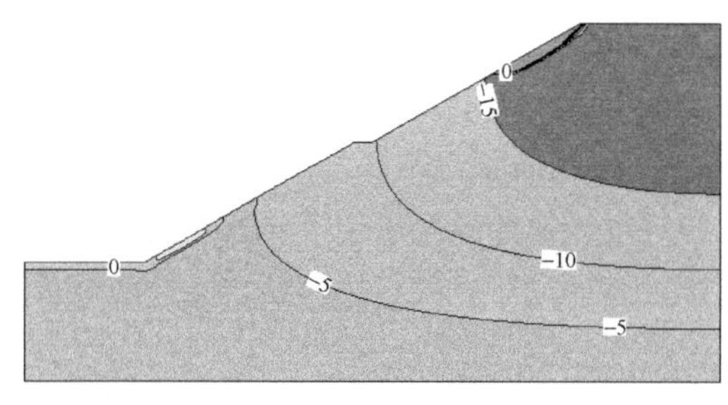

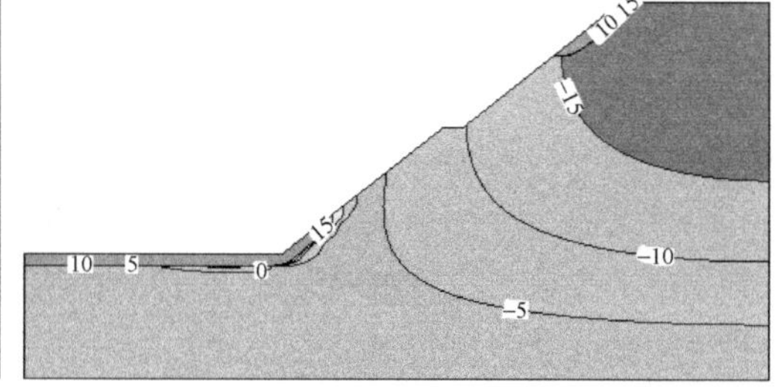

(a) 开挖坡角α=24°

(b) 开挖坡角α=32°

图 6-15　木里露天矿边坡垂直方向变形云图（mm）

从图 6-14 和图 6-15 可以看出，不同开挖坡角下边坡变形场的分布规律基本一致，变形最大的部位均出现在原季冻层和永冻层的交界处，且变形区域主要位于冻融活动层，永冻层几乎不发生变形。现场踏勘也发现坡表在上述变形最大的位置处存在夏季热融滑塌和向内淘蚀的现象，可见模拟结果与实际现象吻合较好。开挖坡角为$\alpha=24°$时，坡表水平向坡外的最大变形为 1.18m；开挖坡角为$\alpha=32°$时，水平向坡外的最大变形为 2.66m。由于有限元无法模拟滑塌破坏，因此破坏以大变形的形式体现。从图中可以看出，开挖坡角越大，边坡的变形也越大。可见，开挖坡角越小，边坡越安全。不同开挖坡角条件下，边坡各关键点的水平和垂直方向的变形时程曲线如图 6-16、图 6-17 所示（向坡外和向上变形为正）。

由图 6-16 和图 6-17 可以看出，开挖施工期两种开挖坡角下，各关键点的变形趋势基本一致，开挖阶段均随着上覆岩层的逐渐剥离呈台阶状增长趋势，在停工期（冷季）缓慢增长。坡表各关键点中 KP1 的变形值最大，开挖坡角分别为$\alpha=24°$和$\alpha=32°$时，水平向外的最大变形分别是 28mm 和 64mm，垂直向上的最大变形分别是 38mm 和 170mm，其余关键点变形均相对较小。由关键点变形值可知，开挖坡角越小坡体越稳定。

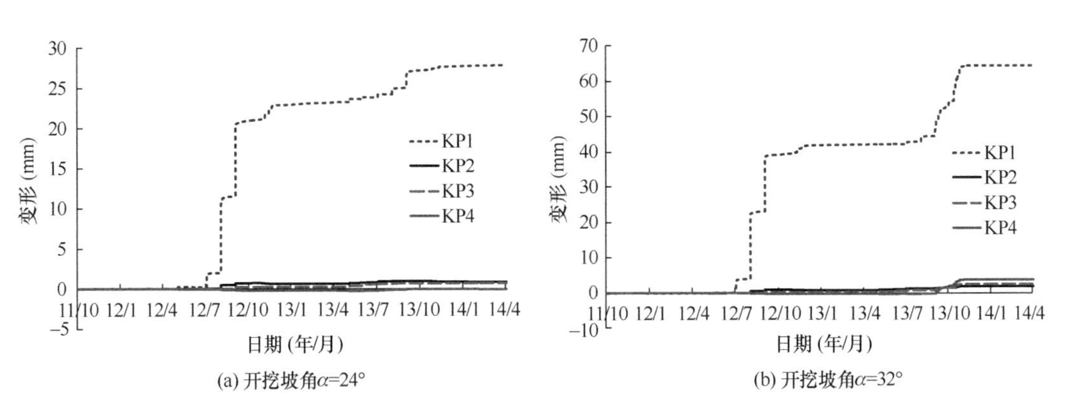

(a) 开挖坡角α=24°　　(b) 开挖坡角α=32°

图 6-16　木里露天矿关键点水平方向变形曲线（由上到下依次对应 KP1、KP2、KP3、KP4）

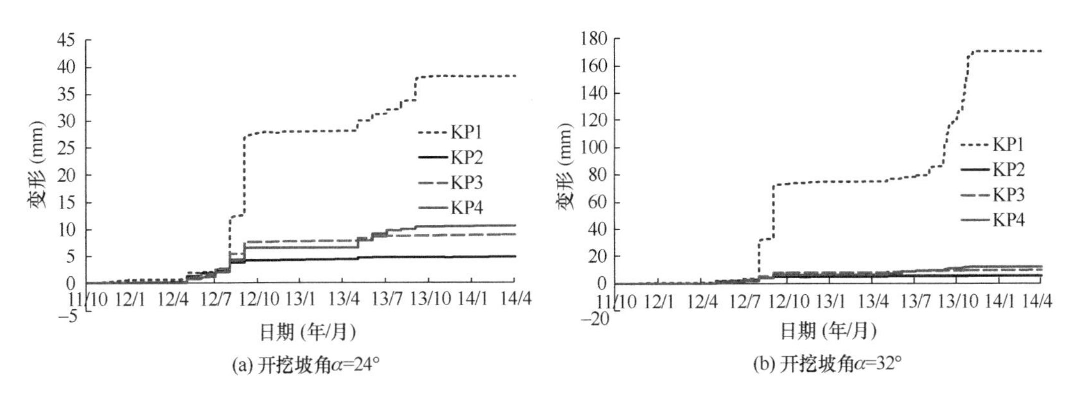

(a) 开挖坡角α=24°　　(b) 开挖坡角α=32°

图 6-17　木里露天矿关键点垂直方向变形曲线（由上到下依次对应 KP1、KP2、KP3、KP4）

木里露天矿边坡开挖完成时，各开挖坡角（α=24°和α=32°）情况下边坡的水平和垂直方向的应力场如图 6-18、图 6-19 所示。

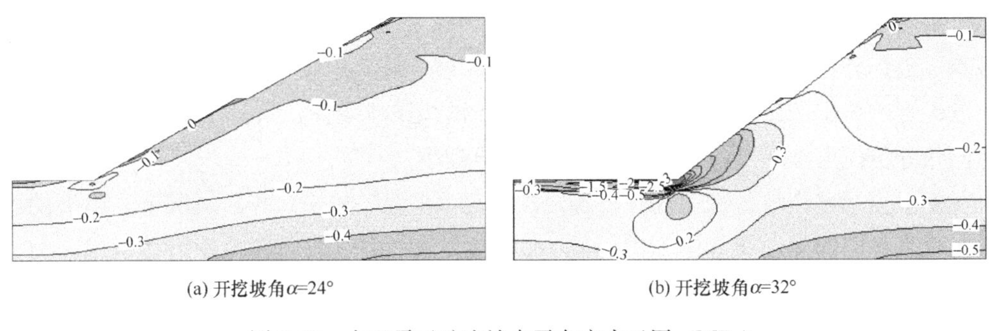

(a) 开挖坡角α=24°　　(b) 开挖坡角α=32°

扫码看彩图

图 6-18　木里露天矿边坡水平向应力云图（MPa）

由图 6-18 和图 6-19 可以看出，两种开挖坡角情况下边坡水平向应力分布差异较大，但垂直方向应力分布比较接近。在两种开挖坡角情况下坡顶均出现了少量拉应力，可能引起坡顶地面开裂，这一现象与现场踏勘情况相符。开挖坡角较大时（α=32°），在坡脚部位出现较大的应力集中区域，且以水平方向的应力集中更甚，坡角部位水平向的压应力约为 3MPa。此外，开挖坡角较大时，在坡脚附近也出现了少量的

扫码看彩图

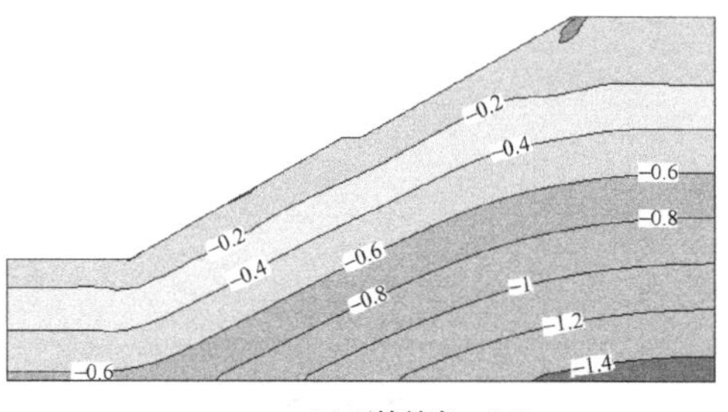

(a) 开挖坡角α=24°

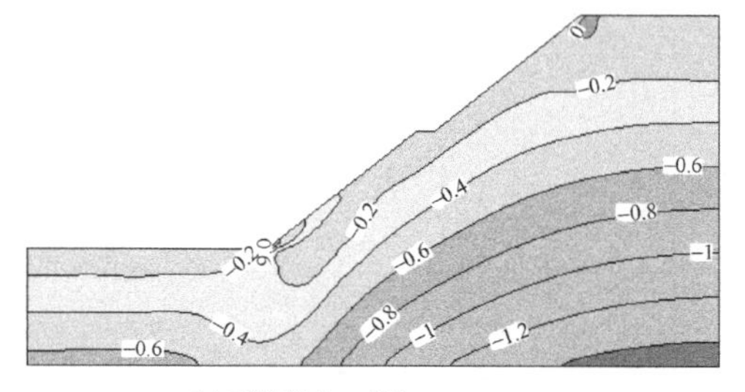

(b) 开挖坡角α=32°

图 6-19　木里露天矿边坡垂直向应力云图（MPa）

拉应力区。而开挖坡角较小时（$\alpha=24°$），仅在坡角出现了轻微的水平应力集中现象，无论是水平应力还是垂向应力均近似呈层状分布。可见应力分布情况与变形场吻合较好，也表明开挖坡角越小越安全。

3. 岩层倾角对露天矿边坡的影响

木里露天矿边坡开挖完成时，各岩层倾角（$\beta=10°$和$\beta=30°$）情况下边坡的温度场如图 6-20 所示。

扫码看彩图

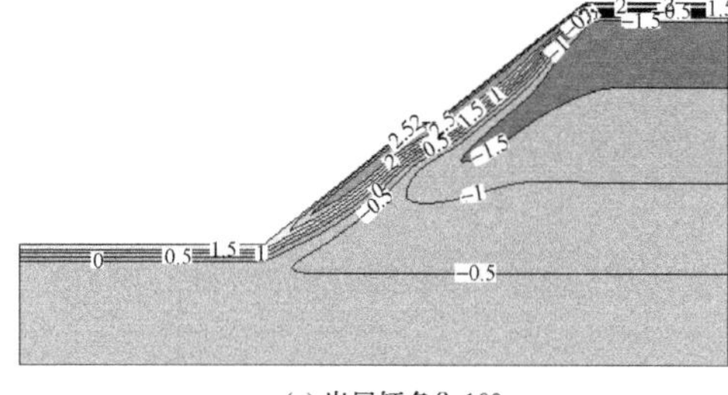

(a) 岩层倾角β=10°

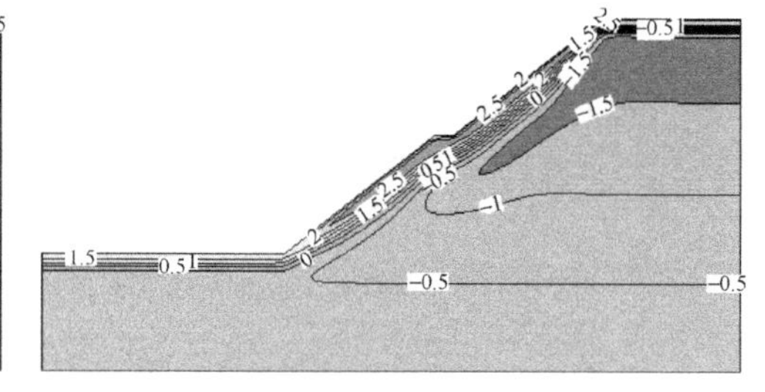

(b) 岩层倾角β=30°

图 6-20　木里露天矿边坡的温度场云图（℃）

由图 6-20 可以看出，两种岩层倾角条件下，露天矿岩质边坡的温度场分布规律基本一致，开挖后在坡表形成了新的冻融活动层，且岩层倾角越大，坡表气温对坡体温度的影响范围也越大。开挖后形成的冻融活动层的厚度均约为 4～6m。由于两种岩层倾角差值仅为 20°，因此其温度场分布差异较小。

木里露天矿边坡开挖完成时，各岩层倾角（$\beta=10°$和$\beta=30°$）情况下，边坡的水平和垂直方向的变形场如图 6-21、图 6-22 所示（由于边坡局部的变形达数米，而其余部位仅为几个毫米，因此为了出图的整体效果，图中隐掉了大变形的等值线，详见关键点变形曲线）。

从图 6-21 和图 6-22 可以看出，不同岩层倾角下边坡变形场的分布规律基本一致，无论是水平还是垂向变形在坡顶和坡脚均较大，且变形区域主要位于冻融活动层，永冻层几乎不发生变形。现场踏勘也发现坡表在上述变形最大的位置处存在夏季热融滑塌和向内淘蚀的现象，可见模拟结果与实际现象吻合较好。岩层倾角为$\beta=10°$时，坡表水平向坡外的最大变形为2.59m；岩层倾角$\beta=30°$时，水平向坡外的最大

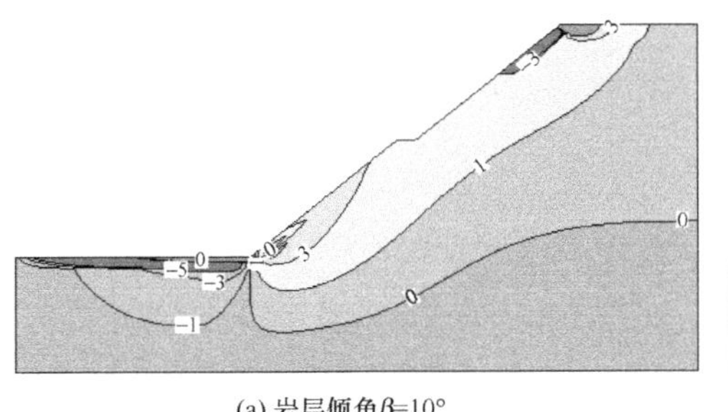
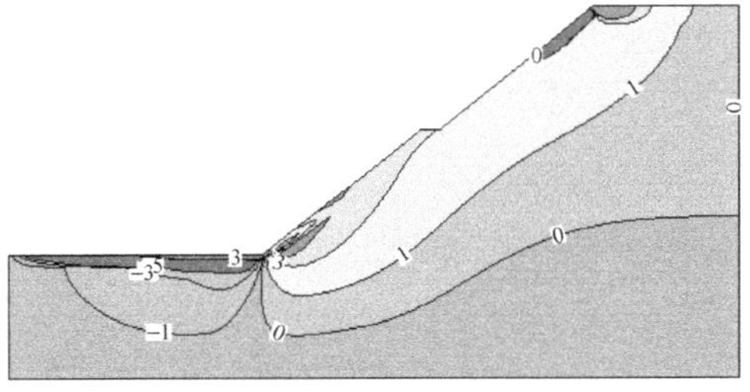

(a) 岩层倾角β=10° (b) 岩层倾角β=30°

图 6-21 木里露天矿边坡水平向变形云图（mm）

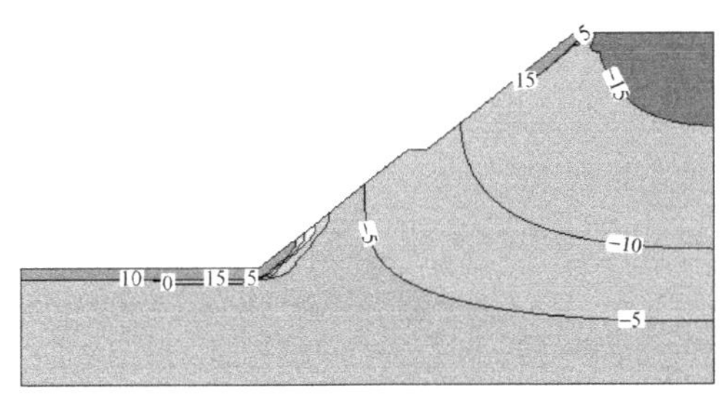
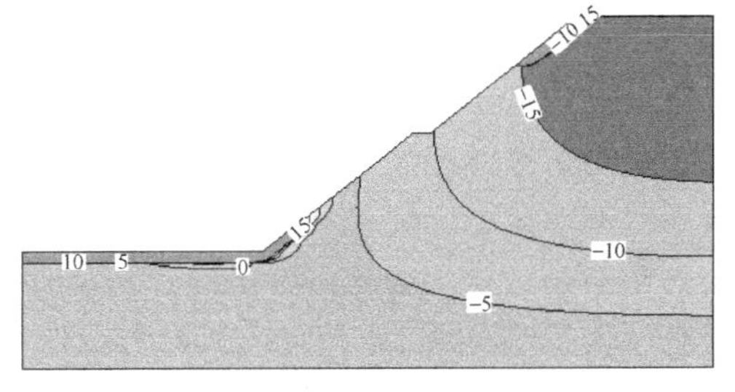

(a) 岩层倾角β=10° (b) 岩层倾角β=30°

图 6-22 木里露天矿边坡垂直向变形云图（mm）

变形为 2.66m。由于有限元无法模拟滑塌破坏，因此破坏以大变形的形式体现。从图中可以看出，岩层倾角越大，边坡的变形也越大。可见，岩层倾角越小，边坡越安全。

木里露天矿边坡在各岩层倾角（$\beta=10°$和$\beta=30°$）情况下，边坡关键点的水平和垂直方向的变形曲线如图 6-23、图 6-24 所示（向坡外和向上变形为正）。

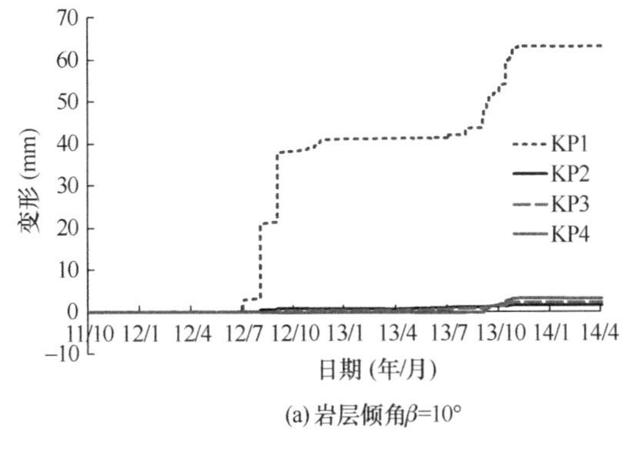

(a) 岩层倾角β=10°

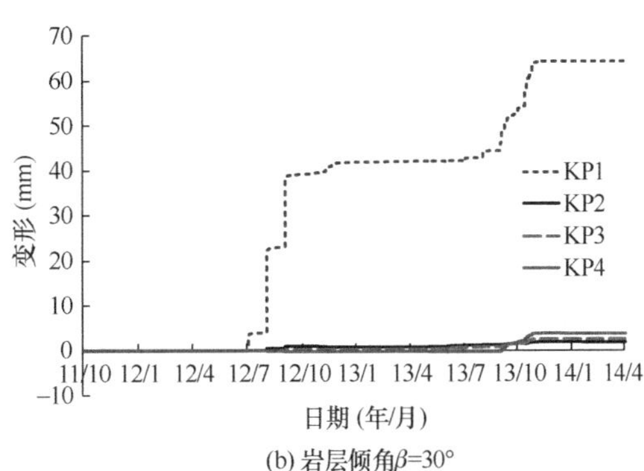

(b) 岩层倾角β=30°

图 6-23 木里露天矿关键点水平方向变形曲线（由上到下依次对应 KP1、KP2、KP3、KP4）

由图 6-23 和图 6-24 可以看出，开挖施工期两种岩层倾角情况下，各关键点的变形趋势基本一致，开挖阶段均随着上覆岩层的逐渐剥离呈台阶状增长趋势，在停工期（冷季）缓慢增长。坡表各关键点中 KP1 变形值最大，岩层倾角分别为$\beta=10°$和$\beta=30°$时，水平向外的最大变形分别是 63mm 和 64mm，垂直向上的最大变形分别是

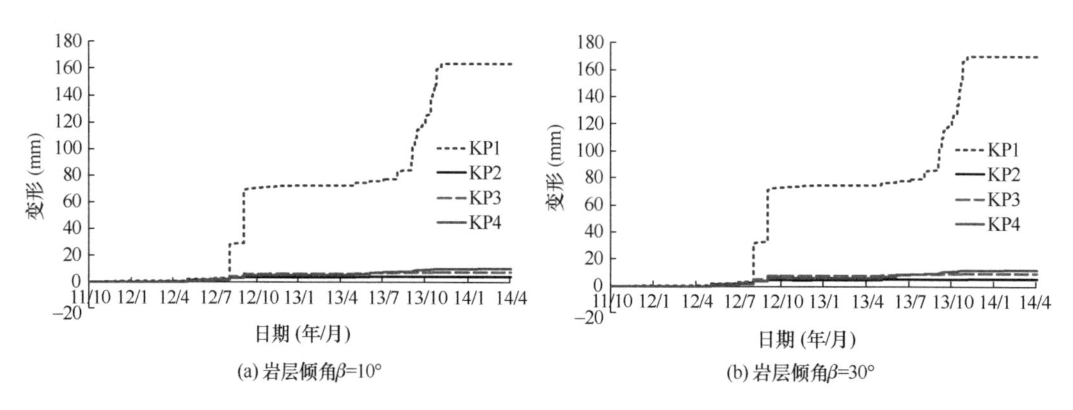

(a) 岩层倾角β=10°　　(b) 岩层倾角β=30°

图 6-24　木里露天矿关键点垂直方向变形曲线（由上到下依次对应 KP1、KP2、KP3、KP4）

164mm 和 170mm，其余关键点变形均相对较小。由关键点变形值可以明显看出岩层倾角对边坡稳定性的影响情况，即岩层倾角越小坡体越稳定。同时也表明本书构建的低温裂隙岩体多场耦合理论及所开发的程序能够反映裂隙产状引起的各向异性特性。

木里露天矿边坡开挖完成时，各岩层倾角（$\beta=10°$ 和 $\beta=30°$）情况下，边坡的水平和垂直方向的应力场如图 6-25、图 6-26 所示。

扫码看彩图

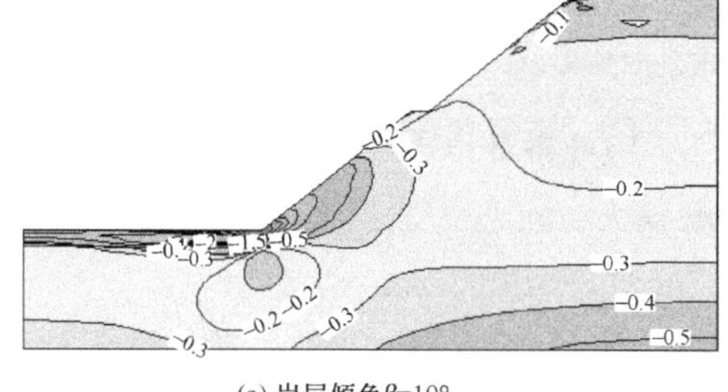

(a) 岩层倾角β=10°

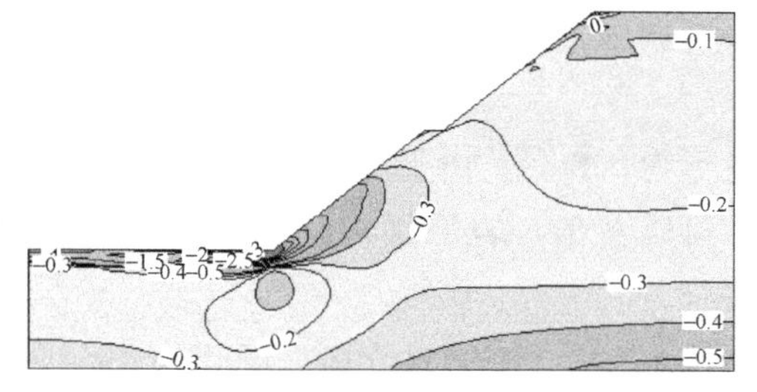

(b) 岩层倾角β=30°

图 6-25　木里露天矿边坡水平向应力云图

扫码看彩图

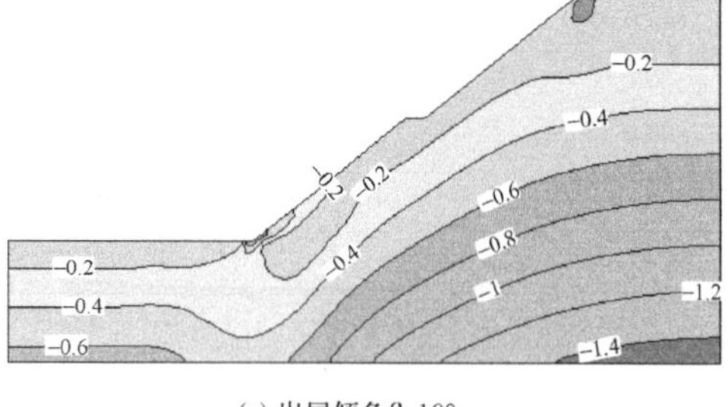

(a) 岩层倾角β=10°

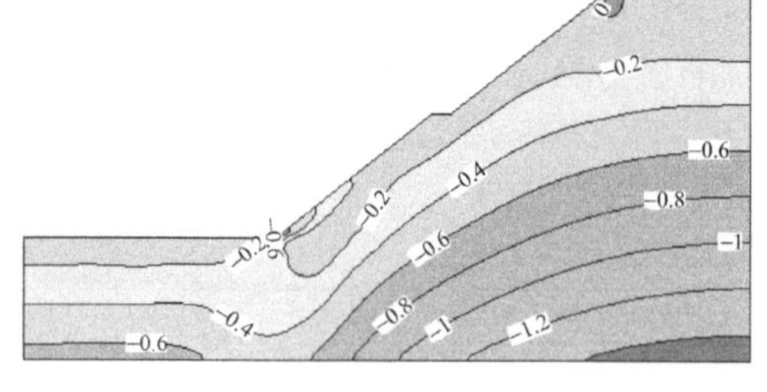

(b) 岩层倾角β=30°

图 6-26　木里露天矿边坡垂直向应力云图

由图 6-25 和图 6-26 可以看出，两种岩层倾角情况下边坡水平向应力和垂直向应力分布均比较接近。在两种开挖坡角情况下坡顶均出现了少量拉应力，可能引起坡顶地面开裂，这一现象与现场踏勘情况相符。在坡脚部位出现较大的应力集中区域，且以水平向的应力集中更甚，坡角部位水平向的压应力约为 3MPa。此外，两种岩层倾角情况下在坡脚附近均出现了拉应力区。从图中还可以看出，岩层倾角越大，坡脚部位的应力集中现象越严重。可见应力分布情况与变形场吻合较好，也表明开挖坡角越小越安全。

综合基于开挖坡角和岩层倾角对木里露天矿边坡稳定性的研究可以看出，采用本书构建的低温裂隙岩体四场耦合分析理论和所开发的程序，模拟结果与实测值和工程经验吻合较好。反演得到的温度场和关键点温度值与勘察报告相符，模拟的边坡的冻融活动层厚度约为 4.8m，而实测值为 4～6m。由于现场条件恶劣和技术条件限制，本工程没有开展变形和应力方面的监测工作，但模拟分析得到的变形情况和边坡的拉应力区及应力集中区与现场踏勘结果一致，坡表的最大变形出现在季冻层和永冻层的交界部位，且在坡顶出现了少量的拉裂缝。

6.3 青藏铁路昆仑山隧道

6.3.1 工程概况

昆仑山隧道位于青藏铁路青海境内，全长 1686m，是目前世界上最长的多年冻土区隧道。隧道设计高程为 4641.61～4661.86m ，最大埋深 110m。隧道进口端前 1100m 为 14‰直线上坡，出口端 576m 为 13.4‰的一左偏曲线上坡。

昆仑山地区寒冷干旱，气候多变，四季不明，年平均气温－4.27℃，极端最高气温 23.7℃，极端最低气温－37.7℃，冻结期长达 7～8 个月。根据勘测资料推测，昆仑山隧道多年冻土下限为 100～110m，年平均地温－2.65～－1.81℃。

昆仑山隧道位于昆仑山北麓低、中高山区，地形起伏大，山坡陡峻，坡面破碎，植被稀少，以古冰川、现代冰川及寒冻风化地貌为主。基岩主要为三叠系板岩夹片岩，第四系地层主要为山坡坡积角砾土、碎石土、洪积碎石土。岩体板理、片理发育，节理、裂隙极其发育。隧道进口段节理产状为 N40°～60°E/55°～88°S、N10°W/83°N；隧道洞身段节理产状为 N30°～37°E/38°～79°S、N19°～65°E/61°～67°S、N25°～78°E/26°～61°S；隧道出口段节理产状为 N33°E/84°S、N78°W/27°S。洞身主要为Ⅳ、Ⅴ级围岩。

6.3.2 计算模型

根据昆仑山隧道的地质情况，选取隧道进口段断面 DK976＋410（基岩产状为 N67°E/52°N，节理产状为 N40°～60°E/55°～88°S、N10°W/83°N）作为研究断面，该断面埋深为 40m，属于Ⅴ级围岩。根据设计资料，计算模型上边界取至地表(40m)，隧道底部岩层厚度为 25m，左右两侧各取 40m。数值分析模型如图 6-27 所示。

具体模拟过程为：第一步模拟初始情况（初始温度场、应力场、变形场和水分场）；第二步模拟断面开挖和施作初期支护；第三步模拟施作永久衬砌，衬砌在开挖

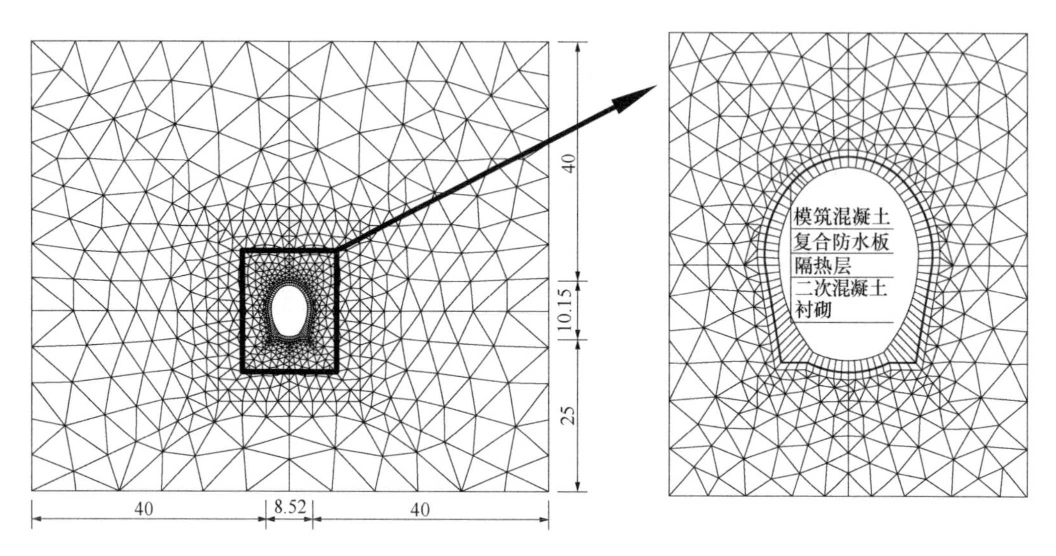

图 6-27 数值分析模型（m）

后 1 年施作（不承担施工期荷载）；第四步模拟运营期 10 年。主要模拟分析保温层对隧道安全的影响。

6.3.3 分析参数

根据徐光苗和汤国璋博士学位论文及其他相关文献资料，青藏铁路昆仑山隧道的计算分析参数，如表 6-3 所示。

昆仑隧道及支护系统热学及物理力学参数　　表 6-3

参数	V级围岩	混凝土	保温材料	未冻水	冰
比热容 C [J/(kg·℃)]	850	993	5000	4200	1930
热传导系数 λ [W/(m·℃)]	2.5	1.93	0.03	0.54	2.22
弹性模量 E（GPa）	0.90	29.5	14.6	—	—
泊松比 ν（融/冻）	0.40/0.35	0.20	0.20	—	—
黏聚力 C（MPa）（融/冻）	0.06/0.50	2.00	—	—	—
内摩擦角 φ（°）（融/冻）	45/25	60	—	—	—
密度 ρ（kg/m^3）	2500	2600	600	1000	916.8

层理的面积接触率取 0.5，优势节理的面积接触率取 0.2。层理的裂隙宽度取为 1mm，优势节理的裂隙宽度取为 2mm。裂隙岩体的柔度张量、渗透张量和等效传热张量等分别根据式（5-5）、式（2-47）和式（3-96）由程序 4G2017 自动计算。裂隙岩体的比热、热传导系数、膨胀系数和密度根据混合物理论采用加权平均值［详见式（5-54）］，由程序计算，各参数均随温度发生变化。泊松比、黏聚力和内摩擦角变化幅度较小，分冻结和融化两种情况选取（表 6-3）。弹性模量可表示为 $E=950-20T$

$+1.5T^2$，其中 T 为裂隙岩体的混合温度，单位为℃。岩石的热膨胀系数统一取为 10.8×10^{-6}/℃，冰的膨胀系数为 51×10^{-6}/℃，水的热膨胀系数为 0.21×10^{-6}/℃。岩体的裂隙率根据裂隙的几何参数由程序计算得到。

6.3.4 初/边值条件

根据徐光苗和汤国璋博士学位论文及其他相关文献资料，将昆仑山隧道山顶气温表示为三角函数形式（初始时刻为 9 月初），即

$$T_a=-5.2+\frac{1.5}{30\times12}t+12\sin\left[\frac{2\pi}{12\times30}(t+336)+\frac{11}{12}\pi\right] \tag{6-2}$$

式中，T_a表示气温；t 表示时间。考虑了 30 年气温上升 1.5℃的情况。

由相关文献知，昆仑山地区的平均地温约为－2.5℃，结合气温资料和张先军的实测地温资料以 3%的地热梯度反演初始地温场。模型上边界和空气发生对流换热，空气与地面的对流换热系数取为 $h=15.0\text{W}/(\text{m}^2\cdot℃)$。模型两侧为绝热边界，模型下边界及隧道内壁区为热流边界，热流密度为 $0.06\text{W}/\text{m}^2$。由于隧道的施工期较长，施工期洞内气温受人类活动影响，根据实测资料拟合得到了施工期洞内（施工期为 1 年）气温公式：

$$T_a=\begin{cases}14.9\sin\left[\frac{2\pi}{12\times30}(t+336)+\frac{11}{12}\pi\right] & \sin\left[\frac{2\pi}{12\times30}(t+336)+\frac{11}{12}\pi\right]>0\\ 3.00\sin\left[\frac{2\pi}{12\times30}(t+336)+\frac{11}{12}\pi\right] & \sin\left[\frac{2\pi}{12\times30}(t+336)+\frac{11}{12}\pi\right]\leqslant0\end{cases} \tag{6-3}$$

根据地质报告，假定水分场是饱和的并有外界水分补给，模型两侧及底部为不透水边界，洞壁为透水边界。变形场的边界条件是：下边界为固定约束，两侧边界为法向约束，上边界为自由边界。根据现场实测资料，该地区构造应力较小，因此主要考虑自重应力。

6.3.5 计算结果分析

1. 施工期计算结果

施工结束时（2002 年 10 月），不同保温方案下围岩的温度场如图 6-28 所示，围岩的变形场如图 6-29 所示，围岩的应力场如图 6-30 所示。

由图 6-28 可以看出，施工结束时，铺设 5cm 保温层和不铺设保温层的围岩温度场分布基本一致。隧洞开挖均引起隧洞围岩温度场重新分布，在隧洞周围形成了环形等温线。保温层的存在使得隧洞围岩的融化深度略微减小。铺设 5cm 保温材料时，拱顶的最大融深为 1.84m，边墙的最大融深为 3.26m，拱底的最大融深为 2.59m。施工结束时，在上述三个部位实测的融化深度分别为 1.8、3.5 和 2.5m。可见实测值与模拟值吻合较好。

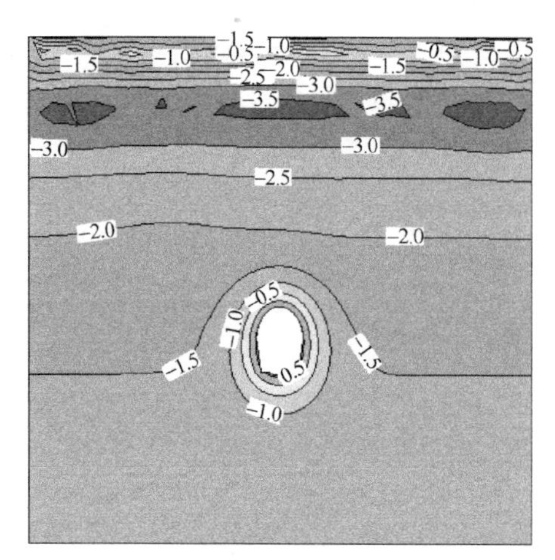

(a) 无保温层

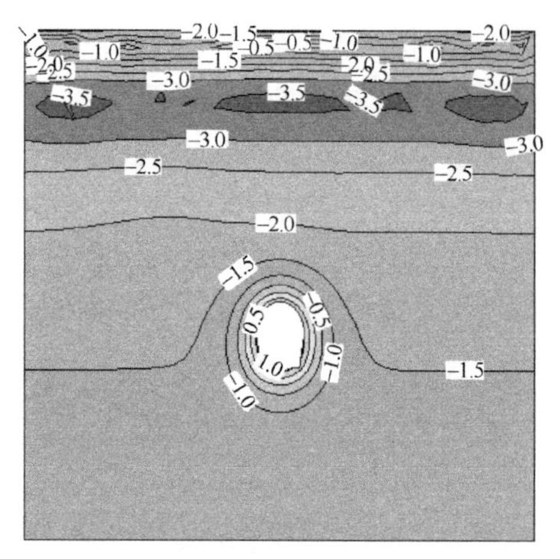

(b) 5cm保温层

图 6-28　施工期围岩温度场（单位:℃）

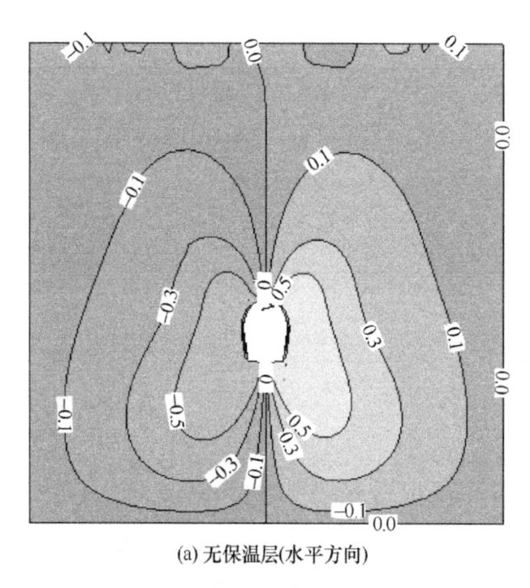

(a) 无保温层(水平方向)

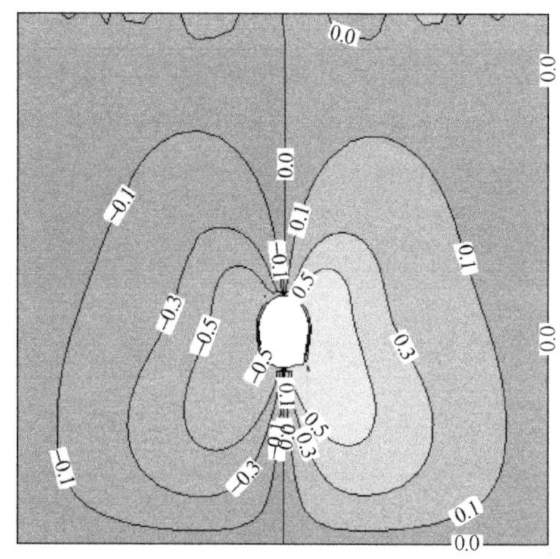

(b) 5cm保温层(水平方向)

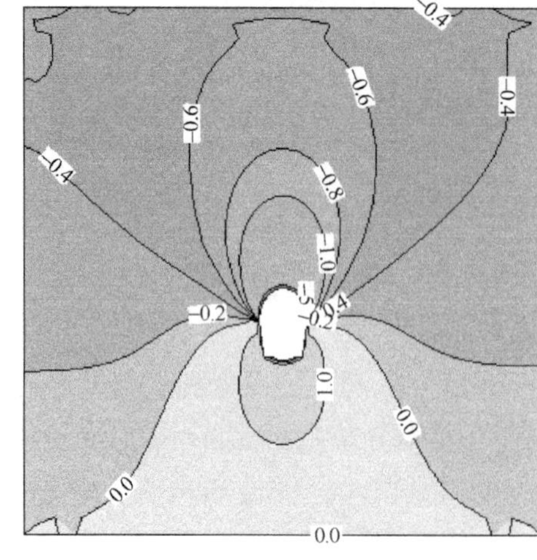

(c) 无保温层(垂直方向)

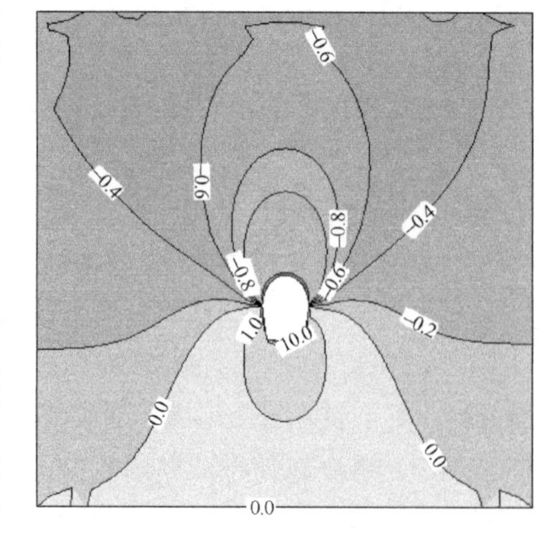

(d) 5cm保温层(垂直方向)

图 6-29　施工期围岩变形场（单位：mm）

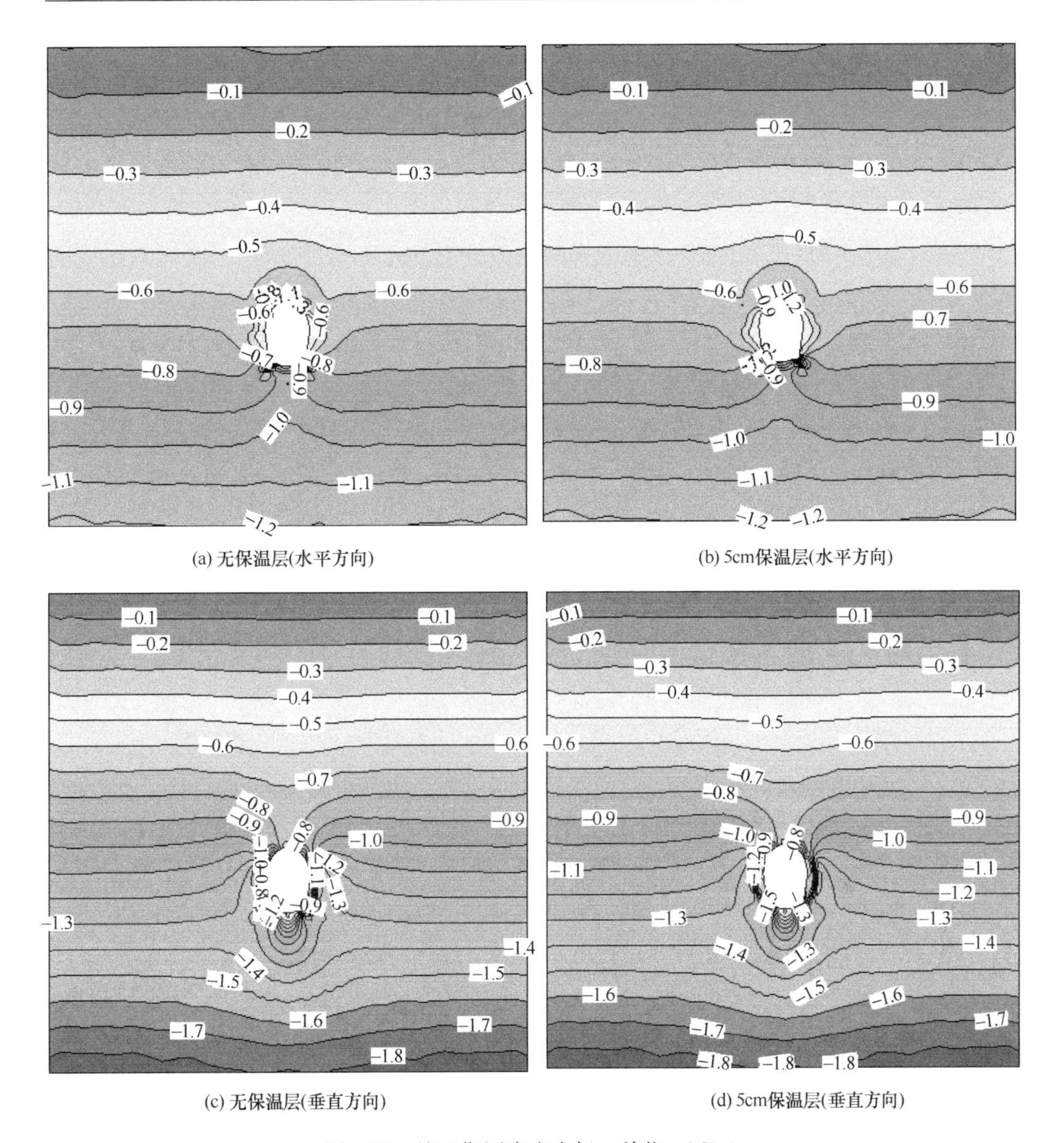

(a) 无保温层(水平方向)

(b) 5cm保温层(水平方向)

(c) 无保温层(垂直方向)

(d) 5cm保温层(垂直方向)

图 6-30 施工期围岩应力场（单位：MPa）

由图 6-29 可以看出，由于保温层位于一次衬砌和二次衬砌之间，因此施工结束时保温层对围岩变形的影响并不明显，两种方案条件围岩变形场的分布基本一致。无论是水平向变形还是垂直向变形，最大值均出现在洞周较小范围内（由于该处变形等值线密集，因此图中未能显示出具体的标注值），远离洞周后围岩的变形基本为零。铺设 5cm 保温层时，拱顶、边墙和拱底向洞内的变形分别为 9.01、36.90 和 13.60mm；不铺设保温层时，拱顶、边墙和拱底向洞内的变形分别为 9.15、36.94 和 14.01mm。施工期保温层的作用并不明显。

由图 6-30 可以看出，由于保温层位于一次衬砌和二次衬砌之间，因此施工结束时保温层对围岩应力场的影响并不明显，两种方案下围岩应力场的分布基本一致，开挖后洞周均出现了应力集中和重分布现象。水平方向应力在拱脚区域相对较大，拱顶和拱底区域次之，边墙部位最小。铺设5cm保温层和无保温层时洞周的最大水平应力分别为−0.546和−0.605MPa（均位于拱脚部位）。垂直方向应力在边墙部位最大，铺设5cm保温层和无保温层时洞周的最大垂直应力分别为−0.699和−0.698MPa。可以看出，施工结束时，铺设5cm保温层时围岩的应力略大于无保温层方案。

施工期结束时，隧道一次衬砌结构的受力情况如图6-31所示，二次衬砌结构的受力情况如图6-32所示。

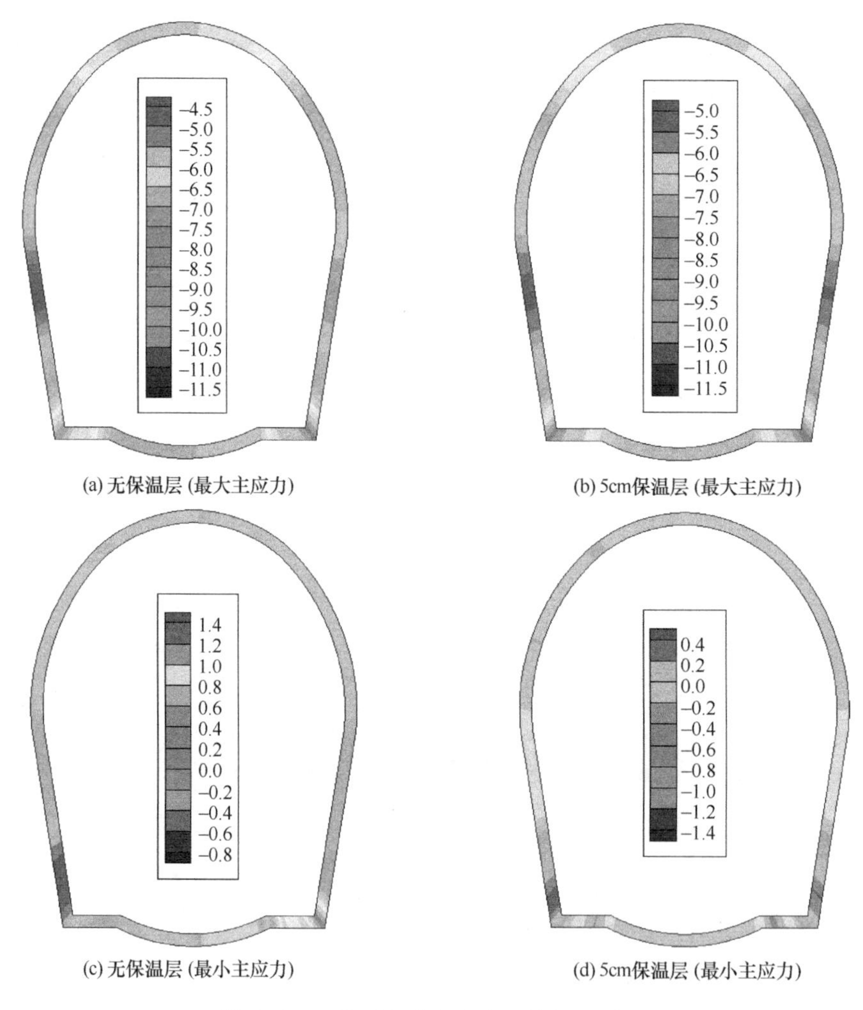

图6-31　一次衬砌应力分布（单位：MPa）

由图6-31可以看出，两种方案条件下，一次衬砌结构受力最大的位置基本一致。铺设5cm保温层和无保温层时，拱顶部位的最大主应力分别为−5.19和−5.24MPa，边墙部位的最大主应力分别为−10.02和−9.70MPa，拱底部位的最大主应力分别为−7.43和−6.89MPa。铺设5cm保温层和无保温层时，拱顶部位的最小主应力分别为−0.41和−0.37MPa，边墙部位的最小主应力分别为−0.18和−0.20MPa，拱底部位的最小主应力分别为−0.21和1.20MPa。铺设5cm保温层时，一次衬砌仅在拱

扫码看彩图

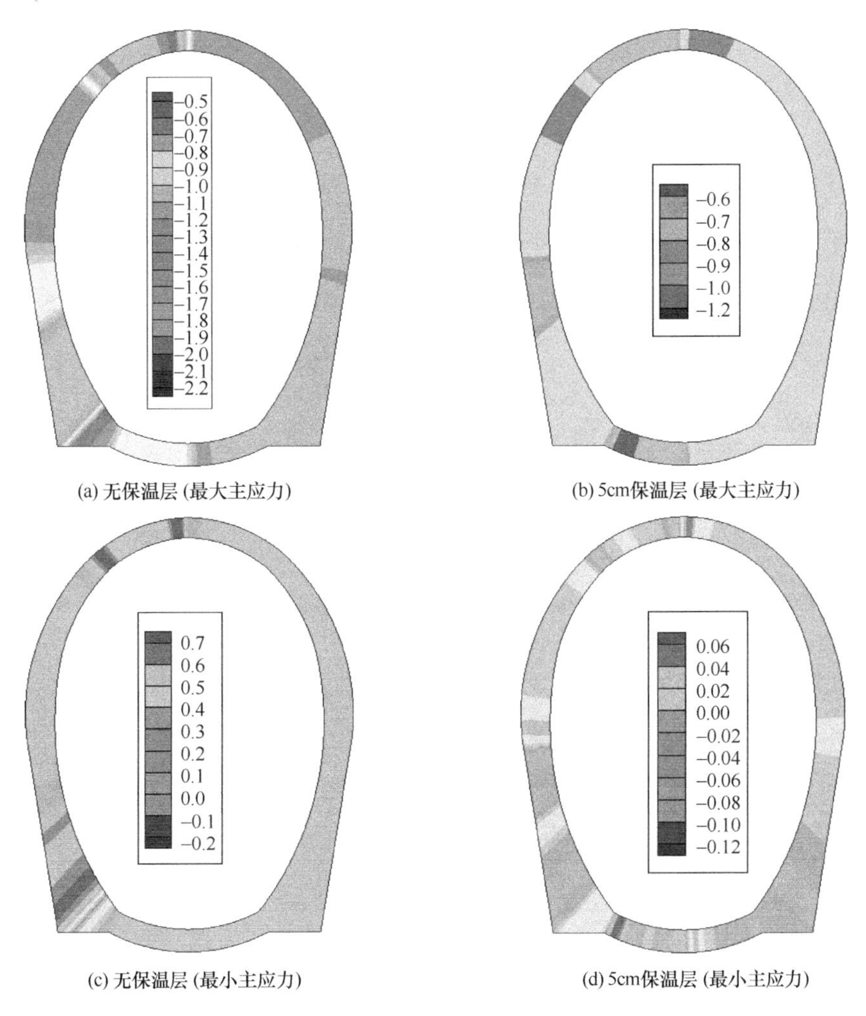

(a) 无保温层 (最大主应力)　(b) 5cm保温层 (最大主应力)

(c) 无保温层 (最小主应力)　(d) 5cm保温层 (最小主应力)

图 6-32　二次衬砌应力分布（单位：MPa）

脚和边墙部位出现了少量的拉应力，而不设保温层时，一次衬砌在拱脚部位出现了约 1.4MPa 的拉应力。

由图 6-32 可以看出，两种方案条件下，二次衬砌结构受力最大的位置基本一致。铺设 5cm 保温层和无保温层时，拱顶部位的最大主应力分别为－1.23和－1.22MPa，边墙部位的最大主应力分别为－1.33 和－1.30MPa，拱底部位的最大主应力分别为－1.55 和－1.42MPa。铺设 5cm 保温层时，二次衬砌结构承担的最小主应力较小，拱顶部位的拉应力值最大，但仅为 0.06MPa。无保温层时，二次衬砌结构的拉应力最大值位于拱脚部位，约为 0.75MPa。

2. 运行 10 年后计算结果

铺设 5cm 保温层和无保温层时，隧道运行 10 年后一次衬砌结构的受力如图 6-33 所示。

由图 6-33 可以看出，运行 10 年后，洞周围岩均已回冻，因此两种方案条件下，一次衬砌结构受力均较大。铺设 5cm 保温层和无保温层时，拱顶部位的最大主应力

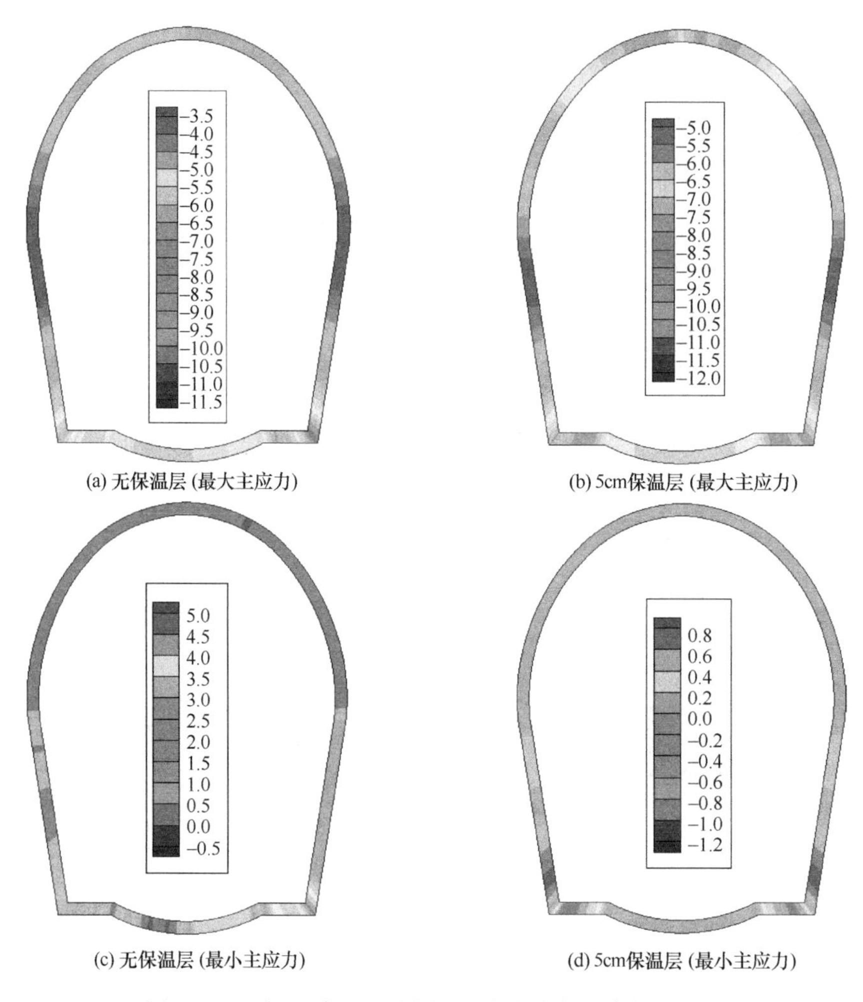

图 6-33 运行 10 年后一次衬砌的应力分布（单位：MPa）

分别为－6.17 和－7.24MPa，边墙部位的最大主应力分别为－11.60 和－11.66MPa，拱底部位的最大主应力分别为－7.45 和－6.07MPa。铺设 5cm 保温层和无保温层时，拱顶部位的最小主应力分别为－0.37 和－0.22MPa，边墙部位的最小主应力分别为－0.24 和－0.02MPa，拱底部位的最小主应力分别为－0.35 和 2.14MPa。从图中还可以看出，铺设 5cm 保温层时，一次衬砌最大拉应力值位于拱脚部位，约为 0.80MPa。不铺设保温层时，一次衬砌的拉应力最大值同样位于拱脚，约为 4.5MPa 的拉应力。因此，不铺设保温层时，一次衬砌有破坏的危险。

铺设 5cm 保温层和无保温层时，隧道施工结束并运行 10 年后，二次衬砌结构的受力情况如图 6-34 所示。

由图 6-34 可以看出，由于运行 10 年后洞周围岩均已回冻，两种方案条件下，二次衬砌结构受力均较大。铺设 5cm 保温层和无保温层时，拱顶部位的最大主应力分别为－0.70和－0.11MPa，边墙部位的最大主应力分别为－0.57 和－0.14MPa，拱底部位的最大主应力分别为－0.88 和－2.01MPa。铺设5cm保温层时，二次衬砌结

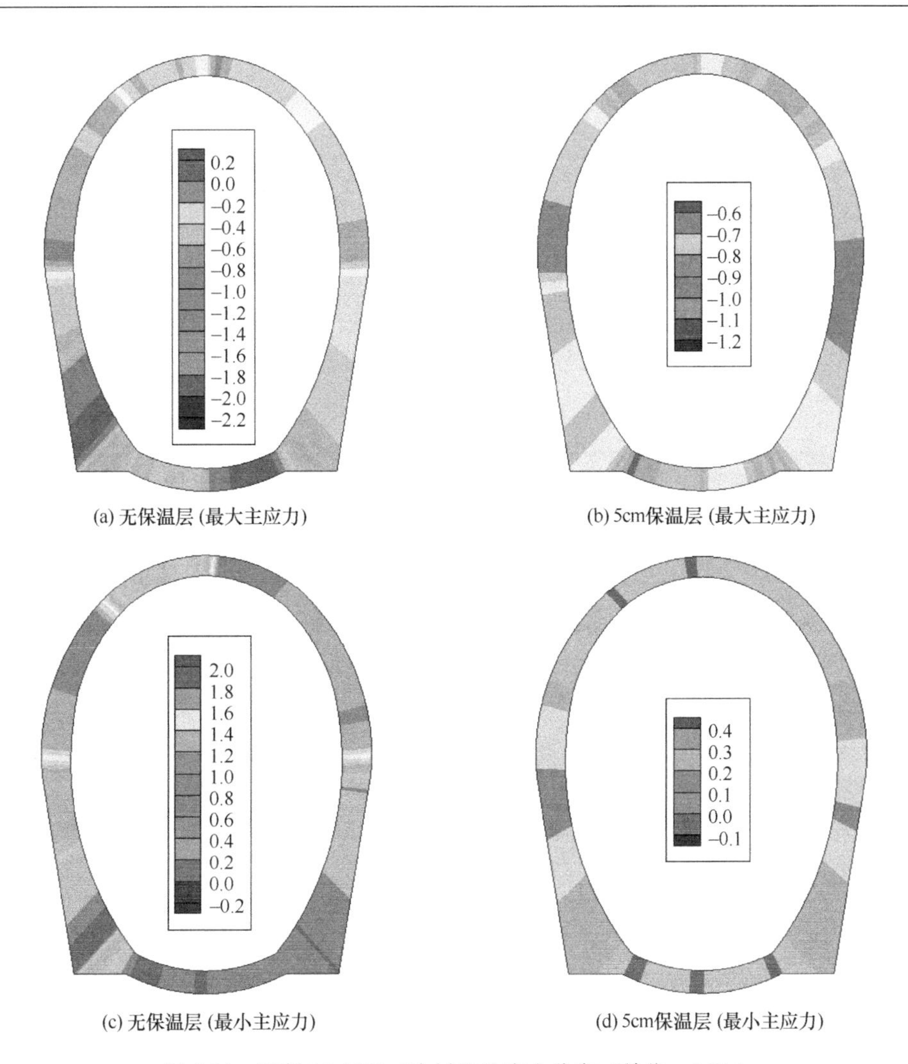

(a) 无保温层 (最大主应力)　(b) 5cm保温层 (最大主应力)

(c) 无保温层 (最小主应力)　(d) 5cm保温层 (最小主应力)

图 6-34　运行 10 年后二次衬砌的应力分布（单位：MPa）

构承担的最小主应力较小，拉应力最大值位于边墙部位，约为 0.40MPa。无保温层时，二次衬砌结构拉应力最大值位于拱顶和拱肩部位，约为 2.00MPa。可见若不施作保温层，二次衬砌会发生受拉破坏。可见在运行 10 年后，保温层可以较好地保证衬砌结构的安全。

综上可以看出，基于本书构建的低温裂隙岩体四场耦合理论和所开发的程序，模拟的结果与实测值和工程经验吻合较好。模拟得到的施工结束时的最大融深（拱顶为 1.84m，边墙为 3.26m，拱底为 2.59m）与实测值（拱顶为 1.8m，边墙为 3.5m，拱底为 2.5m）吻合较好。由于现场条件恶劣和技术条件限制，本工程也没有开展变形和应力方面的监测工作，但模拟分析得到的衬砌结构的受力情况和工程经验吻合较好，不施作保温层时衬砌结构在相变产生的冻胀作用下可能发生破坏。

6.4 冻岩/土工程防冻害措施

由于人类生产和生活的需要，大量的工程（公路、铁路、隧道、边坡、基础等）修建于高寒高海拔地区，这就不可避免地会遇到工程冻害问题。寒区隧道甚至有十洞九害的说法（挪威寒区隧道均存在不同程度的冻害，新疆国道217线天山段的玉希莫勒盖隧道因冻害而报废，青藏铁路西宁-格尔木段的关角隧道道床冬季上鼓夏季翻浆、衬砌开裂），公路路面有翻浆、裂缝、鼓包、沉陷和抬升等病害，边坡有热融滑塌等（图6-35）。

(a) 洞内冰塞　(b) 洞内挂冰

(c) 路面冻胀开裂　(d) 边坡热融滑塌

图6-35　寒区工程冻害照片

寒区工程发生冻害的内因是地下水的存在而外因则是低温引起的水/冰相变。因此，要制订合适的防冻害措施就应该从这两个方面入手。要么消除地下水，要么改变温度避免相变发生。因此，消除冻害的主要措施就应围绕排水、保温和供热三个方面进行。基于前节关于冻岩边坡和隧道的研究并总结前人的研究成果得到了如下主要防冻害措施。

1. 消除地下水措施

地下水的存在是岩体工程发生冻害的根本原因，为防止冻害对地下水应采取“防、排、截、堵，多道防线，综合治理”的原则，且以防和堵为主。堵水方法包括降渗和拦截。如注浆堵水法，即向岩体内压注浆液充填裂隙，封堵渗水通道，进而形成隔水保护圈。拦截方法如设置防水板等。排水措施主要为在地下水聚集区设置疏排管道。对于寒区隧道甚至可以在隧道下方开挖泄水洞。对于路基工程可通过抽水降低地下水位线。

2. 隔热保温措施

如果地下水无法消除或仅部分消除，则应采取保温隔热措施防止地下水发生相变进而引发冻害。寒区隧道常用的保温隔热措施是铺设保温材料，对于单层衬砌隧道保温层敷设于衬砌内侧，对于双层衬砌隧道保温层敷设于两层衬砌之间，保温材料多选热传导系数低、耐腐蚀且性能稳定的材料。对于隧道的排水沟和出水口应做好保温处理。对于车流量小的寒区隧道还可在隧道口设置门帘减少冷空气的进入。对于寒区边坡可在坡表覆盖草皮等。

3. 加热措施

如果通过被动的隔热保温仍然无法避免相变，则可采用积极主动的加热方式。长安大学吕康成提出了衬背U形供热管法，该方法是在衬砌与防水层间预埋UPVC塑料管，在管中穿入相应规格的电热带，对衬砌背后防水层区域进行供热。伍毅敏提出了施工缝衬背双源供热方法，该方法施工时需要在衬砌施工缝处埋入双源供热型背贴式可排水止水带。止水带两侧边墙区段插入电热带。夏才初提出了通过地热对隧道衬砌表面供热的方法。热量来源为深层围岩的地热，采用地热泵技术可以将其置换出来。

4. 置换措施

置换措施就是将对冻胀敏感的岩土层部分或全部置换成非冻胀土（如砂砾石）。该方法主要应用于寒区水工建筑物和其他建筑物的基础以及路基工程。本课题组徐彬博士基于此思想还研发了一种新型冷却承载复合桩，主要原理是在冻融活动层深度范围内的桩身表面刻制凹槽，利用槽内回填的碎石、块石等来达到降温和消除冻胀的目的。

5. 结构设计措施

结构设计措施主要通过设计合理的结构形式来减小或消除冻害。电力设施建设中的砖石条形基础，改为满足刚度要求的现浇钢筋混凝土基础圈梁，隧洞现浇衬砌结构改为装配式结构等，以及预先设置各种变形缝或使用抗冻混凝土等。

6. 工程措施

工程措施是指通过一定的工程手段消除冻害。如采用强夯法改善地基土的冻胀性，强夯的冲击能，使土的孔隙受到压缩，夯实周围土产生裂缝，土中孔隙水能顺利通过裂隙排出而固结，从而改变地基土结构。不但能提高地基土的承载能力，还可改善其冻胀性。

7. 其他新技术

其他新技术主要有化学改良法和热管（桩）技术。化学改良法是向岩土体中加入一些化学试剂或溶液以改变岩土体的冻胀特性。如人工盐渍法，在土体中加入一定量的可溶无机盐类，如氯化钠和氯化钾等。热管（桩）技术是利用其单向传热的特点来达到防治冻害的目的。该技术在青藏铁路和青藏公路广泛使用并且效果较好，装置名称为热棒。

总之，岩土体工程冻害问题的防治应紧密结合具体的工程地质条件和工程实际情况采取以上一种或多种防冻害措施，同时需要通过综合技术经济比较和耐久性的考验。

6.5 本章小结

为了验证前文构建的低温裂隙岩体变形-水分-热质-化学四场耦合模型及其有限元解析和所开发程序的正确性，本章首先采用 Neaupane 室内试验验证了无裂隙条件下耦合模型的正确性，并在此基础上对两个典型的寒区岩体工程（青海木里露天煤矿边坡和青藏铁路昆仑山隧道）进行了模拟分析，并结合温度实测资料、现场踏勘情况和工程经验对其进行了验证。

（1）采用 Neaupane 室内试验验证了无裂隙条件下耦合模型的正确性。无论是温度的传递过程还是应变的发展过程，基于耦合模型的模拟值均与试验值吻合较好。由于本书模型全面考虑了岩体各组分热胀冷缩效应对应变的影响，因此采用本书模型模拟得到应变值较 Neaupane 的模拟值更好，表明本书模型能较好地模拟无裂隙岩体的冻融过程。

（2）基于实测温度资料反演了木里矿区的初始温度场，经与实测资料比较吻合较好，能够很好地反映温度随季节变化引起的地层冻融过程。反演得到的活动层厚度约为 5.0m，实测值约为 4～6m。然后模拟分析了木里露天矿边坡在不同开挖倾角（24°和 32°）和不同岩层倾角（10°和 30°）等工况下的温度场、应力场和变形场。研究表明，开挖坡角和岩层倾角越大，边坡的变形越大，边坡越不稳定。模拟得到的边坡的变形和受力情况与现场踏勘情况相符，也符合工程经验。

（3）模拟分析了青藏铁路昆仑山隧道进口 DK976＋410 断面，研究了施作保温层对围岩温度场、应力场、变形场以及一次衬砌和二次衬砌受力情况的影响。模拟结果表明，施工结束时，围岩的最大融深（拱顶为 1.84m，边墙为 3.26m，拱底为 2.59m）与实测值（拱顶为 1.8m，边墙为 3.5m，拱底为 2.5m）吻合较好。若不铺设保温层，二次衬砌在施工期和运行期的最大拉应力分别为 0.75 和 2.0MPa；施作 5cm 保温层时，衬砌结构的最大拉应力不超过 0.5MPa。衬砌结构的受力情况和工程经验吻合较好。

7 结论与展望

7.1 主要结论

随着“北极资源争夺战”的展开，岩土科研工作者不仅看到了北极储量丰富的化石燃料和矿产资源，同时也看到了北极冰层下厚厚的冻土。据统计，占地球陆地面积近50%的各类冻土区均赋存着丰富的资源，但在寒区进行资源开采和工程建设的过程中遇到了大量冻岩（土）工程冻害问题，部分地区甚至导致工程报废和重大安全事故。编者在前人研究的基础上，以可等效连续化的裂隙岩体为研究主体，紧抓含相变低温裂隙岩体的各向异性的水力、热学特性及水-热-力-化耦合特性，分别推导了低温裂隙岩体的水分迁移模型、热质传输模型、化学损伤模型，并以此为基础推导了裂隙岩体变形-水分-热质-化学耦合模型及其有限元格式，最后将其应用于两个实际工程。具体的研究成果主要包括六个方面：

（1）基于平行板裂隙渗流立方定律，建立了低温裂隙岩体的各向异性水分迁移模型。

首先根据冻结裂隙岩体和冻土的本质区别，给出了冻结裂隙岩体的明确定义（使其有别于冻土和冻结岩块），然后综合考虑温度（含水/冰相变）、应力、化学损伤以及裂隙水的渗透特性等，推导了等效水力隙宽演化模型和单裂隙渗流模型。基于多孔介质吸附薄膜理论和Clapeyron方程，研究了低温裂隙岩体特殊的温度势迁移机制，并构建了低温裂隙岩体代表性体元的水分迁移的温度驱动势模型。基于建立的单裂隙渗流模型和温度驱动势模型以及平行板裂隙渗流立方定律，建立了单裂隙低温岩体水分迁移模型，并利用裂隙的产状和几何参数对裂隙岩体的渗透性能进行等效连续化分析，进而得到了含单组裂隙低温岩体的渗透张量。最后基于渗透性能的可叠加性，推导了含多组优势节理低温岩体的各向异性水分迁移模型。

（2）从传热学的基本原理出发，建立了低温裂隙岩体的各向异性传热模型。

首先根据裂隙介质的传热特性，建立了裂隙介质热阻的物理模型，并推导了不同含水条件下低温岩体单裂隙的切向和法向热阻模型。根据能量守恒原理，推导了不同含水和连通条件下，含单组裂隙岩体代表性体元的主等效热传导系数表达式，并构建了含单组裂隙低温岩体的各向异性传热模型，从而实现了传热性能的等效连续化分析。最后基于传热性能的可叠加性，推导了含多组优势节理低温岩体的各向异性传热模型。此外，还研究了各因素（裂隙面积接触率、流体流速、未冻水含量、裂隙开度和连通率等）对低温裂隙岩体传热特性的影响。研究表明，法向等效热传导系数均小于岩石基质的热传导系数，而切向等效热传导系数均大于岩石基质的热传导系数，各因素对饱水贯通裂隙岩体的影响程度显著大于非贯通裂隙岩体。各因素下（除面积接触率 ω 外），饱水贯通裂隙岩体的法向等效热传导系数均呈单调递减趋势，而切向热传导系数呈单调递增趋势。由于两侧岩桥的栓塞作用，地下水流速对非贯通裂隙岩体切向热传导系数的影响很小。最后，基于 FLAC3D 有限差分软件，通过两个算例（含水平裂隙岩样和含多组裂隙岩体边坡），全面验证了低温裂隙岩体的各向异性传热模型的合理性。

（3）基于提出的常温岩石化学损伤模型，建立了低温裂隙岩体的化学损伤模型。

以课题组 2003 年建立的常温岩石化学损伤模型为基础，进一步提出了低温裂隙岩体的化学损伤机制和化学损伤对裂隙开度的影响两个方面的研究思路与方法。通过考虑冰/水相变作用、流体流速以及温度对化学反应的影响，建立了低温裂隙岩体的代表性体元受水、热影响的化学损伤模型。反过来，从压力溶蚀和表面溶蚀等化学损伤机制，进一步研究了化学损伤对裂隙岩体变形、水分迁移和传热特性的影响。基于空隙变化率的概念，研究了溶蚀作用对等效水力隙宽的影响，并提出了水力隙宽演化模型。

（4）结合建立的低温裂隙岩体的水分迁移模型、传热模型以及化学损伤模型，初步建立了低温裂隙岩体变形-水分-温度-化学四场耦合模型。

基于经典热力学理论并结合已建立的低温裂隙岩体水分迁移模型、热质传输模型以及化学损伤模型，分别建立了含水/冰相变低温裂隙岩体的应力平衡方程、连续性方程、能量守恒方程以及溶质运移方程。以此为基础，推导了低温裂隙岩体的变形-水分-热质-化学四场耦合模型及控制微分方程组，初步构建了低温裂隙岩体的四场耦合理论构架。

（5）推导了低温裂隙岩体四场耦合模型的有限元解析格式并开发了相应的分析程序。

鉴于构建的低温裂隙岩体四场耦合模型过于复杂，无法直接对其进行求解，采用伽辽金加权余量法对其在空间域内离散，利用两点递进格式在时间域内离散，从而推导了低温裂隙岩体四场耦合模型的有限元解析格式。最后，借助大型岩土仿真软件 FINAL 的编程思想及课题组开发的饱和冻土三场耦合分析程序 3G2012，开发了低温裂隙岩体四场耦合分析程序 4G2017。

（6）采用 Neaupane 室内试验和两个典型的寒区岩体工程，对建立的低温裂隙岩体四场耦合模型及所开发程序 4G2017 进行了验证。

采用 Neaupane 室内试验验证了无裂隙条件下耦合模型的正确性。无论是温度的传递过程还是应变的发展过程，基于耦合模型的模拟值均与试验值吻合较好。由于本书模型全面考虑了岩体各组分热胀冷缩效应对应变的影响，因此采用本书模型模拟得到的应变值较 Neaupane 的模拟值更好，表明本书模型能较好地模拟无裂隙岩体的冻融过程。

基于实测温度资料反演了木里矿区的初始温度场，反演结果与实测值吻合较好。

反演得到的冻融活动层厚度约为4.8m，实测值约为4～6m。然后模拟分析了非工作帮边坡在不同开挖倾角和岩层倾角等工况下的温度场、应力场和变形场。研究表明，开挖坡角和岩层倾角越大，边坡的变形越大。模拟得到的边坡的变形和受力情况与现场踏勘情况相符。

模拟了青藏铁路昆仑山隧道进口DK976+410断面，研究了保温层对围岩温度场、应力场、变形场以及一次衬砌和二次衬砌受力的影响。模拟结果表明，施工结束时洞周的最大融深与实测值吻合较好。若不铺设保温层，二次衬砌在施工期和运行期的最大拉应力分别为0.75和2.00MPa；施作5cm保温层时，衬砌结构的最大拉应力不超过0.4MPa。支护结构受力情况与工程经验相符。

7.2 工作展望

本书以可进行等效连续化的低温裂隙岩体为研究对象，紧密围绕含相变低温裂隙岩体的各向异性特性，基于经典热力学理论、能量守恒方程和质量守恒方程初步构建了各向异性低温裂隙岩体的变形-水分-热质-化学四场耦合理论构架，然而限于理论水平和试验技术条件等的限制及低温裂隙岩体本身的复杂性，本书尚存诸多不足和未尽事宜，因此拟定了几个需要今后进一步深入研究的方面：

(1) 由于试验条件的限制，本书构建的低温裂隙岩体水分迁移模型、热质传输模型、核化学损伤模型以及变形-水分-热质-化学四场耦合模型均缺乏足够的室内试验和工程实际监测数据的验证。因此，在后续的工作中应创造条件开展低温裂隙岩体的不同裂隙开度、不同粗糙度以及不同温度梯度下的水分迁移试验，对已构建的低温裂隙岩体水分迁移模型进行验证和进一步完善；开展低温裂隙岩体在不同裂隙开度、连通率、地下水流速和冻结率条件下的传热试验，对已构建的低温裂隙岩体热质传输模型进行验证和完善；开展不同温度、不同流速、裂隙开度和冻结率条件下的化学溶蚀试验，对已构建的低温裂隙岩体化学损伤模型进行验证和完善。

(2) 开发室内低温裂隙岩体变形-水分-热质-化学四场耦合试验设备并进行不同温度梯度、含水情况、溶液浓度以及受力条件下的多场耦合试验，对构建的低温裂隙岩体四场耦合模型进行全面验证。此外还应创造条件，根据野外实测资料对耦合模型进行验证。

(3) 基于本书构建的低温裂隙岩体变形-水分-热质-化学四场耦合模型开放的4G2017程序目前仅为二维情况，应进一步推广至三维情况。此外，还应考虑给程序开发界面友好的前后处理程序，实现其独立性。

(4) 鉴于本书构建的低温裂隙岩体变形-水分-热质-化学四场耦合模型是基于一定假定条件的，且在整理过程中也进行了一定的简化，因此后续工作可以考虑减少一些假定和简化，进而构建更为真实的低温裂隙岩体四场耦合理论。

(5) 目前，业界关于低温冻结岩块方面的试验研究已经比较充分，且得到的试验结果也基本一致，但是受多场影响的分析参数方面的研究不足，比如应考虑建立受温度、化学以及应力影响的渗透系数表达式，即 $k = f(T, C, \delta)$ 。

（6）缺乏低温裂隙岩体的室内和现场研究。鉴于含裂隙岩体的复杂性，不少研究者只研究岩块而避开裂隙岩体。实际上含裂隙岩体试样才能真正反映实际工程中存在的问题。因此，应考虑加强含裂隙低温岩体试样的各种热物理力学特性的室内试验研究，同时应开展较为全面系统的寒区工程温度、应力/变形和水分的现场监测，以便各场之间能够相互印证。目前，关于寒区工程温度监测已有开展，但是水分场监测和应力/变形监测却相对滞后，特别是鉴于水分监测的难度无论是冻土还是冻岩领域均鲜有报道。

参考文献

[1] 李宁，程国栋，谢定义．西部大开发中的岩土力学问题[J]. 岩土工程学报，2001，23(3)：268-272.

[2] CHAPMAN W L，WALSH J E. Recent variations of sea ice and air temperature in high latitudes[J]. Bulletin of the American meteorological society，1993，74(1)：33-47.

[3] RIGOR I G，COLONY R L，MARTIN S. Variations in surface air temperature observations in the arctic，1979—1997[J]. Journal of climate，2000，13(5)：896-914.

[4] 李连祺．俄罗斯北极资源开发政策的新框架[J]. 东北亚论坛，2012，21(4)：90-97.

[5] 张胜军，李形．中国能源安全与中国北极战略定位[J]. 国际观察，2010(4)：64-71.

[6] 卢景美，邵滋军，房殿勇，等．北极圈油气资源潜力分析[J]. 资源与产业，2010，12(4)：29-33.

[7] United States Geological Survey. Circum-arctic resource appraisal：estimates of undiscovered oil and north of the arctic circle [R/OL]. (2008-06-23)[2014-01-24]. http：//pubs. usgs. gov/fs/2008/3049.

[8] 徐学祖，王家澄，张立新．冻土物理学[M]. 北京：科学出版社，2001.

[9] 马巍，王大雁，等．冻土力学[M]．北京：科学出版社，2014.

[10] 谭贤君．高海拔寒区隧道冻胀机理及其保温技术研究[D]. 武汉：中国科学院武汉岩土力学研究所，2010.

[11] 陈仁升，康尔泗，吴立宗，等．中国寒区分布探讨[J]. 冰川冻土，2005，27 (4)：469-474.

[12] 康永水．裂隙岩体冻融损伤力学特性及多场耦合过程研究[D]. 武汉：中国科学院武汉岩土力学研究所，2012.

[13] King. 全国冻土类型分布图[EB/OL]. [2008-12-10]. http：//tupian. baike. com/a28062013000001792611228916 27825976 _ jpg. html.

[14] King. 世界冻土分布图[EB/OL]. [2008-12-10]. http：//tupian. baike. com/a103720130000017926112289172334475 2 _ jpg. html.

[15] 孙太岩．国内外寒区隧道冻害现状综述[J]. 科技风，2014(21)：129.

[16] 李建军，朱玉．高速公路季节性冻土路基设计理论及病害防治对策研究[J]. 公路交通科技(应用技术版)，2016，12(1)：10-12.

[17] 尼加提・阿扎提，努力・吐尔逊．抢通国道 217 线玉希莫勒盖隧道[EB/OL]. [2016-05]. http：//www. xjjt. gov. cn/article /2016-5-26/art115693. html.

[18] MURTON J B，PETERSON R，OZOUF J C. Bedrock fracture by ice segregation in cold regions[J]. Science，2006，314(5802)：1127.

[19] HALLET B. Why do freezing rocks break? [J]. Science，2006，314(5802)：1092-1093.

[20] 杨更社，周春华，田应国，等．软岩材料冻融过程中的水热迁移实验研究[J]. 煤炭学报，2006(5)：566-570.

[21] 杨更社，周春华，田应国，等. 软岩类材料冻融过程水热迁移的实验研究初探[J]. 岩石力学与工程学报，2006(9)：1765-1770.

[22] 刘慧，杨更社，叶万军，等. 基于CT图像的冻结岩石冰含量及损伤特性分析[J]. 地下空间与工程学报，2016，12(4)：912-919.

[23] 杨更社，奚家米，李慧军，等. 三向受力条件下冻结岩石力学特性试验研究[J]. 岩石力学与工程学报，2010，29(3)：459-464.

[24] 刘泉声，黄诗冰，康永水，等. 低温饱和岩石未冻水含量与冻胀变形模型研究[J]. 岩石力学与工程学报，2016，35(10)：2000-2012.

[25] 刘泉声，康永水，黄兴，等. 裂隙岩体冻融损伤关键问题及研究状况[J]. 岩土力学，2012，33(4)：971-978.

[26] 刘泉声，黄诗冰，康永水，等. 裂隙岩体冻融损伤研究进展与思考[J]. 岩石力学与工程学报，2015，34(3)：452-471.

[27] 刘泉声，康永水，刘滨，等. 裂隙岩体水-冰相变及低温温度场-渗流场-应力场耦合研究[J]. 岩石力学与工程学报，2011，30(11)：2181-2188.

[28] 徐光苗. 寒区岩体低温、冻融损伤力学特性及多场耦合研究[D]. 武汉：中国科学院武汉岩土力学研究所，2006.

[29] 徐彬. 大型低温液化天然气(LNG)地下储气库裂隙围岩的热力耦合断裂损伤分析研究[D]. 西安：西安理工大学，2008.

[30] 陈湘生. 冻土力学之研究：21世纪岩土力学的重要领域之一[J]. 煤炭学报，1998(1)：55-59.

[31] 马巍，王大雁. 中国冻土力学研究50a回顾与展望[J]. 岩土工程学报，2012，34(4)：625-640.

[32] 陈卫忠，谭贤君，于洪丹，等. 低温及冻融环境下岩体热、水、力特性研究进展与思考[J]. 岩石力学与工程学报，2011，30(7)：1318-1336.

[33] 杨更社. 冻结岩石力学的研究现状与展望分析[J]. 力学与实践，2009，31(6)：9-16.

[34] 盛金昌，许孝臣，姚德生，等. 流固化学耦合作用下裂隙岩体渗透特性研究进展[J]. 岩土工程学报，2011，33(7)：996-1006.

[35] WINKLER E M. Frost damage to stone and concrete：geological considerations[J]. Engineering geology，1968，2(5)：315-323.

[36] KOSTROMITINOV K，NIKOLENKO B，NIKITIN V. Testing the strength of frozen rocks on samples of various forms，increasing the effectiveness of mining industry in Yakutia[M]. Novosibirsk：[S. n.]，1974.

[37] INADA Y，YOKOTA K. Some studies of low temperature rock strength[J]. International journal of rock mechanics & mining sciences & geomechanics abstracts，1984，21(3)：145-153.

[38] AOKI K，HIBIYA K，YOSHIDA T. Storage of refrigerated liquefied gases in rock caverns：characteristics of rock under very low temperatures [J]. Tunnelling & underground space technology，1990，5(4)：319-325.

[39] 徐光苗，刘泉声. 岩石冻融破坏机理分析及冻融力学试验研究[J]. 岩石力学与工程学报，2005(17)：3076-3082.

[40] 唐明明，王芝银，孙毅力，等．低温条件下花岗岩力学特性试验研究[J]．岩石力学与工程学报，2010，29(4)：787-794.

[41] 刘莹，汪仁和，陈军浩．负温下白垩系岩石的物理力学性能试验研究[J]．煤炭工程，2011(1)：82-84.

[42] 李云鹏，王芝银．花岗岩低温强度参数与冰胀力的关系研究[J]．岩石力学与工程学报，2010，29(S2)：4113-4118.

[43] 杨更社，奚家米，邵学敏，等．冻结条件下岩石强度特性的试验[J]．西安科技大学学报，2010，30(1)：14-18.

[44] 杨更社，吕晓涛．富水基岩井筒冻结壁砂质泥岩力学特性试验研究[J]．采矿与安全工程学报，2012，29(4)：492-496.

[45] 李云鹏，王芝银．岩石低温单轴压缩力学特性[J]．北京科技大学学报，2011，33(6)：671-675.

[46] 田应国，杨更社，李博融，等．冻结白垩系砂岩强度特性试验研究[J]．煤炭工程，2015，47(12)：78-81.

[47] 程磊．冻结条件下岩石力学特性实验研究及工程应用[D]．西安：西安科技大学，2009.

[48] 蒋帅男．高寒山区冻融岩石的物理力学性质及损伤特性研究[D]．成都：成都理工大学，2016.

[49] 芮雪莲．寒区冻融作用下岩石力学特性及致灾机制研究[D]．成都：成都理工大学，2016.

[50] 李慧军．冻结条件下岩石力学特性的实验研究[D]．西安：西安科技大学，2009.

[51] 陈传高．冻融岩石抗拉特性实验及水热力耦合分析及应用[D]．西安：西安科技大学，2012.

[52] 宋立伟．西北地区冻结岩石力学特性及爆破损伤评价模型试验研究[D]．北京：中国矿业大学(北京)，2014.

[53] 屈永龙．新庄煤矿白垩系砂岩冻结状态下物理力学特性试验研究[D]．西安：西安科技大学，2014.

[54] YAMABE，T，NEAUPANE K M. Determination of some thermo-mechanical properties of Sirahama sandstone under subzero temperature conditions[J]. International journal of rock mechanic & mining science，2001，38(7)：1029-1034.

[55] PARK C，SYNN J H，SHIN H S，et al. Experimental study on the thermal characteristics of rock at low temperatures[J]. International journal of rock mechanics & mining sciences，2004，41(3)：1-6.

[56] KURIYAGAWA M，MATSUNAGA I，KINOSHITA N. Rock behavior of underground cavern with the storage of cryogenic liquefied gas[C]. Stockholm：proc. intern. symp. on subsurface space，1980：665.

[57] 杨更社，屈永龙，李庆平，等．冻结风立井白垩系砂岩导热特性的试验研究[J]．地下空间与工程学报，2016，12(1)：102-106.

[58] BAYRAM F. Predicting mechanical strength loss of natural stones after freeze-thaw in cold regions[J]. Cold regions science & technology，2012，(s83-84)：98-102.

[59] CANl H. S，CHANDRA S R. Velocity and resistivity changes during freeze-thaw cycles in Berea sandstone[J]. Geophysics，2007，72(2)：99-105.

[60] CHEN T C，YEUNG M R，MORI N. Effect of water saturation on deterioration of welded

tuff due to freeze-thaw action[J]. Cold regions science & technology，2004，38(2-3)：127-136.

[61] 许玉娟，周科平，李杰林，等. 冻融岩石核磁共振检测及冻融损伤机制分析[J]. 岩土力学，2012，33(10)：3001-3005.

[62] 张慧梅，杨更社. 冻融岩石损伤劣化及力学特性试验研究[J]. 煤炭学报，2013，38(10)：1756-1762.

[63] 张慧梅，杨更社. 冻融与荷载耦合作用下岩石损伤模型的研究[J]. 岩石力学与工程学报，2010，29(3)：471-476.

[64] 周科平，李斌，李杰林，等. 冻融作用下岩石的微观损伤及动态力学特性：英文[J]. Transactions of nonferrous metals society of China，2015，25(4)：1254-1261.

[65] 田维刚. 多因素耦合作用下岩石冻融损伤机理试验研究[D]. 长沙：中南大学，2014.

[66] 张淑娟，赖远明，苏新民，等. 风火山隧道冻融循环条件下岩石损伤扩展室内模拟研究[J]. 岩石力学与工程学报，2004(24)：4105-4111.

[67] 黄勇. 高寒山区岩体冻融力学行为及崩塌机制研究[D]. 成都：成都理工大学，2012.

[68] 刘成禹，何满潮，王树仁，等. 花岗岩低温冻融损伤特性的实验研究[J]. 湖南科技大学学报(自然科学版)，2005(1)：37-40.

[69] 刘慧. 基于CT图像处理的冻结岩石细观结构及损伤力学特性研究[D]. 西安：西安科技大学，2013.

[70] 李杰林. 基于核磁共振技术的寒区岩石冻融损伤机理试验研究[D]. 长沙：中南大学，2012.

[71] 周宇翔. 西藏高海拔地区冻岩冻融循环过程中劣化规律研究[D]. 成都：西南交通大学，2015.

[72] 张慧梅，杨更社. 岩石冻融力学实验及损伤扩展特性[J]. 中国矿业大学学报，2011，40(1)：140-145.

[73] 许玉娟. 岩石冻融损伤特性及寒区岩质边坡稳定性研究[D]. 长沙：中南大学，2012.

[74] 张慧梅，杨更社. 岩石冻融循环及抗拉特性试验研究[J]. 西安科技大学学报，2012，32(6)：691-695.

[75] 刘昕. 岩石冻融循环特性试验与低温响应数值模拟研究[D]. 北京：中国地质大学(北京)，2013.

[76] DAVIDSON G P，NYE J F. A photoelastic study of ice pressure in rock cracks[J]. Cold regions science and technology，1985，11(2)：141-153.

[77] 路亚妮，李新平，肖家双. 单裂隙岩体冻融力学特性试验分析[J]. 地下空间与工程学报，2014，10(3)：593-598，649.

[78] 李宁，张平，程国栋. 冻结裂隙砂岩低周循环动力特性试验研究[J]. 自然科学进展，2001(11)：57-62.

[79] 李新平，路亚妮，王仰君. 冻融荷载耦合作用下单裂隙岩体损伤模型研究[J]. 岩石力学与工程学报，2013，32(11)：2307-2315.

[80] 袁小清，刘红岩，刘京平. 冻融荷载耦合作用下节理岩体损伤本构模型[J]. 岩石力学与工程学报，2015，34(8)：1602-1611.

[81] 牛小明，唐绍辉，苏伟，等. 冻融循环作用下西藏玉龙铜矿边坡岩体物理力学特性研究[J]. 矿业研究与开发，2012，32(5)：53-56.

[82] 母剑桥，裴向军，黄勇，等. 冻融岩体力学特性实验研究[J]. 工程地质学报，2013，21(1)：103-108.

[83] TSANG C F，OVE S. A conceptual introduction to coupled thermo-hydro-mechanical processes in fractured rocks[J]. Developments in geotechnical engineering，1996，79：1-24.

[84] 王乐华，陈招军，金晶，等. 节理岩体冻融力学特性试验研究[J]. 水利水电技术，2016，47(5)：149-153.

[85] 路亚妮. 裂隙岩体冻融损伤力学特性试验及破坏机制研究[D]. 武汉：武汉理工大学，2013.

[86] 刘红岩，刘冶，邢闯锋，等. 循环冻融条件下节理岩体损伤破坏试验研究[J]. 岩土力学，2014，35(6)：1547-1554.

[87] WALDER J S，HALLET B. A theoretical model of the fracture of rock during freezing[J]. Geological society of America bulletin，1985，96(3)：336-346.

[88] 张平. 非贯通裂隙岩体低温动力特性研究[D]. 西安：西安理工大学，2000.

[89] MATSUOKA N. Microgelivation versus macrogelivation：towards bridging the gap between laboratory and field frost weathering [J]. Permafrost and periglacial processes，2001(12)：299-313.

[90] MATSUOKA N. Methanisms of rock breakdown by frost action：an experimental approach[J]. Cold regions science and technology，1990，17(3)：253-270.

[91] NICHOLSON D T NICHOLSON F H. Physical deterioration of sedimentary rocks subjected to experimental freeze-thaw weathering[J]. Earth surface processes and landforms，2000(25)：1295-1307.

[92] MATSUOKA M K H，WATANABE T J. Monitoring of periglacial slope processes in the Swiss Alps：the first two years of frost shattering，heave and creep[J]. Permaforst and periglacial processes，1997(8)：155-177.

[93] NORIKAZU M. Direct observation of frost wedging in alpine bedrock[J]. Earth surface processes and landforms，2001(26)：601-614.

[94] SETO M. Freeze-thaw cycles on rock surfaces below the timberline in a montane zone：field measurements in Kobugahara，Northern Ashio Mountains，Central Japan[J]. Catena，2010，82(3)：218-226.

[95] 乔国文，王运生，储飞，等. 冻融风化边坡岩体破坏机理研究[J]. 工程地质学报，2015，23(3)：469-476.

[96] ZHANG S，LAI Y，ZHANG X，et al. Study on the damage propagation of surrounding rock from a cold-region tunnel under freeze-thaw cycle condition[J]. Tunnelling & underground space technology，2004，19(3)：295-302.

[97] WEGMANN M，GUDMUNDSSON G H，HACBERLI W. Permafrost changes in rock walls the retreat of Alpine glaciers：a thermal modelling approach[J]. Permafrost and periglacial processes，1998，9(1)：23-33.

[98] 陈飞熊. 饱和正冻土温度场、水分场和变形场三场耦合理论构架[D]. 西安：西安理工大学，2001.

[99] WILLIAMS P J. Properties and behavior of freezing soils[J]. Norwegian geotechnical institute，1967，72：1-119.

[100] EVERETT D H, The thermodynamics of frost damage to porous solids [J]. Transactions of the faraday society, 1961, 57: 1541-1551.

[101] MILLER R D. Freezing and heaving of saturated and unsaturated soils[J]. Highway research record, 1972, 393: 1-11.

[102] KONRAD J M, MORGENSTERN N R. The segregation potential of a freezing soil[J]. Canadian geotechnical journal, 1981, 18(4): 482-491.

[103] KONRAD J M, MORGENSTEM N R. Effects of applied pressure on freezing soils[J]. Canadian geotechnical journal, 1982, 19(4): 494-505.

[104] WILLIAMS P J. Moisture migration in frozen soils[M]. Washington D. C.: National Academy Press, 1984.

[105] 徐学祖, 王家澄, 张立新, 等. 土体冻胀和盐胀机理[M]. 北京: 科学出版社, 1995.

[106] AKAGAWA S, FUKUDAM. Frost heave mechanism in welded tuff[J]. Permafrost and periglacial processes, 1991, 2(4): 301-309.

[107] 周创兵, 陈益峰, 姜清辉, 等. 论岩体多场广义耦合及其工程应用[J]. 岩石力学与工程学报, 2008(7): 1329-1340.

[108] ABOUSTIT B L, S H Adani, J K Lee, et al. Finite element evaluation of thermo-elastic consolidation[J]. Proc. U. S. Symp. Rock Mech., 1978(23): 587-595.

[109] GATMIRI B. Fully coupled thermal-hydraulic-mechanical behavior of saturated porous media (soils and fractured rocks), new formulation and numerical approach, final report CERMES-EDF[R], 1995.

[110] NEAUPANE K M, YAMABE T, YOSHINAKA R. Simulation of a fully coupled thermo-hydro-mechanical system in freezing and thawing rock[J]. International journal of rock mechanics & mining sciences, 1999, 36(5): 563-580.

[111] 赖明远, 吴紫汪, 朱元林, 等. 寒区隧道温度场、渗流场和应力场耦合问题的非线性分析[J]. 岩土工程学报, 1999, 21(5): 529-533.

[112] 何平, 程国栋, 俞祁浩, 等. 饱和正冻土中的水、热、力场耦合模型[J]. 冰川冻土, 2000, 22(2): 135-138.

[113] 马静嵘, 杨更社. 软岩冻融损伤的水-热-力耦合研究初探[C]. 岩石力学与工程学报, 2004: 4373-4377.

[114] LI N, CHEN B, CHEN F X, et al. The coupled heat-moisture-mechanic model of the frozen soil[J]. Cold region science and technology, 2000, 31(3): 199-205.

[115] 何敏. 饱和正冻土水热力耦合模型的改进及其扩展有限元解法[D]. 西安: 西安理工大学, 2013.

[116] 刘乃飞. 水-热-力三场耦合平台的验证与应用研究[D]. 西安: 西安理工大学, 2012.

[117] NOORISHED J C, TSANG F, WITHERSPOON P A. Coupled thermal-hydraulic-mechanical phenomena in saturated fractured porous rocks: numerical approach[J]. Journal of geophysical research, 1984, 89(B 12): 165-373.

[118] 柴军瑞, 仵彦卿. 岩体渗流场与应力场耦合分析的多重裂隙网络模型[J]. 岩石力学与工程学报, 2000(6): 712-717.

[119] 仵彦卿. 岩体水力学基础(六): 岩体渗流场与应力场耦合的双重介质模型[J]. 水文地质工

程地质，1998(1)：46-49.
[120] 仵彦卿．岩体水力学基础(四)：岩体渗流场与应力场耦合的等效连续介质模型[J]. 水文地质工程地质，1997(3)：10-14.
[121] 王媛，徐志英，速宝玉．复杂裂隙岩体渗流与应力弹塑性全耦合分析[J]. 岩石力学与工程学报，2000(2)：177-181.
[122] 王媛，刘杰．裂隙岩体渗流场与应力场动态全耦合参数反演[J]. 岩石力学与工程学报，2008，27(8)：1652-1658.
[123] ZHAO Y，FENG Z，et al. THM (Thermo-hydro-mechanical) coupled mathematical model of fractured media and numerical simulation of a 3D enhanced geothermal system at 573K and buried depth 6000—7000m[J]. Energy，2015，82：193-205.
[124] 赵阳升，杨栋，冯增朝，等．多孔介质多场耦合作用理论及其在资源与能源工程中的应用[J]．岩石力学与工程学报，2008，27(7)：1321-1328.
[125] TOGN F，JING L，ZIMMERMAN R W. A fully coupled thermo-hydro-mechanical model for simulating multiphase flow，deformation and heat transfer in buffer material and rock masses [J]. International journal of rock mechanics & mining sciences，2010，47(2)：205-217.
[126] JING L T，TSANG C F，STEPHANSON O. DECOVALEX：an international co-operative research project on mathematical models of coupled THM processes for safety analysis of radioactive waste repositories[J]. International journal of rock mechnics and mining science & geomechanics abstracts，1995，32(5)：389-398.
[127] 冯夏庭，潘鹏志，丁梧秀，等．结晶岩开挖损伤区的温度-水流-应力-化学耦合研究[J]. 岩石力学与工程学报，2008(4)：656-663.
[128] 冯夏庭，丁梧秀．应力-水流-化学耦合下岩石破裂全过程的细观力学试验[J]. 岩石力学与工程学报，2005(9)：1465-1473.
[129] 鲁祖德，丁梧秀，冯夏庭，等．裂隙岩石的应力-水流-化学耦合作用试验研究[J]. 岩石力学与工程学报，2008(4)：796-804.
[130] 刘泉声，张程远，刘小燕．DECOVALEX _ IV TASK _ D 项目的热-水-力耦合过程的数值模拟：英文[J]. 岩石力学与工程学报，2006(4)：709-720.
[131] 张玉军．遍有节理岩体的双重孔隙-裂隙介质热-水-应力耦合模型及有限元分析[J]. 岩石力学与工程学报，2009，28(5)：947-955.
[132] 张玉军．考虑溶质浓度影响的热-水-应力-迁移耦合模型及数值模拟[J]. 岩土力学，2008(1)：212-218.
[133] 张玉军，张维庆．考虑双重孔隙-裂隙岩体中强度异向性的 THM 耦合有限元分析[J]. 岩石力学与工程学报，2015，34(S1)：2759-2766.
[134] 张鹏．裂隙表面几何形态对裂隙介质力学、水力学特性的影响规律研究[D]. 西安：西安理工大学，2007.
[135] 重力加速度[EB/OL]. https：//baike. so. com/doc/5313241-5548358. html.
[136] THOMAS H R，SANSOM M R. Fully coupled analysis of heat，moisture，and air transfer in unsaturated soil[J]. Journal of engineering mechanics，1995，121(3)：392-405.
[137] SERCOMBE J，GALLE C，RANC G. Modélisation du comportement du béton à haute température：transferts des fluides et de chaleur et deformations pendant les transitoires ther-

miques[R]. Note technique SCCME, 2001.

[138] SNOW D. Rock-facture spacing, opening, and porosities[J]. Journal of soil mechanics & foundations division, 1968, 94: 73-91.

[139] 毛雪松．水热变化对青藏公路路基稳定性的影响[D]. 西安：西安理工大学，2007.

[140] WETTLAUFER J S, WORSTER M G. Preemelting dynamics[J]. Annu review of fluid mechanics, 2006, 38: 427-452.

[141] DERJAGUIN B V, CHURAEV N V. The definition of disjoining pressure and its importance in the equilibrium and flow of thin films[J]. Colloid journal of the USSR, 1976, 38(3): 402-410.

[142] MA W ZHANG L H, YANG C S. Discussion of the applicability of the generalized Clausius-Clapeyron equation and the frozen fringe process[J]. Earth-science reviews, 2015, 142: 47-59.

[143] 杨立中，黄涛，贺玉龙．裂隙岩体渗流-应力-温度耦合作用的理论与应用[M]. 成都：西南交通大学出版社，2008.

[144] 张强林，王媛．裂隙岩体等效热传导系数探讨 [J]．西安石油大学学报(自然科学版)，2009，24(4)：32-35.

[145] 李绪萍，邓存宝．裂纹倾角对饱和裂隙岩体传热特性的影响[J]. 中国地质灾害与防治学报，2013，24(3)：118-121.

[146] 张树光，赵亮，徐义洪．裂隙岩体传热的流热耦合分析[J]. 扬州大学学报(自然科学版)，2010，13 (4)：61-64.

[147] 张树光，徐义洪．裂隙岩体流热耦合的三维有限元模型[J]. 辽宁工程技术大学学报，2011，30 (4)：505-507.

[148] 渠成堃，周辉，任振群，等．热固耦合下裂隙产状对导热系数影响的模拟分析[J]. 沈阳工业大学学报，2017，39(2)：219-224.

[149] INCROPERA F P, DE WITT D P, BERGMAN T L，等. 传热和传质基本原理[M]. 葛新石，叶宏，译．六版. 北京：化学工业出版社，2007.

[150] wKpDgVuY. 如何计算对流换热系数[EB/OL]. (2013-08-21) http://www.doc88.com/p-9078751160043.html.

[151] 杨世铭．传热学[M]. 二版．北京：高等教育出版社，1987.

[152] GIBSON R D. The contact resistance for a semi-infinite cylinder in vacuum[J]. Applied energy, 1976 (2): 57-65.

[153] GREENWOOD J A, WILLIAMSON B P. Contact of nominally flat surfaces[J]. Proceedings of the royal society, 1966(295): 300-319.

[154] GREENWOORD J A. The area of contact between rough surfaces and flats[J]. Journal of tribology, 1967, 89(1): 81.

[155] WARREN T L, KRAJCINOVIC D. Fractal models of elastic-perfectly plastic contact od rough surfaces based on the Cantor set[J]. International journal of soilds and structures, 1995, 32(19): 2907-2922.

[156] WARREN T L, MAJUMDAR A, KRAJCINOVIC D. A fractal model for the rigid-perfectly plastic contact of rough surfaces[J]. Journal of applied mechanics, 1996(63): 47-54.

[157] 葛世荣，索双富．表面轮廓分形维数计算方法的研究[J]．摩擦学学报，1997，17(4)：354-362.

[158] 黄志华，王如竹，韩玉阁．一种接触热阻的预测方法[J]．低温工程，2000(6)：40-46.

[159] 冯瑞玲，蔡晓宇，吴立坚，等．硫酸盐渍土水-盐-热-力四场耦合理论模型[J]．中国公路学报，2017，30(2)：1-10.

[160] 万旭升，赖远明．硫酸钠溶液和硫酸钠盐渍土的冻结温度及盐晶析出试验研究[J]．岩土工程学报，2013，35(11)：2090-2096.

[161] 吴道勇，赖远明，马勤国，等．季节冻土区水盐迁移及土体变形特性模型试验研究[J]．岩土力学，2016，37(2)：465-476.

[162] 李宁，朱运明，张平，等．酸性环境中钙质胶结砂岩的化学损伤模型[J]．岩土工程学报，2003(4)：395-399.

[163] 霍润科，李宁，刘汉东．均质砂岩酸腐蚀的力学性质分析[J]．西北农林科技大学学报(自然科学版)，2005(8)：149-152.

[164] 姚华彦．化学溶液及其水压作用下单裂纹灰岩破裂的细观试验[D]．武汉：中国科学院武汉岩土力学研究所，2008.

[165] 汤连生，张鹏程，王思敬．水-岩化学作用的岩石宏观力学效应的试验研究[J]．岩石力学与工程学报，2002(4)：526-531.

[166] 马明雷．岩石热-力-化学(TMC)耦合断裂韧度与断裂机理研究[D]．长沙：中南大学，2010.

[167] 原国红．季节冻土水分迁移的机理及数值模拟[D]．长春：吉林大学，2006.

[168] 许孝臣，盛金昌．渗流-应力-化学耦合作用下单裂隙渗透特性[J]．辽宁工程技术大学学报(自然科学版)，2009，28(S1)：270-272.

[169] YASUHARA H，ELSWORTH D，POLAK A. A mechanistic model for compaction of granular aggregates moderated by pressure solution[J]. Journal of geophysical research solid earth，2003，108(B11)：34-37.

[170] YASUHARA H，ELSWORTH D，POLAK A. Evolution of permeability in a natural fracture：significant role of pressure solution[J]. Journal of geophysical research solid earth，2004，109(B3)：413.

[171] LIU J，SHENG J，POLAK A，et al. A fully-coupled hydrological-mechanical-chemical model for fracture sealing and preferential opening[J]. International journal of rock mechanics & mining sciences，2006，43(1)：23-36.

[172] 郑少河，姚海林，葛修润．裂隙岩体渗流场与损伤场的耦合分析[J]．岩石力学与工程学报，2004(9)：1413-1418.

[173] 郑少河，朱维申．裂隙岩体渗流损伤耦合模型的理论分析[J]．岩石力学与工程学报，2001(2)：156-159.

[174] 王艳春．深部软岩温度-应力-化学三场耦合作用下蠕变规律研究[D]．青岛：青岛科技大学，2013.

[175] 速宝玉，张文捷，盛金昌，等．渗流-化学溶蚀耦合作用下岩石单裂隙渗透特性研究[J]．岩土力学，2010，31(11)：3361-3366.

[176] 王军祥．岩石弹塑性损伤 MHC 耦合模型及数值算法研究[D]．大连：大连海事大

学，2014.

[177] 张卫东，刘小平，等．中铁资源集团海西煤业聚乎更矿区四井田露天矿（首采区）边坡工程地质勘察与稳定性评价报告[R]．西安：中煤科工集团西安研究院，2012.

[178] 李国锋．冻融循环作用下某露天矿边坡稳定性研究[D]．西安：西安理工大学，2016.

[179] 魏国俊，张建林．青藏铁路昆仑山隧道工程地质条件[J]．冰川冻土，2003(S1)：8-13.

[180] 王星华，汤国璋．昆仑山隧道冻融特征分析[J]．岩土力学，2006(9)：1452-1456.

[181] 汤国璋．多年冻土隧道开挖稳定性及其渗漏水特征分析[D]．长沙：中南大学，2005.

[182] 张先军．青藏铁路昆仑山隧道洞内气温及地温分布特征现场试验研究[J]．岩石力学与工程学报，2005(6)：1086-1089.

[183] 蔡有鹏．高寒地区电力设施的地基冻害防治措施[J]．科技创新与应用，2014(32)：193.

[184] 赵楠，刘冲宇，伍毅敏，等．寒区隧道冻害防治技术研究进展[J]．北方交通，2010(9)：66-68.

[185] 王飞，伍毅敏．寒区隧道冻害防治研究进展[J]．公路交通科技(应用技术版)，2010，6(12)：258-261.

[186] 曹彦国，郭胜，陈娟．利用热管技术和地源热泵技术防治隧道冻害的研究[J]．铁道标准设计，2014，58(10)：97-101.

[187] 郭德发．新疆地区水工建筑物冻害防治的措施[J]．中国农村水利水电，1996(3)：26-28.

[188] 徐彬，李宁．一种冻土地基冷却承载复合桩的冷却机理分析及效果[J]．岩石力学与工程学报，2004(24)：4238-4243.